电网通信实用技术

题库

国网浙江省电力有限公司　组编

中国电力出版社
CHINA ELECTRIC POWER PRESS

内 容 提 要

本题库是针对近几年电网通信技术的发展和设备的更新换代的需求编写的。本题库结合了浙江电网多年来的通信技术岗位培训、技能鉴定、技能技术比武题库及现场运行案例。

本题库主要内容包括通信安全规定、传输技术、交换部分、电力通信光缆及线路技术、数据网技术、终端通信接入网技术、高清视频会议系统、通信电源及防雷接地、业务接入、工程建设、电网通信运行、通信支撑网技术。

本题库可作为电网企业电力通信工作人员的培训、考试、技能鉴定配套教材，也可作为通信类专业的教学参考书。

图书在版编目（CIP）数据

电网通信实用技术题库 / 国网浙江省电力有限公司组编 . —北京：中国电力出版社，2020.5
ISBN 978-7-5198-4108-9

Ⅰ. ①电… Ⅱ. ①国… Ⅲ. ①电力通信网－通信工程－习题集 Ⅳ. ① TM73-44

中国版本图书馆 CIP 数据核字（2019）第 294229 号

出版发行：中国电力出版社
地　　址：北京市东城区北京站西街 19 号（邮政编码 100005）
网　　址：http://www.cepp.sgcc.com.cn
责任编辑：陈　丽
责任校对：黄　蓓　常燕昆
装帧设计：张俊霞
责任印制：石　雷

印　　刷：北京天宇星印刷厂
版　　次：2020 年 5 月第一版
印　　次：2020 年 5 月北京第一次印刷
开　　本：710 毫米 ×1000 毫米　16 开本
印　　张：17
字　　数：294 千字
印　　数：0001—1500 册
定　　价：68.00 元

编 委 会

主　　编　熊佩华

副 主 编　邵炜平　鲍建飞

主　　审　柴谦益

参编人员　杨鸿珍　章　毅　凌　芝　吕　舟
　　　　　潘杰凯　郑文斌　俞佳捷　王　嵚
　　　　　斯　艳　李嘉茜　张　静　陈　旻
　　　　　张云峰　徐前茅　贺　琛　史俊潇
　　　　　郝自飞　郑伟军

前　言

当前电网面临发展转型的新阶段，电网通信技术是电网技术实现“大数据、云计算、物联网、移动互联网、人工智能”（大云物移智）的支撑技术，通信技术在电网智能化运营中不断改型升级。

传输技术由SDH固定带宽发展升级到逐步融合动态带宽的IP业务的MSTP平台技术，SDH带宽和时延保证同步的优点是该技术长盛不衰的主要原因，随着基于2M技术路线的固定带宽业务需求的减少，同时，IP业务的大颗粒及动态带宽的需求增加，OTN技术的发展成为主流。行政交换网、调度交换网一直采用够用就好的原则，但是，由于程控交换机生产厂家的技术更新，备品备件采购及维修困难，行政交换网经历了从程控交换机到软交换技术再到国家电网有限公司推行的IMS技术路线，目前，在电网公司中，三种技术并存。电力网除采用普通光缆、短途和长途管道光缆之外，海岛采用专用的海底光缆和海底复合光缆，为提高容灾性能，采用的是为电力系统设计制造的特殊光缆，如沿高压输电线路同杆架设的光纤复合架空地线，全介质自承式光缆等。会议电视系统在效果上可以代替现场举行的会议，同时为紧急救援、网上培训等方面提供便捷、经济、高效手段。通信数据网作为通信传输网的延伸，VLAN技术、VPN技术为IP业务接入的分层分区的安全性提供通道。优化的路由策略和安全机制，将大大提高路由器的计算能力，节省带宽。电网接入业务的“最后一公里”仍然缺少整体解决方案，迫切需要研究“最后一公里”业务和覆盖，PON技术、配电载波技术，特别是5G技术在无线专网的应用将成为终端通信网的亮点逐步推广使用。继电保护业务、自动化业务作为典型的一区业务，除“双通道、双设备、双电源”的接入原则之外，还有很多运行检修的管理规定，同时，合理整合新旧保护通道、自动化等业务通道，也是通信专业管理的一个重点和难题。

《电网通信实用技术题库》针对近几年电网通信技术发展和设备更新换代的需求，结合浙江电网多年来通信技术岗位培训、技能鉴定、技能技术比武题库及现场运行案例编写。本题库的题目涵盖传输技术、光纤及光缆技术、数据网技术、配网自动化技术、软交换技术、IMS技术、高清视频会议系统、电网通信运行技术等，其中，通信运行技术主要包括通信网管、通信网运行方式、通信运行管理规程规定等。本题库的主要题型包括单选题、多选题、判断题、简答题、综合分析题、计算题。

本题库可作为电网企业电力通信工作人员的培训、考试、技能鉴定配套教材，也可作为通信类专业的教学参考书。

编者

2019年12月

目　录

第一章 通信安全规定

一、单选题

1. 为防止电力通信网事故，电力通信网的网络规划、设计和改造计划应与电网发展相适应并保持（　　）。

A. 一致；　　B. 适度超前；

C. 统一；　　D. 协调。

答案：B

2. 为防止电力通信网事故，电力通信网的网络规划、设计和改造应突出（　　）要求。

A. 系统运行；　　B. 系统安全；

C. 通信网络安全；　　D. 本质安全。

答案：D

3. 为防止电力通信网事故，电力通信网的网络规划、设计和改造应避免（　　）过度集中承载。

A. 关键业务；　　B. 核心业务；

C. 重要业务；　　D. 生产控制类业务。

答案：D

4. 电力通信网的网络规划、设计和改造应统筹（　　），充分满足各类业务应用需求。

A. 规划管理；　　B. 业务布局；

C. 运行方式优化；　　D. 业务布局和运行方式优化。

答案：D

5. 承载 110kV 及以上电压等级输电线路生产控制类业务的光传输设备应支持（　　）供电，核心板卡应满足冗余配置要求。

A. 单电源；　　B. 交流；　　C. 双电源；　　D. 冗余。

答案：C

6. 通信设备选型应与现有网络使用的设备（　　）一致，保持网络完整性。

A. 类型；　　B. 出厂时间；　　C. 质量；　　D. 品牌。

答案：A

7. 承载 110kV 及以上电压等级输电线路（　　）业务的光传输设备应支持双电源供电，核心板卡应满足冗余配置要求。

A. 自动化；　　B. 继电保护；　　C. 生产控制类；　　D. 安全控制。

答案：C

8. （　　）kV 及以上新建输变电工程应同步设计、建设线路本体光缆。

A. 35；　　B. 110；　　C. 220；　　D. 500。

答案：C

9. 电网新建、改（扩）建等工程中，需对原有通信系统的网络结构、安装位置、设备配置、技术参数进行改变时，工程建设单位应委托设计单位对通信系统进行设计，并征求通信部门的意见，必要时应根据实际情况制订通信系统（　　）。

A. 过渡方案；　　B. 应急预案；　　C. 临时方案；　　D. 保障方案。

答案：A

10. 电网新建、改（扩）建等工程中，需对原有通信系统的网络结构、安装位置、设备配置、技术参数进行改变时，工程建设单位应委托设计单位对通信系统进行设计，并征求（　　）的意见，必要时应根据实际情况制订通信系统过渡方案。

A. 通信部门；　　B. 业务部门；　　C. 业主部门；　　D. 甲方。

答案：A

11. （　　）的多条光缆或同一传输系统不同方向的多条光缆应避免同路由敷设进入通信机房和主控室。

A. 不同方向；　　B. 同一方向；　　C. 同一用途；　　D. 不同用途。

答案：B

12. 县公司调度大楼应具备（　　）完全独立的光缆敷设沟道（竖井）。

A. 一条；　　B. 两条；　　C. 两条及以上；　　D. 三条及以上。

答案：C

13. 省级及以上调度大楼（含备调及灾备中心）应具备（　　）全程不同路由的出局光缆接入骨干通信网。

A. 一条；　　B. 两条；　　C. 三条；　　D. 三条及以上。

答案：D

14. 公司数据中心应具备（　　）全程不同路由的出局光缆接入骨干通信网。

A. 一条；　　B. 两条；　　C. 三条；　　D. 三条及以上。

答案：D

15. 省级备用调度应具备（　　）全程不同路由的出局光缆接入骨干通信网。

A. 一条；　　B. 两条；　　C. 两条及以上；　　D. 三条及以上。

答案：C

16. 地（市）级调度大楼应具备（　　）全程不同路由的出局光缆接入骨干通信网。

A. 一条；　　B. 两条；　　C. 两条及以上；　　D. 三条及以上。

答案：D

17. 通信光缆或电缆应避免与（　　）同沟（架）布放，并完善防火阻燃和阻火分隔等各项安全措施，绑扎醒目的识别标识。

A. 一次动力电缆；　　B. 信号线；

C. 接地线；　　D. 保护专用光缆。

答案：A

18. 新建通信站应在设计时与（　　）电缆沟（架）统一规划，满足反措相关要求。

A. 机房；　　B. 全站；　　C. 站外；　　D. 设备区。

答案：B

19. 电网调度机构与直调发电厂及重要变电站调度自动化实时业务信息的传输应具有（　　）不同路由的通信通道（主/备双通道）。

A. 一条；　　B. 两条；　　C. 三条；　　D. 四条。

答案：B

20. 同一条（　　）kV 及以上线路的两套继电保护通道应采用两条完全独立的路由。

A. 220；　　B. 330；　　C. 500；　　D. 750。

答案：A

21. （　　）的有主/备关系的两套安全自动装置通道应采用两条完全独立的路由。

A. 同一线路；　　B. 同一站点；　　C. 同一方向；　　D. 同一系统。

答案：D

22. （　　）配置的继电保护光电转换接口装置的直流电源应取自不同的电源。

A. 冗余；　　B. 独立；　　C. 双重化；　　D. 重要。

答案：C

23. 每套通信电源应有两路分别取自（　　）母线的交流输入，并具备自动切换功能。

A. 不同；　　B. 相同；　　C. 合适；　　D. 合格。

答案：A

24. 县级及以上调度大楼应配备（　　）独立的通信专用电源（即高频开关电源，简称通信电源）。

A. 一套；　　B. 两套；　　C. 三套；　　D. 三套及以上。

答案：B

25. 地（市）级及以上电网生产运行单位应配备（　　）独立的通信专用电源（即高频开关电源，简称通信电源）。

A. 一套；　　B. 两套；　　C. 三套；　　D. 三套及以上。

答案：B

26. 330kV 及以上电压等级变电站应配备（　　）独立的通信专用电源（即高频开关电源，简称通信电源）。

A. 一套；　　B. 两套；　　C. 三套；　　D. 三套及以上。

答案：B

27. 特高压通信中继站应配备（　　）独立的通信专用电源（即高频开关电源，简称通信电源）。

A. 一套；　　B. 两套；　　C. 三套；　　D. 三套及以上。

答案：B

28. 通信电源直流母线负载（　　）额定电流值应大于其最大负载电流，满足电源 $N-1$ 运行要求。

A. 熔断器；　　B. 空气开关；　　C. 输入；　　D. 输出。

答案：A

29. 通信电源蓄电池组（　　）的额定电流值应大于其最大负载电流，满足电源 $N-1$ 运行要求。

A. 熔断器；　　B. 空气开关；　　C. 输入；　　D. 输出。

答案：A

30. 采用一体化电源供电的通信站点在每个（　　）模块直流输入侧应加装独立空气开关。

A. DC/DC 转换；　　B. 整流；

C. 监控单元；　　D. 交流转换。

答案：A

31. 500kV 变电站通信机房应配备不少于两套具备（　　）功能的专用的机房空调。

A. 独立控制；　　B. 远程控制；

C. 独立控制和来电自启；　　D. 来电自启。

答案：C

32. 各级调度大楼的通信机房应配备不少于（　　）具备独立控制和来电自启功能的专用的机房空调。

A. 一套；　　B. 两套；　　C. 三套；　　D. 四套。

答案：B

33. 省级及以上电网生产运行单位的通信机房应配备不少于（　　）具备独立控制和来电自启功能的专用的机房空调。

A. 一套；　　B. 两套；　　C. 三套；　　D. 四套。

答案：B

34. 省级及以上通信网独立中继站的通信机房应配备不少于（　　）具备独立控制和来电自启功能的专用的机房空调。

A. 一套；　　B. 两套；　　C. 三套；　　D. 四套。

答案：B

35. 330kV 及以上电压等级变电站的通信机房应配备不少于（　　）具备独立控制和来电自启功能的专用的机房空调。

A. 一套；　　B. 两套；　　C. 三套；　　D. 四套。

答案：B

36. 架空输电线路“三跨”区段的光缆不应采用（　　）光缆。

A. 架空复合地线；　　B. 全介质自承式；

C. 架空复合相线；　　D. 地埋光缆。

答案：B

37. 架空输电线路“三跨”区段的光缆宜选用（　　）结构的光纤复合架空地线（OPGW）。

A. 全铝包钢；　　B. 全铝合金；　　C. 全钢；　　D. 半铝合金。

答案：A

38. 应合理安排通信新建、改（扩）建工程工期，不得为赶工期减少（　　）项目。

A. 调试；　　B. 验收；　　C. 安装；　　D. 设计。

答案：A

39. 应以保证（　　）和通信系统安全稳定运行为前提，合理安排通信新建、改（扩）建工程工期，严把质量关。

A. 工程进度；　B. 工程质量；　C. 工程安全；　D. 工程效率。

答案：B

40. 用于传输继电保护的通信通道在（　　）应进行测试验收。

A. 投运前；　B. 投运后；　C. 开通前；　D. 开通后。

答案：A

41. 用于安全自动装置业务的通信通道在投运前应进行（　　）。

A. 检查；　B. 测试；　C. 测试验收；　D. 验收。

答案：C

42. 通信设备投运前应进行（　　）测试。

A. 备份；　B. 过载；　C. 双电源倒换；　D. 重启。

答案：C

43. 安装调试人员应严格按照（　　）的内容进行设备配置和接线。

A. 通信工作票；　B. 通信操作票；

C. 变电工作票；　D. 通信业务方式单。

答案：D

44.（　　）应在业务开通前与现场工作人员核对通信业务方式单的相关内容，确保业务与实际相符。

A. 通信工作负责人；　B. 通信工作票签发人；

C. 通信运行人员；　D. 通信网管操作人员。

答案：C

45. 光纤复合架空地线（OPGW）在进站门型架处，除“三点”应分别通过匹配的专用接地线可靠接地，其余部分应与架构（　　）。

A. 直接相连；　B. 绝缘；　C. 紧贴；　D. 互通。

答案：B

46. OPGW、ADSS 等光缆在进站门型架处应悬挂醒目（　　）。

A. 光缆标示牌；　B. 接地线；　C. 警示牌；　D. 围栏。

答案：A

47. 变电站内的引入光缆应使用（　　）光缆，并在沟道内全程穿防护子管或使用防火槽盒。

A. ADSS；　B. 普通；　C. 防火阻燃；　D. 地埋光缆。

答案：C

48. 应防止引入光缆封堵不严或接续盒安装不正确，造成（　　）内或接续盒内进水结冰。

A. 光缆保护管；　B. 沟道；　C. 光缆；　D. 门型架。

答案：A

49. 变电站内的引入光缆从门型架至电缆沟地埋部分应全程穿（　　）。

A. PVC 管；　B. 热镀锌钢管；　C. 普通钢管；　D. 铁管。

答案：B

50. 引入光缆地埋部分钢管（　　）上应设置地埋光缆标识或标牌。

A. 埋设路径；　B. 起点；　C. 终点；　D. 管体。

答案：A

51. 各级开关、断路器或熔断器保护范围应逐级配合，下级不应大于其对应的上级开关、断路器或熔断器的额定容量，避免出现（　　），导致故障范围扩大。

A. 短路；　B. 同时跳闸；　C. 越级跳闸；　D. 过载。

答案：C

52. 给通信设备供电的各级开关、断路器或熔断器保护范围应（　　）配合。

A. 相互；　B. 逐级；　C. 上下；　D. 协调。

答案：B

53. 通信机房的窗户具备（　　）功能，防止阳光直射机柜和设备。

A. 通风；　B. 密闭；　C. 自动开启；　D. 遮阳。

答案：D

54. 各级通信调度负责监视及控制所辖范围内的通信网的运行情况，（　　）通信网故障处理。

A. 指挥、协助；　B. 指挥、协调；　C. 指导、协助；　D. 指导、协调。

答案：B

55. 通信电源系统（　　）V 通信部分的状态及告警信息应纳入实时监控，满足通信运行要求。

A. 380；　B. 220；　C. －48；　D. －24。

答案：C

56. 一体化电源（　　）V 通信部分的状态及告警信息应纳入实时监控，满足通信运行要求。

A. 380；　B. 220；　C. －48；　D. －24。

答案：C

57. 通信站内主要设备的告警信息应上传至（　　）值班的场所。

A. 白天有人；　　B. 晚上有人；

C. 24h 有人；　　D. 无人。

答案：C

58. 通信站内机房动力环境的告警信息应上传至（　　）有人值班的场所。

A. 白天；　　B. 晚上；　　C. 24h；　　D. 工作日。

答案：C

59. 通信蓄电池组核对性放电试验周期不得超过（　　）年。

A. 一；　　B. 两；　　C. 三；　　D. 四。

答案：B

60. 运行年限超过（　　）年的蓄电池组，应每年进行一次核对性放电试验。

A. 一；　　B. 两；　　C. 三；　　D. 四。

答案：D

61. 为保障蓄电池使用寿命和运行可靠性，蓄电池单体（　　）电压应严格按照电源运行规程、设定。

A. 浮充；　　B. 均充；　　C. 欠充；　　D. 过充。

答案：A

62. 连接两套通信电源系统的（　　）母联开关应采用（　　）切换方式。

A. 直流，手动；　　B. 直流，自动；

C. 交流，手动；　　D. 交流，自动。

答案：A

63. 通信电源系统正常运行时，禁止闭合（　　）开关。

A. 直流；　　B. 交流；　　C. 母联；　　B. 负载。

答案：C

64. 严格按通信检修申请票工作内容开展工作，严禁（　　）检修。

A. 超范围；　　B. 超时间；

C. 超范围、超时间；　　D. 以上都不对。

答案：C

65. 因电网检修对通信设施造成运行风险时，电网检修部门应至少提前（　　）个工作日通知通信运行部门，通信运行部门按照通信运行风险预警管理规范要求下达风险预警单，相关部门严格落实风险防范措施。

A. 5；　　B. 7；　　C. 10；　　D. 12。

答案：C

66. 线路运行维护部门应结合线路巡检每半年对（　　）光缆进行专项检查，线路运行维护部门应将光缆专项检查结果报通信运行部门。

A. ADSS；　　B. OPGW；　　C. 普通；　　D. OPPC。

答案：B

67. 通信运行部门应每半年对光缆（　　）纤芯的（　　）进行测试对比。

A. 在用，衰耗；　　B. 备用，衰耗；

C. 在用，光功率；　　D. 备用，光功率。

答案：B

68. 对独立通信站、综合大楼接地网的接地电阻，应每（　　）进行一次测量。

A. 季度；　　B. 半年；　　C. 年；　　D. 两年。

答案：C

69. 在雷雨季节到来之前，应对各类设备和设施的（　　）系统进行检查和维护。

A. 电源；　　B. 接地；　　C. 传输；　　D. 业务。

答案：B

70. 应定期开展机房和设备除尘工作。每（　　）应对通信设备的滤网、防尘罩等进行清洗。

A. 季度；　　B. 半年；　　C. 年；　　B. 两年。

答案：A

71. 在采用光时域反射仪测试光纤时，必须提前断开（　　）通信设备。

A. 本端；　　B. 对端；

C. 本端或对端；　　D. 以上都不对。

答案：B

72. 在插拔（　　）尾纤时，应先关闭泵浦激光器。

A. 光模块；　　B. 拉曼放大器；　　C. 光配；　　D. 2M 板。

答案：B

73. 对调度交换系统运行数据，应每（　　）进行备份，当系统数据变动时，应及时备份。

A. 月；　　B. 季度；　　C. 半年；　　D. 年。

答案：A

74. 对调度录音系统，应每（　　）进行检查，确保运行可靠、录音效果良好、录音数据准确无误、存储容量充足。

A. 周；　　B. 月；　　C. 季度；　　D. 年。

答案：A

75. 调度录音系统服务器应保持（　　）同步。

A. 频率；　　B. 时间；　　C. 相位；　　D. 脉冲。

答案：B

76. 因通信设备故障、施工改造或电路优化等原因，需要对原有通信业务运行方式进行调整时，如在（　　）h之内不能恢复原运行方式，必须编制和下达新的通信业务方式单。

A. 12；　　B. 24；　　C. 36；　　D. 48。

答案：D

77. 定期开展反事故演习，检验应急预案的（　　）性，提高通信网预防和应对突发事件的能力。

A. 可靠；　　B. 稳定；　　C. 有效；　　D. 正确。

答案：C

78. 应完善各类通信设备和系统的（　　）和应急预案。

A. 现场处置方案；　　B. 网络结构；

C. 标准化作业指导书；　　D. 运行规程。

答案：A

79. 架设有通信光缆的一次线路计划退运前，应通知相关通信运行管理部门，并根据（　　）需要制订改造调整方案，确保通信系统可靠运行。

A. 安全；　　B. 稳定；　　C. 业务；　　D. 规划。

答案：C

二、多选题

1. 电力通信网的网络规划、设计和改造计划应与电网发展相适应，并保持适度超前，突出本质安全要求，统筹业务布局和运行方式优化，充分满足各类业务应用需求，避免生产控制类业务过度集中承载，强化通信网薄弱环节的改造力度，力求网络（　　）。

A. 坚强可靠；　　B. 结构合理；　　C. 运行灵活；　　D. 协调发展。

答案：ABCD

2. 电网新建、改（扩）建等工程需对原有通信系统的（　　）进行改变时，工程建设单位应委托设计单位对通信系统进行设计，并征求通信部门的意见，必要时应根据实际情况制订通信系统过渡方案。

A. 网络结构；　　B. 安装位置；　　C. 设备配置；　　D. 技术参数。

答案：ABCD

3. 对电缆沟（竖井）内通信光缆或电缆，应完善（　　）等各项安全措施，绑扎醒目的识别标识。

A. 防火阻燃；　　B. 同其他电缆同层布放；

C. 阻火分隔；　　D. 安装灭火装置。

答案：AC

4. 500kV 线路的两套继电保护通道应满足（　　）的要求。

A. 双路由；　B. 双设备；　C. 双电源；　D. 双通道。

答案：ABC

5. 单电源供电的继电保护接口装置和为其提供通道的单电源供电通信设备，如（　　）等，应由同一套电源供电。

A. 外置光放大器；　　B. 脉冲编码调制设备（PCM）；

C. 载波设备；　　D. ODN。

答案：ABC

6.（　　）应配备两套独立的通信专用电源。

A. 县级及以上调度大楼；　　B. 地市公司级及以上单位；

C. 330kV 及以上变电站；　　D. 特高压通信中继站。

答案：ABCD

7. 通信电源的（　　）应符合《通信专用电源技术要求、工程验收及运行维护规程》的要求。

A. 模块配置；　B. 整流容量；　C. 蓄电池容量；　D. 整流模块尺寸。

答案：ABCD

8.（　　）（含电源设备）的防雷和过电压防护能力应满足电力系统通信站防雷和过电压防护相关标准、规定的要求。

A. 通信机房；　B. 变电机房；　C. 通信设备；　D. 二次设备。

答案：AC

9. 跨越（　　）的架空输电线路区段光缆不应采用全介质自承式光缆（ADSS）。

A. 高速铁路；　B. 高速公路；　C. 重要输电通道；D. 普通公路。

答案：ABCD

10. 电网一次系统配套通信项目，应随电网一次系统的建设（　　），以满足电网运行要求。

A. 同步设计；　B. 同步实施；　C. 同步开工；　D. 同步投运。

答案：ABD

11. 通信设备的（　　）等各个环节应严格执行电力系统通信运行管理和工程建设、验收等方面的标准、规定。

A. 制造；　B. 安装；　C. 调试；　D. 入网试验。

答案：BCD

12. 通信电源系统投运前应进行（　　）。

A. 高温试验；　B. 电源系统告警信号的校核；

C. 双交流输入切换试验；　D. 蓄电池组全核对性放电试验。

答案：BCD

13. OPGW 应在进站（　　）分别通过匹配的专用接地线可靠接地。

A. 门型架顶端；　B. 构架中间固定点；

C. 最下端固定点（余缆前）；　D. 光缆末端。

答案：ACD

14. 承载继电保护、安全自动装置业务的（　　）等应采用颜色醒目的标识。

A. 设备；　B. 板卡；

C. 专用通信线缆；　D. 配线端口。

答案：CD

15. 通信设备应采用独立的（　　）供电，禁止并接使用。

A. 空气开关；　B. 断路器；

C. 直流熔断器；　D. 配电箱。

答案：ACD

16. 通信机房应满足（　　）要求，窗户具备遮阳功能，防止阳光直射机柜和设备。

A. 密闭；　B. 防尘；　C. 温度；　D. 湿度。

答案：ABCD

17. 通信调度员必须具有较强的判断、分析、沟通、协调和管理能力，熟悉（　　），上岗前应进行培训和考试。

A. 所辖通信网络状况；　B. 业务运行方式；

C. 设备状况；　D. 人员配置。

答案：ABCD

18. 为保障通信蓄电池使用寿命和运行可靠性，应避免造成蓄电池（　　）。

A. 浮充；　B. 均充；　C. 欠充；　D. 过充。

答案：CD

19. 通信站电源新增负荷时，应及时核算（　　）容量。如不满足安全运行要求，应对电源实施改造或调整负荷。

A. 电源；　　B. 负荷；　　C. 蓄电池组；　　D. 电流。

答案：AC

20. 每年（　　）期间要对通信电源系统进行负荷校验。

A. 春检；　　B. 秋检；　　C. 迎峰度夏；　　D. 迎峰度冬。

答案：AB

21. 通信检修工作应严格遵守电力通信检修管理规定相关要求，对通信检修票的（　　）等内容应严格进行审查核对，对影响电网生产业务的检修工作应按电网检修管理办法办理相关手续。

A. 申请单位；　　B. 业务影响范围；

C. 采取的措施；　　D. 申请日期。

答案：BC

22. 通信运行部门应与电网一次线路建设、运行维护及市政施工部门建立沟通协调机制，避免因（　　）对光缆运行造成影响。

A. 市政施工；　　B. 电网建设；　　C. 电网检修；　　D. 电网运行。

答案：ABC

23. 同时办理电网检修申请和通信检修申请的检修工作，检修施工单位在得到（　　）和（　　）双许可后方可开展检修。

A. 电网调度；　　B. 通信调度；

C. 电网运行人员；　　D. 通信运行人员。

答案：AB

24. 每年雷雨季节前应对通信机房接地系统进行检查和维护。检查（　　），必要时应开挖地面抽查地下隐蔽部分锈蚀情况。

A. 连接处是否紧固；　　B. 接触是否良好；

C. 接地引下线有无锈蚀；　　D. 接地体附近地面有无异常。

答案：ABCD

25. 通信运行部门应每半年对ADSS和普通光缆进行专项检查，重点检查（　　）等，并对光缆备用纤芯的衰耗进行测试对比。

A. 站内及线路光缆的外观；　　B. 接续盒固定线夹；

C. 接续盒密封垫线；　　D. 接地是否良好。

答案：ABC

26. 加强通信网管系统运行管理，落实（　　）工作，定期开展网络安全等级保护定级备案和测评工作，及时整改测评中发现的安全隐患。

A. 数据备份；　　B. 病毒防范；

C. 信息安全防护； D. 数据更新。

答案：ABC

27. 在通信设备检修或故障处理中，应严格按照通信设备和仪表使用手册进行操作，避免（ ）。

A. 误操作； B. 对通信设备造成损伤；

C. 对人员造成损伤； D. 对机房环境造成影响。

答案：ABC

三、判断题

1. 同一方向的多条光缆应同路由敷设进入通信机房和主控室。（×）

2. 按照《国家电网公司十八项电网重大反事故措施》要求，部署公司 95598 呼叫平台的直属单位机房应具备 2 条及以上全程不同路由的出局光缆。（×）

3. 通信光缆或电缆与一次动力电缆同沟（架）布放时，应采取电缆沟（竖井）内部分隔离等措施进行有效隔离。（√）

4. 电网调度机构与发电厂调度自动化实时业务信息的传输应具有两条不同路由的通信通道（主/备双通道）。（×）

5. 单电源供电的继电保护接口装置和为其提供通道的单电源外置光放大器，应由两套电源分别供电。（×）

6. 禁止两套电源负载侧形成并联。（√）

7. 在双电源配置的站点，具备双电源接入功能的光传输设备可由一套通信电源和一套一体化电源独立供电。（√）

8. 某 500kV 变电站在通信机房交流配电柜中安装了自动切换开关（ATS），接入两路分别取自不同母线的交流输入。在此情况下，通信电源两路交流输入由配电柜的单段交流母线供电是符合反措要求的。（×）

9. 空调送风口应处于通信机柜正上方，便于更好地控制设备温度。（×）

10. 当机房内一台空调检修停运时，剩余空调制冷量应保证机房温度、湿度应满足设备运行要求。（√）

11. 为赶工期可以适当减少通信工程调试项目，降低调试质量。（×）

12. 变电站内的引入光缆所穿钢管应全程密闭并与站内接地网隔离。（×）

13. 变电站内的引入光缆所穿钢管口应进行防水封堵。（√）

14. 直埋光缆（通信电缆）在地面应设置清晰醒目的标识。（√）

15. 特殊情况时，两台通信设备可以共用一只断路器供电。（×）

16. 通信机房的窗户应具备遮阳功能，防止阳光直射机柜和设备。（√）

17. 影响一次电网生产业务的通信检修工作应按一次电网检修管理办法办理相关手续。(√)

18. 如电网检修影响到了上级通信电路，必须报电网调度审批后，方可批准办理开工手续。(×)

19. 微波塔上除架设本站必需的通信装置外，不得架设或搭挂可构成雷击威胁的其他装置。(√)

20. 变电站通信接地网不应列入变电站接地网测量内容和周期。(×)

21. 对接地系统进行检查时，不可开挖地面检查地下隐蔽部分。(×)

22. 要定期对通信网管系统开展网络安全等级保护定级备案和测评工作，及时整改测评中发现的安全隐患。(√)

23. 应落实通信专业在电网大面积停电及突发事件发生时的组织机构和技术保障措施，完善各类通信设备和系统的现场处置方案和应急预案。(√)

24. 架设有通信光缆的一次线路计划退运前，应通知相关线路运行管理部门，并根据业务需要制订改造调整方案，确保通信系统可靠运行。(×)

25. 通信作业必须执行保证安全的组织措施，包括操作票制度、工作许可制度、工作监护制度、工作间断、转移和终结制度（×）

26. 工作前进行危险点分析及预控，作业人员应对作业人员详细交代在工作区内的安全注意事项。(×)

27. 电力通信作业人员不需要参加《电力安全工作规程》考试。(×)

28. 对作业人员，应每年考试一次《电力安全工作规程》。因故间断电气工作连续三个月以上者，应重新学习《电力安全工作规程》，并经考试合格后，方能恢复工作。(√)

29. 新参加电气工作的人员、实习人员和临时参加劳动的人员（管理人员、非全日制用工等），应经过安全知识教育后，方可下现场参加指定的工作，并且不准单独工作。(√)

30. 通信巡视作业前填写通信设备巡视卡，应对危险点进行分析并提出安全控制措施，明确重点巡视的设备或部位，防止误动运行设备。(×)

31. 进行光纤备用纤测试时，要避免光端口对着眼睛，防止激光对人眼造成伤害。(√)

32. 在巡视中发现网元板卡有告警，应及时复位或做其他处理，做好巡视记录并及时汇报系统管理员。(×)

33. 通信电源检修时，直流正负极连接，应有两人以上核对直流极性，并立即做好标记。(√)

34. 变电站通信机房内实施通信设备检修工作必须办理变电第一种工作票。（×）
35. 网管作业涉及改变运行中网络、设备、电路运行状态时，应办理通信检修审批手续并履行相应的工作许可手续。（√）
36. 电力特种光缆（OPGW、ADSS）检修工作，由电力线路运检人员负责人签发工作票，通信人员作为工作班成员参加专业检修工作。（×）
37. 通信工作票相关人员的安全责任和要求与变电第二种工作票相同。（√）
38. 对通信设备、通信电源、网络管理系统等进行操作时，一般应由操作人填写通信操作票，但在紧急工作和事故抢修工作时可以不使用操作票。（√）
39. 每张工作票只能填写一个操作任务或多个相关同类别业务，操作人和监护人应根据作业任务核对操作内容。（×）
40. 涉及对通信网络网元配置数据进行备份、还原、修改或删除的操作，必须填写通信操作票。（√）
41. 涉及对网络管理系统重要网络数据进行修改或删除的操作，必须填写通信操作票。（√）
42. 涉及对网络管理系统重要电路数据进行修改或删除的操作，必须填写通信操作票。（√）
43. 涉及对网管服务器进行启机/停机操作，必须填写通信操作票。（√）
44. 涉及通信设备硬件板盘的操作，必须填写通信操作票。（√）
45. 涉及通信设备板盘间多个物理连接的操作，必须填写通信操作票。（√）
46. 涉及通信电源及UPS设备的试验、切换、充放电等，必须填写通信操作票。（√）
47. 在非独立机房（变电站主控室，220、500kV有继电保护设备、自动化装置的通信机房）内的通信检修（安装）工作，由通信调度许可。（×）
48. 有人值守的通信站工作，通信工作由机房当值人员许可；无人值守的独立通信站工作，由所辖通信调度许可。（√）
49. 通信网管操作票由通信调度值班员许可。（√）
50. 涉及继电保护通道（光纤复用通道、光纤专用通道、载波专用通道）的通信检修工作，须在保护装置退出运行后，经电网运行部门许可才能工作。（√）
51. 涉及OPGW本体开断工作，必须征得电网调度和通信部门双重许可方可进行。（√）
52. 当涉及上级电网通信业务时，本级通信调度按通信流程向上级通信调度提出光缆开断许可工作申请。（√）
53. 通信运行设备、电源设备、继电保护通道相关设备工作，通信网管VC12

的操作必须有人监护。(√)

54. 工作票许可手续完成后，工作负责人应召开现场站班会，向工作班成员交代工作内容、人员分工、带电部位和现场安全措施，进行危险点告知，并履行确认手续，工作班方可开始工作。工作负责人应始终在现场，对工作班人员的安全认真监护，及时纠正不安全的行为。(√)

55. 工作期间，工作负责人不得离工作现场。工作间断时，工作班人员应从工作现场撤出，所有安全措施保持不动，工作票仍由工作负责人执存。(×)

56. 涉及多个变电站的同一项通信工作，可以开具一张工作票，不需办理工作票转移手续。所需的安全措施由工作负责人员完成。(√)

57. 风险预警是指对可能发生人身伤害事故和由人员责任的电网和设备事故的作业安全风险，实行安全预警。(√)

58. 通信光缆或电缆避免与一次动力电缆同沟（架）布放，并完善防火阻燃和阻火分隔等各项安全措施，绑扎醒目的识别标志；如不具备条件，应采取电缆沟（竖井）内部分隔离等措施进行有效隔离。(√)

59. 同一条 220kV 及以上线路的两套继电保护和同一系统的有主备关系的两套安全自动装置通道应由两套独立的通信传输设备分别提供，条件受限时，可共用通信电源供电。(√)

60. 用于传输继电保护和安全控制装置业务的通信通道投运前应进行测试验收，其传输时间、可靠性等技术指标应满足《继电保护及安全自动装置通信通道管理规程》的要求。(√)

四、简答题

1. 为保证作业安全，应按规定执行通信工作票制度。请简述通信工作票管理有哪些关键节点，并分别说明其主要内容（可用图表形式）。

答：通信工作票管理的关键节点及其主要内容如图 1-1 所示。

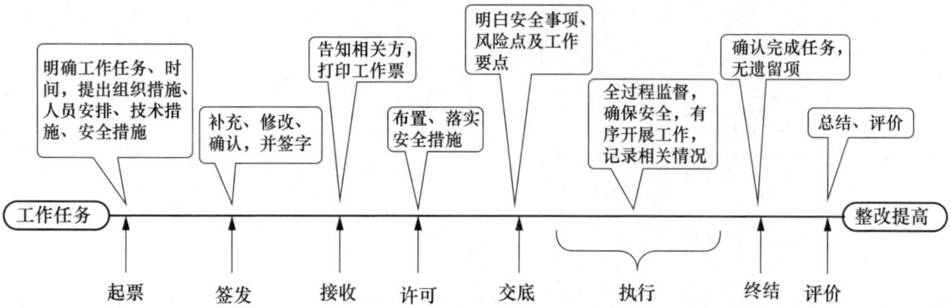

图 1-1

2.《电网调度通信安全管理规程》对工作负责人的安全责任有哪些规定？

答：（1）正确组织工作。

（2）检查电力通信工作票所列安全措施是否正确完备，是否符合现场实际条件，必要时予以补充完善。

（3）工作前，告知工作班成员工作任务、安全措施和风险点，并确认每个工作班成员都已清楚并签名。

（4）组织执行电力通信工作票所列由其负责的安全措施。

（5）监督工作班成员遵守本规程，执行现场安全措施，正确使用工器具、仪器仪表等。

（6）关注工作班成员身体状况和精神状态是否正常，人员变动是否合适。

（7）在作业人员可能误停其他设备或误断其他业务的工作环节，应执行监护工作。

第二章　传　输　技　术

一、单选题

1. 4个维度以上的 ROADM 单元通常会选用（　　）技术实现。

A. 平面光波电路型（PLC）；　　B. 波长阻断器型（WB）；

C. 波长选择开关（WSS）；　　D. 波长调制型（WM）。

答案：C

2. EDFA 中用于降低放大器噪声的器件是（　　）。

A. 光耦合器；　B. 波分复用器；　C. 光滤波器；　D. 光衰减器。

答案：C

3. G. 872 协议中，OTN 的光信道层（Och）的 3 个电域子层不包括（　　）。

A. 光信道净荷单元（OPU）；　　B. 光信道数据单元（ODU）

C. 光信道传送单元（OTU）；　　D. 光信道监控单元（OSU）。

答案：D

4. ODUk 中的开销 TCM 的作用是（　　）。

A. 通道监视开销；

B. 路径踪迹标识符开销；

C. 串联连接监视开销通用通信通道开销；

D. 带外监视通道开销。

答案：C

5. OTN 的主要节点设备是（　　）。

A. OADM 和 OXC；　　B. REG 和 OXC；

C. WDM 和 SDH；　　D. TM 和 ADM。

答案：A

6. OTN 标准的四层复用结构中，光数据单元 ODU1 的速率接近（　　）。

A. 1G；　B. 2.5G；　C. 5G；　D. 10G。

答案：B

7. OTN 系统中，OPU1 的帧结构大小为 4×3810 字节，那么 OPU2 的帧结构大小为（　　）。

A. 4×3810；　　B. 8×3810；　　C. 16×3810；　　D. 32×3810。

答案：A

8. OTN 与 SDH 的最大差别是（　　）。

A. OTN 带宽比 SDH 宽；

B. OTN 应用比 SDH 广；

C. OTN 是基于波长复用技术，SDH 是基于时隙复用技术；

D. OTN 是异步系统，SDH 是同步系统。

答案：D

9. 下列 OTN 网络保护中，不需要 APS 协议的是（　　）。

A. 共享环保护；　　B. 1+1 的单向通道保护；

C. 1∶n 的通道保护；　　D. 1+1 的双向通道保护。

答案：B

10. 在波分复用系统的工作频率中，绝对频率参考点（AFR）是（　　）。

A. 193.1THz；　　B. 192.1THz；

C. 196.0THz；　　D. 187.0THz。

答案：A

11.（　　）不是 OTN 业务产生的告警。

A. OTUkBIP8 误码越限告警；

B. ODUk-AIS；

C. ODUk 层 PM 段 BEI 后向失效指示；

D. OTU B2 误码。

答案：D

12. 下面关于 OTU*k* 帧的说法中，正确的是（　　）。

A. OTU*k* 帧的结构相同，帧的发送速率也相同；

B. OTU*k* 帧的结构不同，但是帧的发送速率相同；

C. OTU*k* 帧的结构相同，但是帧的发送速率不同；

D. OTU*k* 帧的结构不同，帧的发送速率也不同。

答案：C

13. OTU*k* 帧丢失告警属于（　　）的告警。

A. 设备类；　　B. 业务中断类；　　C. 误码类；　　D. 通信类。

答案：B

14. OTN 系统光接口规范不包括（　　）。

A. G.691；　　B. G.694.1；　　C. G.694.2；　　D. G.709。

答案：A

15. 全功能 OTM 和简化 OTM 的区别在于（　　）。

A. 简化 OTM 只支持单波；

B. 简化 OTM 不支持光监控通道 OSC；

C. 简化 OTM 不支持电层复用；

D. 简化 OTM 仅支持一种速率。

答案：B

16. OTN 技术中的全功能 OTM 光传输模块 OTM-$n.m$，其中 n 表示（　　），m 表示（　　）。

A. 复用的通道数，支持的速率；　　B. 支持的速率，复用的通道数；

C. 传输距离，支持的速率；　　D. 支持的速率，传输距离。

答案：A

17. OTN 标准支持（　　）级串联监控功能。

A. 4；　　B. 6；　　C. 8；　　D. 10。

答案：B

18. OTN 功能单元中，完成用户信号映射功能的是（　　）。

A. OPU；　　B. ODU；　　C. OTU；　　D. OTM。

答案：A

19. OTUk 帧 SM 开销中的 BIP-8 字节工作方式是（　　）。

A. 对第 i 个 OTUk 帧中的 OPUk 帧计算 BIP-8，然后将计算结果放入第 $i+2$ 个 OTUk 帧的 SM-BIP-8 字节中；

B. 对第 i 个 OTUk 帧中的 OPUk 帧计算 BIP-8，然后将计算结果放入第 $i+1$ 个 OTUk 帧的 SM-BIP-8 字节中；

C. 对第 i 个 OTUk 帧中的 ODUk 帧计算 BIP-8，然后将计算结果放入第 $i+2$ 个 OTUk 帧的 SM-BIP-8 字节中；

D. 对第 i 个 OTUk 帧中的 ODUk 帧计算 BIP-8，然后将计算结果放入第 $i+1$ 个 OTUk 帧的 SM-BIP-8 字节中。

答案：A

20. 2.5G 无 FEC 波分系统中，对 OSNR 的最低要求为（　　）dB。

A. 18；　　B. 20；　　C. 22；　　D. 24。

答案：B

21. 当检测到 ODU*k* PM-STAT 为 101 时，系统会上报（　　）告警。

A. ODU*k*-OCI；　　B. ODU*k*-LCK；

C. ODU*k*-AIS；　　D. ODU*k*-BDI。

答案：B

22. 当检测到 ODU*k* PM-STAT 为 110 时，系统会上报（　　）告警。

A. ODU*k*-OCI；　　B. ODU*k*-LCK；

C. ODU*k*-AIS；　　D. ODU*k*-BDI。

答案：A

23. 当检测到 ODU*k* PM-STAT 为 111 时，系统会上报（　　）告警。

A. ODU*k*-OCI；　　B. ODU*k*-LCK；

C. ODU*k*-AIS；　　D. ODU*k*-BDI。

答案：C

24. 下列关于 OTN 业务映射的说法中，不正确的是（　　）。

A. 在 STM16 的映射中，业务速率等于 OPU1 速率；

B. 在 STM64 的映射中，业务速率等于 OPU1 速率；

C. 在 ATM 映射中，会有 ATM 信元超越 OPU*k* 的帧边界；

D. 在 GFP 帧映射中，GFP 帧可能穿越 OPU*k* 帧边界。

答案：B

25. OTU*k* 的 *k* 值不包括（　　）。

A. 0；　　B. 2；　　C. 4；　　D. 6。

答案：D

26. OTU0 的速率是（　　）。

A. 100M；　　B. 1G；　　C. 2.5G；　　D. 10G。

答案：B

27. OTU1 的速率是（　　）。

A. 100M；　　B. 1G；　　C. 2.5G；　　D. 10G。

答案：C

28. OTU2 的速率是（　　）。

A. 200M；　　B. 2G；　　C. 2.5G；　　D. 10G。

答案：D

29. OTU4 的速率是（　　）。

A. 40G；　　B. 80G；　　C. 100G；　　D. 160G。

答案：C

30. OTN 的主要节点设备是（　　）。

A. OADM 和 OXC；　　B. REG 和 OXC；

C. WDM 和 SDH；　　D. TM 和 ADM。

答案：A

31. 以下关于 ODU 的说法，不正确的是（　　）。

A. ODU 单板主要功能是从主光通道中分离出不同波长的信号；

B. ODU 单板也具有合波功能；

C. ODU 单板插损根据不同类型的光器件有所不同；

D. 信号经过 ODU 后，OSNR 会提高。

答案：D

32. 会提高 OSNR 值的技术或做法是（　　）。

A. 采用 FEC；　　B. 采用 ERZ；

C. 提高入纤光功率；　　D. 自适应接收电平调制。

答案：C

33. 不能插入 DCM 的位置是（　　）。

A. OTU 与 OMU 之间；　　B. OMU 与 OBA 之间；

C. EONA 接入；　　D. OLA 两级放大器之间。

答案：A

34. 光放大器的最佳工作状态称为（　　）。

A. 过饱和；　　B. 欠饱和；　　C. 饱和；　　D. 零饱和。

答案：C

35. 下列关于前向纠错编码 FEC 的说法，错误的是（　　）。

A. SOTU10G 单板均支持 FEC；

B. FEC 能提高 OSNR 值；

C. FEC 能降低系统对 OSNR 要求；

D. 10G 系统比 2.5G 系统 OSNR 要求高。

答案：B

36. OTU*k* 帧结构中 TTI 踪迹标示字节由（　　）个连续的 OTU*k* TTI 字节组成。

A. 256；　　B. 128；　　C. 64；　　D. 32。

答案：C

37. OTU*k* 复帧由（　　）个连续的 OTU*k* 组成。

A. 256；　　B. 128；　　C. 64；　　D. 32。

答案：A

38. SM-BIP-8 的计算方法为：对第 i 个 OTUk 帧中的 OPUk 帧计算 BIP-8，然后将计算结果放入第（　　）个 OTUk 帧的 SM-BIP-8 字节中。

A. $i-1$；　　B. i；　　C. $i+1$；　　D. $i+2$。

答案：D

39. 下列关于 OTN SM 开销和 PM 开销的说法，错误的是（　　）。

A. SM 位于 OTUk 开销区域，PM 位于 ODUk 开销区域；

B. SM 与 PM 大小均为 3 个字节；

C. SM 开销与 PM 开销完全一样；

D. SM 开销及 PM 开销均有误码检测功能。

答案：C

40. 业务正常时，PM-STAT 取值为（　　）。

A. 001；　　B. 110；　　C. 101；　　D. 111。

答案：A

41. 下列告警不属于 OTN 系统告警的是：（　　）。

A. OTUk-AIS；　B. ODUk-AIS；　C. OTUk-OOM；D. OPUk-AIS。

答案：D

42. SDH 管理网的传送链路是（　　）。

A. DCC 通路；　　B. FCC 通路；　　C. KCC 通路；　　D. E1 字节。

答案：A

43. SDH 信号在光纤上传输前需要经过扰码。下列字节中，不进行扰码的有（　　）。

A. C2；　　B. J1；　　C. B1；　　D. A1、A2。

答案：D

44. 在 SDH 开销字节中，（　　）字节用来防止时钟环路。

A. J1；　　B. S1；　　C. B1；　　D. D1。

答案：B

45. 一个 139.264Mbit/s 的 PDH 支路信号可以复用成一个（　　）。

A. STM-4；　　B. STM-1；　　C. TU-12；　　D. AU-3。

答案：B

46. 下列关于 SDH 网管通道 DCC 描述正确的是（　　）。

A. 有两种 DCC：MS-DCC 和 RS-DCC；

B. MS-DCC 对应 SDH 帧中的开销字节是：D1，D2，D3；

C. MS-DCC 的带宽大小是 567kbit/s；

D. RS-DCC 的带宽比 MS-DCC 大。

答案：A

47. MSTP 中的 VCAT 技术使用（　　）个 VC3 捆绑成 100Mbit/s。

A. 2；　　B. 3；　　C. 5；　　D. 7。

答案：B

48. 时钟保护倒换的触发条件是（　　）。

A. S1 字节检测现用时钟源丢失，并启动时钟保护协议；

B. 合理配置时钟优先级；

C. 合理配置时钟 ID；

D. 合理划分时钟子网。

答案：A

49. 下列针对 SDH 指针描述不正确的是（　　）。

A. 指针有两种 AU-PTR 和 TU-PTR；

B. AU-PTR 的功能是对低阶信号进行定位；

C. 指针与 SDH 同步性能密切相关，通过指针活动可以衡量 SDH 同步状况；

D. 当 VC4 的速率低于 AU-4 速率时，要进行指针调整。

答案：B

50. 下列对于 ROSH 中的 B1 字节描述不正确的是（　　）。

A. 具有检测整个 STM-N 帧的误码的功能；

B. 采用比特间插奇偶校验 8 位码 BIP-8 作为检测算法；

C. 发端对每个帧算出校验值后，写入到本帧开销的 B1 字节中，然后传到收端；

D. 无论 SDH 帧进行复用还是解复用，B1 字节的大小永远为 1 字节。

答案：C

51. 在 MSTP 技术中，为了将以太网帧封装到 SDH 帧中，最广泛应用的封装协议是（　　）。

A. LCAS；　　B. GFP；　　C. PPP；　　D. IP。

答案：B

52. 虚级联 VCAT 的技术特点有（　　）。

A. 可采用任意时隙级联；

B. 可在线调整带宽；

C. 当一个成员时隙丢失后，能自动调整带宽；

D. 所有成员时隙都共用通道包头。

答案：A

53. 下列对于 SNCP 保护描述正确的是（　　）。

A. SNCP 是 1∶1 保护；

B. 需要 APS 协议；

C. SNCP 可以保护任何颗粒；

D. SNCP 的保护通道可以用来传送非紧急业务。

答案：C

54. 下列对于 MS-SPRing 描述正确的是（　　）。

A. 是针对于整个拓扑的保护，是 1∶1 保护；

B. MSP 保护可以保护任何颗粒；

C. 需要 APS 协议；

D. 保护通道可以用来传送非紧急业务。

答案：B

55. 继电保护装置显示某线路光纤复用 2M 保护通道异常，网管显示该通道站端光传输设备 2M 端口 LOS 告警，不可能的故障原因是有（　　）。

A. 保护接口装置故障；　　B. 2M 线断；

C. 光传输设备故障；　　D. 数配端子接触不良。

答案：C

56. 检测到（　　）告警，不会往下一功能块插入全“1”信号，同时上报告警。

A. TU-LOP；　B. TU-AIS；　C. R-LOS；　D. LP-RDI。

答案：D

57. 简单定位系统故障的方法，按优先级从先到后顺序是（　　）。

① 使用网管进行故障定位；

② 单站自环测试；

③ 逐段环回方法，注意单双向业务；

④ 替换单板方法。

A. ①②③④；　B. ④①②③；　C. ③②④①；　D. ③②①④。

答案：A

58. 描述同步网性能的三个重要指标是（　　）。

A. 漂动、抖动、滑动；　　B. 漂动、抖动、位移；

C. 漂移、抖动、滑动；　　D. 漂移、抖动、位移。

答案：A

59. 时钟保护倒换的触发条件是（　　）。

A. S1 字节检测现用时钟源丢失，并启动时钟保护协议；

B. 合理配置时钟优先级；

C. 合理配置时钟 ID；

D. 合理划分时钟子网。

答案：A

60. 数字通信系统 8Mbit/s 信号要求的频偏范围为（　　）ppm。

A. ±20；　　B. ±30；　　C. ±15；　　D. ±40。

答案：B

61. 用（　　）的方式是 SDH 的重要创新，它清除了在 PDH 系统中由于采用滑动缓存器所引起的延时和性能损伤。

A. 虚容器结构；　B. 指针处理；　C. 同步复用；　D. 字节间插。

答案：B

62. 用 2Mbit/s 传输测试仪表测试 2M 通道时，选择的测试伪随机码型为（　　）。

A. $2^{9}-1$；　　B. $2^{11}-1$；　　C. $2^{13}-1$；　　D. $2^{15}-1$。

答案：D

63. 在 SDH 设备的在线传输性能监测中，使用了 G. 826 定义的几项指标用以评价 SDH 网络的传输性能质量，ES 定义为一段时间内传输发生一个以上的误块但误块总数还未超过总块数的 30%，则 ES 的“一段时间”是指（　　）；BBE 定义为一段时间内扣掉 UAS 和 SES 时间后，剩下时间内发生的误块，则 BBE 的“一段时间”是指（　　）。

A. 1s，15min/24h；　　B. 1s，1s；

C. 15min/24h，1s；　　D. 15min/24h，15min/24h。

答案：A

64. 误码性能指标 ESR 是指（　　）。

A. 误码秒；　　B. 严重误码秒；　C. 误码秒比；　　D. 严重误码比。

答案：C

65. 以下选项中，（　　）为危险操作，可能引起业务中断，维护中不能轻易操作。

A. 将上报 R-LOS 告警的光口环回；

B. 将上报 T-ALOS 告警的电口环回；

C. 查询性能数据；

D. 搜索保护子网。

答案：A

66. 当外部时钟信号丢失时，时钟板处于（　　）。

A. 自由振荡；　B. 内部保持；　C. 同步跟踪；　D. 无法工作。

答案：B

67. 结合抖动是由（　　）引起的映射过程。

A. 解映射；　B. 解映射和指针调整；

C. 映射和指针调整；　D. 指针调整。

答案：C

68. 严重误码秒指在 1s 的统计时间内，误码率超过（　　）的秒数及相应的误码秒占总通信时间的百分比。

A. 10^{-3}；　B. 10^{-5}；　C. 10^{-6}；　D. 10^{-4}。

答案：A

69. 当 AUG 帧速率大于 VC-4 帧速率时，指针需进行（　　）调整，指针值（　　）。

A. 负，减小；　B. 负，增加；　C. 正，减小；　D. 正，增加。

答案：D

70. 复用段远端收失效（MS-RDI）信号的标记是解扰后 K2 字节的第 6、7、8 比特出现（　　）码。

A. 111；　B. 100；　C. 101；　D. 110。

答案：D

71. 在一个网同步链中，SDH 网元总数不能超过（　　）个。

A. 20；　B. 30；　C. 60；　D. 100。

答案：A

72. SDH 在 2 纤双向环自愈保护中，每个传输方向用一条光纤，且在每条光纤上将（　　）容量分配给业务通路。

A. 1/2；　B. 1/3；　C. 1/4；　D. 全部。

答案：A

73. 组成一个 STM-4 ADM 至少需要（　　）个 STM-4 光接口。

A. 1；　B. 2；　C. 3；　D. 4。

答案：B

74. 以维护为目的的采集设备性能事件的计数周期有 15min 和（　　）h 两种。15min 计数中，ES 事件数最大值为（　　）。

A. 1，15；　B. 24，900；　C. 1，900；　D. 24，15。

答案：B

75. 在 SDH 中，SSM 是通过 MSOH 中（　　）字节来传递的。

A. S1；　　B. A1；　　C. B1；　　D. C2。

答案：A

76.（　　）决定了 SDH 具有强大的网络运行、管理和维护能力。

A. 统一光接口；　　B. 丰富的开销比特；

C. 同步复用；　　D. 净负荷透明。

答案：B

77. 一个 STM-4 可接入（　　）个 2M 信号。

A. 63；　　B. 64；　　C. 252；　　D. 255。

答案：C

78.（　　）是用来完成各种速率接口适配功能的信息结构单元。

A. 虚容器；　　B. 容器；　　C. 支路单元；　　D. 管理单元。

答案：B

79. 在以下几种保护方式中，所需时间最长，但效率最高的是（　　）。

A. 子网保护；　　B. 线路保护；

C. 复用段保护环；　　D. DXC 保护。

答案：D

80. SDH 设备中不需要交叉连接功能的是（　　）。

A. TM；　　B. ADM；　　C. DXC；　　D. REG。

答案：D

81. 接入端口的最高速率 140Mbit/s 或 155Mbit/s，而交叉连接的最低速率为一次群信号的数字交叉连接设备可以表示为（　　）。

A. DXC1/0；　　B. DXC4/1；　　C. DXC4/4；　　D. DXC1/1。

答案：B

82. 在 SDH 网中，位于线形拓扑结构两端的节点设备类型应当是（　　）。

A. TM；　　B. ADM；　　C. DXC；　　D. REG。

答案：A

83. 由 A、B、C 三个网元组网，其结构为：STM-4 二纤双向复用段保护环，网元彼此间均有业务，若 B、C 间光纤中断，则发生倒换的网元为（　　）。

A. A 和 B；　　B. A 和 C；　　C. B 和 C；　　D. 所有网元。

答案：C

84. 关于 SSM 描述正确的是（　　）。

A. SSM 在 ITU-T 中有明确规定，全称是同步状态消息；

B. SSM 采用 S1 的第 1 至第 4 比特传递信息；

C. SSM 提供了分离于一般通信保护的同步保护手段，可以完全避免定时环路；

D. SSM 可以反映出由于定时和漂移积累所引起的定时劣化。

答案：A

85. 在传输系统中，PDH 光接口线路码型一般为（　　）；SDH 光接口线路码型为（　　）。

A. NRZ，NRZ； B. mBnB，NRZ；

C. NRZ，mBnB； D. mBnB，mBnB。

答案：B

86. 仅就对信号交叉的灵活性而言，（　　）网元交叉灵活性最大。

A. DXC 4/4； B. DXC 4/0； C. TMD； D. DXC 4/1。

答案：B

87. 上行信号流经支路板功能块的顺序为（　　）。（注：上行方向指的是从支路到交叉到线路的方向）

A. HPA、LPT、LPA、PPI； B. HPA、LPA、LPT、PPI；

C. PPI、LPT、LPA、HPA； D. PPI、LPA、LPT、HPA。

答案：D

88. SPI 功能块的作用是（　　）。

A. 同步物理接口，完成 STM-N 光信号和电信号的相互转换；

B. 再生段终端，完成再生段开销字节的提取和产生；

C. 复用段终端，完成复用段开销字节的提取和产生；

D. 复用段保护，利用 K1、K2 字节完成 APS 协议保护。

答案：A

89. （　　）为高阶通道追踪字节，当收和应收失配时有（　　）告警。

A. J1，HP-SLM； B. JI，HP-TIM；

C. C2，HP-SLM； D. C2，HP-TIM。

答案：B

90. 相邻两个指针调整事件的间隔至少为多少帧？（　　）

A. 无要求； B. 2 帧； C. 5 帧； D. 3 帧。

答案：D

91. STM-N 光信号经过线路编码后，（　　）。

A. 线路码速会提高一些；

B. 线路码中加入冗余码；

C. 线路码速还是为 STM-N 标准码速；

D. 线路码为加扰的 NRZ 码。

答案：D

92. 下列说法不正确的是（　　）。

A. B1 字节是检测再生段误码的，由 B1 字节回传给发端一个 RS-REI；

B. B2 字节是检测复用段误码的，由 M1 字节回传给发端一个 MS-REI；

C. B3 字节是检测高阶通道误码的，由 G1 字节回传给发端一个 HP-REI；

D. V5 字节可以用来检测低阶通道误码，由 V5 字节回传给发端一个 LP-REI。

答案：A

93. 在进入不可用时间之后，当数字信号连续 10s 期间内每秒的误码率均优于 10^{-3}，则从此（　　）开始进入了可用时间。

A. 下一秒；　B. 第 1 秒；　C. 第 10 秒；　D. 第 2 秒。

答案：B

94. 在对 SDH 工程开通或维护过程中，经常会遇到不同厂家之间的 SDH 系统的接口互通的问题，其中最常见的就是 STM-1 接口。此时应根据系统传递业务的类型，配置 STM-1 帧结构中的（　　）字节。

A. S1；　B. C2；　C. K1、K2；　D. J0。

答案：B

95. ITU-TG. 826 建议规定了误块秒比 ESR，严重误块秒比 SESR 和（　　）三个参数。

A. 不可用秒 US；　B. 误码秒 ES；

C. 严重误码秒比 SESR　D. 背景误块比 BBER。

答案：D

96. SDH 设备中采用的支路映射方式为（　　）。

A. 异步映射；　B. 比特同步映射；

C. 字节同步映射；　D. 字节异步映射。

答案：A

97. 在 SDH 系统中，（　　）个 TUG-3 复用进 VC-4。

A. 1；　B. 2；　C. 3；　D. 4。

答案：C

98. 在 STM-1 模块中，用于 AU-PTR 传输信息速率为（　　）Mbit/s。

A. 155.520；　B. 2.048；　C. 4.608；　D. 0.576。

答案：D

99. 对于 VC12，TU-PTR 指的是（　　）字节的位置。

A. K4；　　B. N2；　　C. J2；　　D. V5。

答案：D

100. 在段开销中，实现复用段的误码检测功能的是（　　）字节。

A. B1；　　B. B2；　　C. B3；　　D. V5。

答案：B

101. 在下列保护环中，业务容量最大的是（　　）保护环。

A. 二纤单向通道；　　B. 二纤单向复用段；

C. 二纤双向复用段；　　D. 四纤双向复用段。

答案：D

102. （　　）功能块完成 VC-4 信号交叉连接功能。

A. LPC；　　B. TTF；　　C. HPC；　　D. LPC。

答案：C

103. 同一站两台 STM-1SDH 设备采用光接口互联，应当选用的光接口类型为（　　）。

A. I-1.1；　　B. S-1.1；　　C. L-1.1；　　D. L-1.2。

答案：A

104. 相距 10km 左右两台 STM-4SDH 设备采用光接口互联，应当选用的光接口类型为（　　）。

A. I-4.1；　　B. S-4.1；　　C. L-4.1；　　D. L-4.2。

答案：B

105. 相距 70km 左右两台 STM-1SDH 设备采用光接口互联，应当选用的光接口类型为（　　）。

A. I-1.1；　　B. S-1.1；　　C. L-1.1；　　D. L-4.1。

答案：C

106. 设备能根据（　　）字节来判断时钟信号的质量。其值越小，表示相应的时钟质量越（　　）。

A. S1，高；　　B. J0，低；　　C. S1，低；　　D. J0，高。

答案：A

107. 可以采用 1+1 保护方式的自愈环有（　　）。

A. 二纤单向通道倒换环；

B. 二纤双向通道倒换环；

C. 二纤单向复用段倒换环；

D. 二纤单向通道倒换环和二纤双向通道倒换环。

答案：A

108.（　　）是由 SEC（SDH 设备时钟）产生的当前时钟。

A. T0；　　B. T1；　　C. T2；　　D. T3。

答案：A

109.（　　）是指 STM-N（光口或电口）输入的时钟。

A. T0；　　B. T1；　　C. T2；　　D. T3。

答案：B

110.（　　）是用来支持 SDH 通道层连接的信息结构单元。

A. 容器；　　B. 虚容器；　　C. 支路单元；　　D. 支路单元组。

答案：B

111. R-LOF 产生的原因是（　　）。

A. 光衰耗过大；　　B. 对端站发送信号无帧结构；

C. 本端接收方向有故障；　　D. 以上皆是。

答案：D

112. SDH 设备如果通过 2M 通道传递时钟，对定时性能影响最小的是（　　）。

A. 映射过程；　　B. 去映射过程；

C. TU 指针调整；　　D. AU 指针调整。

答案：B

113. SDH 网中不采用 APS 协议的自愈环有（　　）。

A. 二纤单向通道倒换环；　　B. 二纤单向复用段倒换环；

C. 四纤双向复用段倒换环；　　D. 二纤双向复用段倒换环。

答案：A

114. 139.264Mbit/s 的支路信号装进 VC-4 的过程属于（　　）。

A. 复用；　　B. 定位；　　C. 映射；　　D. 映射和复用。

答案：C

115. SDH 为低阶通道层与高阶通道层提供适配功能的信息结构称为（　　）。

A. 容器 C；　　B. 虚容器 VC；

C. 支路单元 TU；　　D. 管理单元 AU。

答案：C

116. 本端产生支路输入信号丢失，对端相应支路收到（　　）告警。

A. AIS；　　B. LOS；　　C. LOF；　　D. LOP。

答案：A

117. 不是复用段保护启动条件的是（　　）。

A. 检测到 MS-AIS 信号；　　B. 检测到 AU-AIS；

C. 检测到 R-LOS；　　D. 检测到 R-LOF。

答案：B

118. 传输故障处理原则是（　　）。

A. 进行抢修；　　B. 进行抢通；

C. 先抢通再抢修；　　D. 先抢修再抢通。

答案：C

119. 二纤单向通道保护环的网络容量是（　　）。

A. M×STM-N；　　B. STM-N；

C. M/2×STM-N；　　D. STM-N/2。

答案：B

120. 复用段倒换中，采用（　　）的工作方式优先级别最高。

A. 强制倒换；　B. 人工倒换；　C. 自动倒换；　D. 练习倒换。

答案：A

121. 关于 SDH 系统中指针的作用，下面说法正确的是（　　）。

A. 当网络处于同步工作状态时，用来进行同步信号间的频率校准；

B. 当网络失去同步时用作频率和相位校准，当网络处于异步工作时用作频率跟踪校准；

C. 指针只能用来容纳网络中的漂移；

D. 指针只能用来容纳网络中的抖动。

答案：B

122. 提供高阶通道层/复用段层适配功能的信息结构是（　　）。

A. TU；　B. TUG；　C. AU；　D. VC。

答案：C

123. 通道保护倒换发生后，PS 告警从（　　）上报网管，MSP 保护倒换发生后，PS 告警从（　　）上报网管。

A. 线路板，交叉板；　　B. 支路板，交叉板；

C. 支路板，线路板；　　D. 支路板，主控板。

答案：B

124. 网元指针连续调整原因为（　　）。

A. 该网元节点时钟与网络时钟出现频差；

B. 该网元节点时钟与网络时钟出现相差；

C. 该网元处在 SDH/PDH 边界处；

D. 该网元时钟工作处于保持模式。

答案：A

125. 我国 2M 复用成 AUG 的步骤是（　　）。

A. C-12——VC-12——TU-12——TUG-2——VC-3——AU-4——AUG；

B. C-12——VC-12——TU-12——TUG-2——VC-3——AU-4——AUG；

C. C-12——VC-12——TU-12——TUG-2——TUG-3——VC-4——AU-4——AUG；

D. C-12——VC-12——TU-12——TUG-2——VC-3——TUG-3——AU-4——AUG。

答案：C

126.（　　）的保护通道不是空闲的（不传额外业务）。

A. 两纤单向通道环；　　B. 两纤双向复用段环；

C. 四纤双向复用段环；　　D. 两纤单向复用段环。

答案：A

127.（　　）不是国标中规定的误码性能参数。

A. 误码秒（ESR）；　　B. 严重误码秒（SESR）；

C. 背景块差错比（BBER）；　　D. 时延（S）。

答案：D

128. 下面对两纤双向复用段保护环描述正确的有（　　）。

A. 单向业务、分离路由；　　B. 双向业务、分离路由；

C. 单向业务、一致路由；　　D. 双向业务、一致路由。

答案：D

129. SDH 的中继型设备（REG）一般采用（　　）方式。

A. 环路定时；　B. 线路定时；　C. 通过定时；　D. 内部定时。

答案：B

130. 32 路的 PCM 一次群，每帧为（　　）μs，每个时隙为（　　）μs。

A. 125，3.9；　B. 250，7.8；　C. 3.9，125；　D. 250，3.9。

答案：A

131. R-LOF 产生的原因是（　　）。

A. 光衰耗过大；　　B. 对端站发送信号无帧结构；

C. 本端接收方向有故障；　　D. 其余选项皆是。

答案：D

132. STM-16 帧结构中的管理单元指针在（　　）。

A. 第 3 行 9 个字节；　　B. 第 4 行 36 个字节；

C. 第 4 行 9 个字节；　　D. 第 4 行 144 个字节。

答案：D

133. 对于 160×10Gbit/s 的 DWDM 来说，波道的通道间隔为（　　）GHz。

A. 50；　　B. 100；　　C. 200；　　D. 250。

答案：A

134. 下面关于波分复用系统保护的说法中，错误的是（　　）。

A. 波分复用系统的保护可以通过 SDH 设备自愈环保护来完成；

B. 光通道保护（OCP）盘可以作为波分复用系统实现的保护的一种手段；

C. 如果波分复用系统中传输的是以太网信号，则该信号是无法实现保护的；

D. 波分复用系统的保护可以是基于光层的保护。

答案：C

135. 以下选项中，可能导致光监控信号无法从上游站点向下游传递的是（　　）。

A. 光放大盘失效；　　B. 两业务站点间跨距太大；

C. 光缆中断；　　D. 都可能。

答案：C

136. OSNR 光信噪比是衡量传输质量的依据之一，下列选项中，波分系统在传输 400km 时 OSNR 值最低的是（　　）。

A. 5 个跨距段，每段跨距为 100km 的波分系统；

B. 3 个跨距段，每段跨距为 120km 的波分系统；

C. 8 个跨距段，每段跨距为 80km 的波分系统；

D. 6 个跨距段，每段跨距为 80km 的波分系统。

答案：B

137. 对于前向纠错功能描述正确的是（　　）。

A. 前向纠错功能只可能纠正由传输引起的错码，如果发送端信号本身存在误码的话，前向纠错功能是无法纠正误码的；

B. 检查前向纠错 OTU 盘是否故障，可以对单盘自环后查看是否误码来实现；

C. TM 端站使用的前向纠错 OTU 盘的收发端速率一致；

D. 都不正确。

答案：A

138. 在一个波分复用系统中，不会出现的波道数是（　　）。

A. 2；　　B. 4；　　C. 7；　　D. 32。

答案：C

139. 在下列选项中，不是波分复用系统特点的是（　　）。

A. 充分利用光纤带宽；

B. 节约光纤，降低成本；

C. 实现多速率、多业务混合传输；

D. 采用同步复用方式和灵活的复用映射。

答案：D

140. OTN 网络定义映射和结构的标准协议是（　　）。

A. G. 693；　　B. G. 981；　　C. G. 709；　　D. G. 655。

答案：C

141. 在密集波分系统中，监控通道的工作波长是（　　）nm。

A. 1510；　　B. 1310；　　C. 1550；　　D. 1560. 61。

答案：A

142. 在波分复用系统中，接口符合 G. 691/G. 957 标准的是（　　）系统。

A. 集成式；　　B. 开放式；　　C. 海底；　　D. 陆地干线。

答案：B

143. 下列各指标测试项目中，不是 OTU 盘的测试指标的是（　　）。

A. −20dB 谱宽；B. 边模抑制比；　C. 消光比；　　D. 插入损耗。

答案：D

144. 掺铒光纤的激光特性主要由（　　）决定。

A. 掺铒元素；　　B. 起主介质作用的石英光纤；

C. 泵浦光源；　　D. 入射光的工作波长。

答案：A

145. 接收灵敏度定义为，当接收机误码率为 1×10^{-12}时，所需要的（　　）。

A. 最小平均发射功率；　　B. 最大可接收值功率；

C. 最大平均接收功率；　　D. 最小平均接收功率。

答案：D

146. EDFA 主要分为两种泵铺源，EDFA 泵铺源的工作波长为（　　）nm。

A. 1550/1310；　　B. 1480/980；

C. 1550/1480；　　D. 1310/980。

答案：B

147. OBA 的光输出连接器后面光纤上的标称参考点，与 OPA 的光输入连接器前面光纤上的标称参考点分别是指（　　）。

A. MPI-S、MPI-R；　　B. MPI-R、MPI-S；

C. S/R、R/S；　　D. 3R。

答案：A

148. 光纤连接器，关于 FC/PC-SC/PC/MM/D3/L10 的说法，正确的是（　　）。

A. 方头—圆头/单模；　　B. 圆头—方头/单模；

C. 方头—圆头/多模；　　D. 圆头—方头/多模。

答案：D

149. 下面关于 C 波段频率的描述，正确的是（　　）nm。

A. 1570～1600；　　B. 1530～1625；

C. 1535～1545；　　D. 1545～1600。

答案：B

150. 基于 C 波段的 40 波系统，波长间隔是（　　）GHz。

A. 50；　B. 100；　C. 200；　D. 300。

答案：B

151. 对于 G.655 光纤，每千米光纤的色散为（　　）ps/(nm·km)。

A. 20；　B. 6；　C. 100；　D. 150。

答案：B

152. 关于掺铒光纤放大器（EDFA），下列说法不正确的是（　　）

A. EDFA 主要由铒掺杂光纤（EDF）、泵铺光源、耦合器、隔离器等部件组成；

B. 耦合器的作用是将信号光和泵铺光合在一起；

C. 隔离器的作用是抑制光反射，以确保光放大器工作稳定；

D. 泵铺激光器产生信号光。

答案：B

153. 目前在光纤通信系统中已获得广泛应用的光放大器是（　　）。

A. 半导体光放大器；　　B. 掺铒光纤放大器；

C. 拉曼光纤放大器；　　D. 布里渊光纤放大器。

答案：B

154. 通常，影响光接收机灵敏度的主要因素是（　　）。

A. 光纤色散；　B. 光接收机噪声；C. 光纤衰减；　D. 暗电流。

答案：B

155. OTN系统中，OTU1的帧结构大小为4×4080字节，那么OTU2的帧结构大小为（　　）。

A. 4×4080；　B. 8×4080；　C. 16×4080；　D. 32×4080。

答案：A

156. 只有当激光器的注入电流大于阈值后，谐振腔里的增益才大于损耗，此时产生（　　）。

A. 自发辐射；　B. 瑞利散射；　C. 受激吸收；　D. 受激辐射。

答案：D

157. OP单板不能支持的保护是（　　）。

A. 光通道1+1；B. 光支路1+1；　C. 光复用段1+1；D. 光复用段1∶1。

答案：D

158. OP保护触发条件中，优先级最低的是（　　）。

A. 锁定工作；　B. 锁定保护；　C. 强制倒换；　D. LOS。

答案：D

159. 导致四波混频的主要原因是（　　）。

A. 波分复用；　B. 长距离传输；　C. 零色散；　D. 相位匹配。

答案：C

160. 网络中，关于标准ODU2和10GE LAN的比特率关系，以下说法正确的是（　　）。

A. ODU2的比特率比10GE大；

B. ODU2的比特率比10GE小；

C. ODU2的比特率和10GE正好匹配；

D. 不一定，看10GE的载荷情况。

答案：D

161. 工作波长位于（　　）μm附近的单模光纤，可以获得最低损耗。

A. 0.85；　B. 1.31；　C. 1.55；　D. 1.27

答案：C

162. 关于光功率放大器BA的说法，正确的是（　　）。

A. 工作波长为定波长；

B. 光功率输入范围是－32～－22dBm；

C. 固定功率输出；

D. 固定增益输出。

答案：C

163. 下面关于拉曼放大器调测和维护注意事项的描述，错误的是（　　）。

A. 拉曼放大板拔纤之后要用 E2000 光口专用防护插销插进拉曼 LINE 光口，防止灰尘进入，插纤之前要先清理光纤连接器上的灰尘；

B. 拉曼放大器对近端线路光纤损耗要求非常严格，除连接到 ODF 架上的一个端子外，0～20km 之内不能有连接头，所有接续点必须采用熔纤方式；

C. 拉曼放大器输出光功率比较高，维护过程中严禁眼睛直视光口，一定要先关闭拉曼放大器的激光器才能带纤拔板，避免强光烧伤操作人员；

D. 拉曼放大器上电后激光器默认是开启的，无需手工将其激光器打开。

答案：D

164. 关于限制光信号传送距离的条件，下面说法错误的是（　　）。

A. 激光器发模块发送功率；　　B. 激光器收模块接收灵敏度；

C. 发光模块的色散容限；　　D. 收光模块色散容限。

答案：D

165. CWDM 系统典型场景是（　　）个波。

A. 40/80；　B. 48/96；　C. 160；　D. 8。

答案：D

166. DWDM 系统典型场景是（　　）个波。

A. 40/80；　B. 48/96；　C. 160；　D. 8。

答案：A

167. DWDM 系统中，实现波长转换的关键器件是（　　）。

A. EDFA；　B. REG；　C. OUT；　D. SOA。

答案：C

168. C 波段（长波长波段）波长范围是（　　）nm。

A. 1565～1625；B. 1530～1565；C. 1310～1510；D. 1510～1530。

答案：B

169. WDM 系统中，使用最多的光放大器为（　　）。

A. SOA；　B. EDFA；　C. SRA；　D. SBA。

答案：B

170. 根据 ITU-T G.692 建议的要求，在 DWDM 系统中，激光器的中心波长的偏差不应该大于光信道间隔的（　　）。

A. 1/5；　B. 1/10；　C. 1/20；　D. 1/100。

答案：B

171. 基于C波段的40波系统，波长间隔为（　　）GHz。

A. 50；　　B. 100；　　C. 200；　　D. 300。

答案：B

172. （　　）技术不能用作分波器。

A. 光栅；　　B. 阵列波导；

C. 介质薄膜；　　D. 耦合器。

答案：D

173. WDM系统的最核心部件是（　　）。

A. 合波器/分波器；　　B. 光放大器；

C. 波长转换器；　　D. 光环形器。

答案：A

174. 以下关于光分插复用（OADM）的描述，错误的是（　　）。

A. 光分插复用系统是在光域实现支路信号的分插和复用的一种设备；

B. 类似于SDH的ADM设备，OADM的基本功能是从WDM传输线路上选择性地分插和复用某些光通道；

C. OADM节点可以直接以光信号为操作对象，利用光波分复用技术在光域上实现波长信道的上下；

D. OADM节点可以分动态和静态之分，静态节点中，可以根据需要选择上下不同波长信号，动态节点中，上下不变的波长信号。

答案：D

175. 在密集波分复用（DWDM）中，（　　）是系统性能的主要限制因素。

A. 非线性效应；　　B. 衰减；

C. 偏振模色散和非线性效应；　　D. 衰减和偏振模色散。

答案：C

176. SDH帧结构SOH中的B1，J0字节在DWDM系统中的作用是（　　）。

A. 无作用；

B. 时钟定位；

C. 辅助管理指针单元功能；

D. 在故障检测时，用以区分SDH设备层面或DWDM设备层面。

答案：A

177. 表示光纤色散程度的物理量是（　　）。

A. 时延；　　B. 相位差；　　C. 时延差；　　D. 速度差。

答案：C

178. 1310nm 和 1550nm 传输窗口都是低损耗窗口，在 DWDM 系统中，只选用 1550nm 传输窗口的主要原因是（　　）。

A. EDFA 的工作波长平坦区在包括此窗口 1550nm；

B. 波长区的非线性效应小；

C. 1550nm 波长区适用于长距离传输；

D. 1550nm 波长区的衰减较小。

答案：A

179. 色散补偿模块支持的光纤类型是（　　）。

A. G.652；　B. G.653；　C. G.655；　D. 所有光纤。

答案：D

180. 影响 DWDM 系统信噪比 ONSR 的光纤因素不包括（　　）。

A. 光纤克尔效应；　B. 光纤损耗；

C. 光纤色散；　D. 光纤非线性。

答案：A

181. EDFA 只能对（　　）nm 波段的光进行放大。

A. 1550；　B. 1310；　C. 980；　D. 1480。

答案：A

182. 不属于光纤非线性效应是（　　）。

A. 色散；　B. 自相位调制；

C. 拉曼散射；　D. 四波混频。

答案：A

183. 下面关于波分复用系统保护的说法中，错误的是（　　）。

A. 波分复用系统的保护；

B. 可以通过 SDH 设备自愈环保护来完成；

C. 光通道保护（OCP）盘可以作为波分复用系统实现的保护的一种手段，如果波分复用系统中传输的是以太网信号，则该信号是无法实现保护的；

D. 波分复用系统的保护可以是基于光层的保护。

答案：C

184. 接收机灵敏度是指在 R 参考点上达到规定的误比特率时所能接收到的（　　）平均光功率。

A. 最低；　B. 最高；　C. 偏低；　D. 偏高。

答案：A

二、多选题

1. 现行的 SDH 网定义有三类基本网元，即（　　）。

A. 终端复用设备 TM；　　B. 微波信道机；

C. 分插复用设备 ADM；　　D. 再生中继设备 REG。

答案：ACD

2. 以下类型设备必须配置交叉板的有（　　）。

A. TM；　　B. ADM；　　C. REG；　　D. DXC。

答案：ABD

3. 引发 AU-AIS 的告警有（　）。

A. LOS、LOF；　　B. MS-AIS；

C. HP-REI、HP-RDI；　　D. OOF。

答案：AB

4. 光监控信道分插盘完成的功能是（　　）。

A. 从光信号中分离出业务信号和监控信号；

B. 完成监控信号的传递；

C. 完成信号的放大；

D. 将业务信号与监控信号合成一路光信号。

答案：AD

5. 影响波分系统传输性能的主要原因有（　　）。

A. 信噪比；　　B. 色散；　　C. 损耗；　　D. 非线性。

答案：ABCD

6. 适合在光纤中传输的线路码型有（　　）。

A. 伪双极性码；　　B. HDB3 码；　　C. 插入比特码；　　D. mBnB 码。

答案：ACD

7. AU 指针的作用为：（　　）。

A. 对高阶 VC 速率适配，容纳其对应于 AU 的频差相差；

B. 对低阶 VC 速率适配；

C. 指示高阶 VC 首字节在 AU 净负荷中的位置；

D. 指示低阶 VC 首字节在 TU 净负荷中的位置。

答案：AC

8. SDH 体系中集中监控功能的实现有（　　）。

A. 段开销及通道开销；　　B. 线路编码的冗余码；

C. 帧结构中的 TS0 及 TS15 时隙； D. DCC 通道。

答案：AD

9. 抖动产生的原因有（　　）。

A. 设备内部噪声引起的信号过零点随机变化；

B. 昼夜温差；

C. 时钟自身；

D. 传输系统。

答案：ACD

10. 属于段开销的是（　　）。

A. MSOH； B. HPOH； C. LPOH； D. RSOH。

答案：AD

11. 光通道衰减测试方法有（　　）。

A. 剪断法； B. 前向散射法；

C. 后向散射法； D. 介入损耗法。

答案：ACD

12. 误码产生的原因有（　　）。

A. 各种噪声源； B. 色散引起的码间干扰；

C. 定位抖动产生的误码； D. SDH 设备本身产生的误。

答案：ABCD

13. 当两块光板对接后 ECC 不通，应检查的数据有（　　）。

A. 光板速率； B. ECC 端口使能；

C. 使用的 DCC 字节； D. 光板存在告警。

答案：ABCD

14. 检测到（　　）告警，则往下一功能块插入全“1”信号，同时上报 TU-LOP 告警。

A. TU-AIS； B. R-LOS； C. LP-RDI； D. TU-AIS。

答案：ABC

15. （　　）告警产生后，会导致回插 RDI 告警。

A. PS； B. RLOS； C. TALOS； D. TU-AIS。

答案：BD

16. 可引起 MSP 倒换的告警有（　　）。

A. R_LOF； B. AU_LOP； C. R_LOS； D. MS_AIS。

答案：ACD

17. ITU-T 建议，对于两纤双向复用段共享保护环，保护倒换时间应小于 50ms 的必要条件有（　　）。

A. 额外业务；　　B. 无其他倒换请求（无抢占）；

C. 不超过 16 个节点；　　D. 环长 1200km 以内。

答案：ABCD

18. 下列低阶通道告警中，根据 V5 字节信息来检测的有（　　）。

A. LP-RDI；　B. LP-REI；　C. LP-SLM；　D. LP-UNEQ。

答案：ABCD

19. 在网络验收测试时，发现设备在有外时钟情况下能够正常工作，去掉外时钟时自动进入保持状态，但是保持态无法持续 24h，而是很快就消失了。产生这种情况不可能的原因是（　　）。

A. 前面的跟踪态持续没有超过 24h；B. 时钟 SSM 功能没有启用；

C. 时钟等级设置错误；　　D. 时钟晶振失效，需更换单板。

答案：BCD

20. 下列关于抖动和漂移的描述中，正确的是（　　）。

A. 抖动和漂移与系统的定时特性有关；

B. 抖动指数字信号的特定时刻相对其理想时间位置的短时间偏离，所谓短时间偏离是指变化频率高于 10Hz 的相位变化；

C. 漂移指数字信号的特定时刻相对其理想时间位置的长时间的偏离；

D. 所谓长时间是指变化频率低于 10Hz 的相位变化指针调整可以产生抖动，但 2M 信号映射过程不会产生抖动。

答案：ABC

21. 在 SDH 帧结构中用于误码检测的字节有（　　）。

A. B1；　B. E1；　C. B3；　D. V5。

答案：ACD

22. 复用段远端误码指示字节为（　　）。

A. B2 字节；

B. 由信宿回传给信源；

C. M1 字节；

D. 指示宿收到复用段信号后检出的误码个数。

答案：BCD

23. 关于 SDH 系统中指针的作用，下面说法正确的是（　　）。

A. 当网络处于同步工作状态时，用来进行同步信号间的相位校准；

B. 当网络失去同步时用作频率和相位校准，当网络处于异步工作时用作频率跟踪校准；

C. 指针还可以用来容纳网络中的抖动和漂移；

D. 以上都不对。

答案：ABC

24. 对 2Mbit/s 速率业务的误码性能进行分析的 ITU-T 协议包括（　　）。

A. G. 823；　　B. G. 826；　　C. M2100；　　D. G. 958。

答案：BC

25. 在 2Mbit/s 传输电路测试时，当测试仪表显示 LOS 告警时，可能的原因是（　　）。

A. 仪表的 2M 连接线收发接反；　　B. 仪表的 2M 收信连接线损坏；

C. 中间电路 2M 转接不好；　　D. 数据设置不正确。

答案：AB

26. 在进行 2Mbit/s 传输电路环回法误码测试时，测试仪表显示 AIS 告警，可能的原因是（　　）。

A. 仪表的 2M 收信连接线损坏；　　B. 仪表的 2M 发信连接线损坏；

C. 中间电路 2M 转接不好；　　D. 数据设置不正确。

答案：BCD

27. SDH 帧结构中，下列位于净负荷区的是（　　）。

A. 再生段开销；　　B. 复用段开销；

C. 高阶通道开销；　　D. 低阶通道开销。

答案：CD

28. SDH 备板插拔的注意事项有（　　）。

A. 戴防静电手腕；　　B. 双手持板件；

C. 防止倒针；　　D. 插盘到位，接触良好。

答案：ABCD

29. SDH 采用的网络结构中，具有自愈能力的有（　　）。

A. 枢纽型；　　B. 线形；　　C. 环型；　　D. 网状网。

答案：BCD

30. SDH 的“管理单元指针丢失”告警产生的原因可能是（　　）。

A. 发送端时序有故障；　　B. 发送端没有配置交叉板业务；

C. 接收误码过大；　　D. PCM 支路故障。

答案：ABC

31. SDH 光纤传输系统中，故障定位的原则是（　　）。

A. 先线路、后支路；　　B. 先高级、后低级；

C. 先外因、后内因；　　D. 先硬件、后软件。

答案：ABC

32. SDH 网内各时钟之间的下列同步方式中，属于正常工作方式的是（　　）。

A. 同步方式；　B. 伪同步方式；　C. 准同步方式；　D. 异步方式。

答案：AB

33. 与 PDH 相比，SDH 的特点为（　　）。

A. 光接口标准化；　　B. 网管能力强；

C. 信道利用率高；　　D. 简化复用/解复用技术。

答案：ABD

34. SDH 自愈环保护中，保护通道带宽可再利用的是（　　）。

A. 二纤单向通道保护环；　　B. 二纤单向复用段保护环；

C. 四纤双向复用段保护环；　　D. 二纤双向复用段保护环。

答案：BCD

35. STM-N 光信号经过线路编码后（　　）。

A. 线路码速会提高一些；

B. 线路码中加入冗余码；

C. 线路码速还是为 STM-N 标准码速；

D. 线路码为加扰的 NRZ 码。

答案：CD

36. 传送网由（　　）基本网元组成。

A. 终端复用器（TM）；　　B. 分插复用器（ADM）；

C. 再生器（REG）；　　D. 交叉连接设备（SDXC）。

答案：ABCD

37. 低阶通道开销的主要功能是（　　）。

A. VC 通道性能监视；　　B. 复用结构指示；

C. 维护信号指示；　　D. 告警状态指示。

答案：ACD

38. 光中继器的作用是（　　）。

A. 提高信道利用率；　　B. 延长中继距离；

C. 矫正波形失真；　　D. 降低误码率。

答案：BC

39. 可配置成 TM 网元的 SDH 设备，其特点是（　　）。

A. 所有光方向到 TM 的业务必须落地；

B. 只能有一个光方向；

C. 不同光方向的业务不能通过光板直接穿通；

D. 光板的最高速率必须低于 622Mbit/s。

答案：BC

40. 如果 SDH 网管上的一个或部分网元无法登录，那么其原因可能是（　　）。

A. 光路衰耗大，误码过量，导致 ECC 通路不通；

B. 主控板故障；

C. SCC 板 ID 拔码不正确；

D. 网元掉电、断纤。

答案：ABCD

41. 通常 SDH 网管可以实现的功能有（　　）。

A. SDH 告警显示；　　B. SDH 电口业务配置；

C. SDH 电口业务环回测试；　　D. SDH 光口性能监测。

答案：ABCD

42. 通道保护环，在环路正常的情况下，拔纤后未发生倒换，这种情况的原因是（　　）。

A. 支路通道设置为无保护；　　B. 拔的是备环光纤；

C. 协议未启动；　　D. 备环通道不可用。

答案：ABCD

43. 下列关于 AU-4-Xc 级联说法正确的是（　　）。

A. 级联方式有相邻级联和虚级联两种；

B. 级联后的所有 AU-4 指针值都应相同；

C. 虚级联只能在同一个 STM-N 信号中应用；

D. 若 Xc 等于 16，则相邻级联方式中高阶通道误码检测字节 B3 只有 1 个。

答案：AD

44. 下列描述正确的是（　　）。

A. STM-1 可以容纳 63 个 VC12；

B. STM-4 可以容纳 4 个 VC4；

C. STM-16 可以容纳 16 个 STM-1 支路；

D. STM-64 可以容纳 64 个 VC4。

答案：ABCD

45. 会引起传输设备温度过高的原因有（　　）。

A. 风扇损坏；　　B. 机柜或设备子架门没有关好；

C. 布线不规范，堵塞出风口；　　D. 空调故障。

答案：ACD

46. 在 SDH 系统中定义 S1 字节的目的是（　　）。

A. 避免定时成环；

B. 当定时信号丢失后向网管告警；

C. 能使两个不同厂家的 SDH 网络组成一个时钟同步网；

D. 使 SDH 网元能提取最高级别的时钟信号。

答案：ACD

47. 在数字传输干线系统中，中继段由（　　）相邻两站构成。

A. 端站-再生站；　　B. 再生站-端站；

C. 端站-端站；　　D. 再生站-再生站。

答案：ACD

48. 在网络管理中，常用的事件报告的情形有（　　）。

A. 故障报警上报；　　B. 性能阈值溢出上报；

C. 配置变化上报；　　D. 病毒事件上报。

答案：ABC

49. 支路输入信号丢失告警的产生原因有（　　）。

A. 外围设备信号输入丢失；

B. 传输线路损耗增大；

C. DDF 架与 SDH 设备之间的电缆障碍；

D. TPU 盘接收故障。

答案：ACD

50. 影响光传输的光纤参数有（　　）。

A. 光信噪比；　　B. 光色散容限；　　C. 非线性；　　D. 线性。

答案：ABC

51. AU 指针的作用是（　　）。

A. 对高阶 VC 速率适配，容纳其对应于 AU 的频差相差；

B. 对低阶 VC 速率适配；

C. 指示高阶 VC 首字节在 AU 净负荷中的位置；

D. 指示低阶 VC 首字节在 TU 净负荷中的位置。

答案：AC

52. ITU-TG.707 中将 2.048Mbit/s 信号映射进 VC-12 的方法定义为（　　）。

A. 字节同步映射；　　B. 异步映射；

C. 浮动位置映射；　　D. 比特同步映射。

答案：ABD

53. ITU-T 建议规定了 LOS 告警信号的含义是（　　）。

A. 输入信号丢失；

B. 输入无光功率或光功率过低；

C. 光功率过高，使 BER 劣于 10-3；

D. 光缆断裂。

答案：ABC

54. SDH 备板插拔的注意事项有（　　）。

A. 戴防静电腕带；　　B. 双手持板件；

C. 防止倒针；　　D. 插盘到位，接触良好。

答案：ABCD

55. SDH 传输网传输性能的主要指标有（　　）等。

A. 误码；　B. 抖动；　C. 漂移；　D. 距离。

答案：ABC

56. SDH 网管故障管理的主要功能包括（　　）。

A. 告警的监视与显示；　　B. 告警原因分析；

C. 告警历史的管理；　　D. 告警的相关过滤和测试管理。

答案：ABCD

57. 常用的环回测试方法有（　　）。

A. 线路侧环回；　B. 光纤环回法；　C. 终端侧环回；　D. 电缆环回法。

答案：AC

58. 关于再生段的描述，正确的是（　　）。

A. 中继器之间的物理实体可称为再生段；

B. 中继器与数字复用设备之间（或 DXC）之间的物理实体可称为再生段；

C. 两复用器之间的全部物理实体可称为再生段；

D. 不同再生段、再生段开销是互不相关的。

答案：ABD

59. 不属于 SDH 告警的有（　　）。

A. LOF；　B. EDFA；　C. RDI；　D. LED。

答案：BD

60. 下面关于 STM-4 帧结构的描述，正确的是（　　）。

A. 以字节为基础的矩形块状帧结构；

B. 帧结构中字节的传输满足由左至右、自上向下的顺序；

C. 每帧中共包含 77760bit，传输一帧的时间为 500μs；

D. 包含段开销、管理单元指针和净负荷三个主要区域。

答案：ABD

61. SDH 网内各时钟之间的下列同步方式中，属于正常工作方式的是（　　）。

A. 同步方式；　　B. 伪同步方式；

C. 准同步方式；　　D. 异步方式。

答案：AB

62. 下列对于 RSOH 中的 A1、A2 字节功能描述正确的是（　　）。

A. A1 和 A2 有固定比特图案，其中 A1＝11110110＝f 6H，A2＝00101000＝28H 收端检测信号流中的各个字节，当发现连续出现 3N 个 f 6H，又紧跟着出现 3N 个 28H 字节时，设备就断定现在开始收到一个 STM-N 帧；

B. 设备的 LOF 告警是由于连续收不到 A1、A2 帧引起的；

C. A1、A2 帧具有指示每个 STM-1 在 STM-N 中的位置的功能；

D. STM-N 的 A1，A2 重复 N 次。

答案：ABC

63. SDH 网络具有丰富的运行维护 OAM 功能，这些功能体现在（　　）。

A. 帧位置的可预见性和指针机制；

B. 利用 MSOH 可以对整个 STM-N 帧监控；

C. 利用 LP-POH 可以对每个 VC12 进行监控；

D. 利用 HP-POH 可以再将其细化成对每个 VC4 的监控。

答案：CD

64. 下列对 SDH 指针描述正确的是（　　）。

A. 指针有两种 AU-PTR 和 TU-PTR；

B. AU-PTR 的功能是对低阶信号进行定位；

C. 指针与 SDH 同步性能密切相关，通过指针活动可以衡量 SDH 同步状况；

D. 当 VC4 的速率低于 AU-4 速率时，要进行指针调整。

答案：ACD

65. 下列对于 ROSH 中的 B1 字节描述正确的是（　　）。

A. 具有检测整个 STM-N 帧的误码的功能；

B. 采用比特间插奇偶校验 8 位码 BIP-8 作为检测算法；

C. 发端对每个帧算出校验值后，写入到本帧开销的 B1 字节中，然后传到收端；

D. 无论 SDH 帧进行复用还是解复用，B1 字节的大小永远为 1 字节。

答案：ABD

66. 下列针对 C12 复帧描述正确的是（　　）。

A. 采用复帧纯粹是为了码速适配的方便；

B. 一个 C12 复帧包含 6 个基帧；

C. 复帧帧频是 8000 帧/s；

D. 高阶通道开销中的 H4 字节可以指示复帧位置。

答案：AD

67. 对数字通信中再生中继器的有关描述，正确的是（　　）。

A. 放大和均衡信号；　　B. 消除误码；

C. 消除噪声积累；　　D. 有误码积累。

答案：ABC

68. SDH 中与复用段保护倒换有关的时间有（　　）。

A. 检测时间；　B. 倒换时间；　C. 等待恢复时间；D. 准备时间。

答案：ABC

69. G.826 规定了（　　）等几种误码性能参数。

A. 误码秒；　B. 误块秒比；　C. 严重误块秒比；D. 背景误块比。

答案：BCD

70. SDH 技术中低阶通道开销主要由（　　）和增强型远端缺陷指示组成。

A. 通道状态和信号标记字节；　　B. 通道踪迹字节；

C. 网络操作者字节；　　D. 自动保护倒换通道。

答案：ABCD

71. 在零色散波长区，传输 3 路 WDM 系统，传输 25km 以后，就可能产生不可弥补的失真，解决的办法有（　　）。

A. 采用不等间隔的波长安排；　　B. 增加光通路的间隔；

C. 适当缩短光放大器间距；　　D. 适当加大光放大器间距。

答案：ABC

72. 拉曼放大器的特点是（　　）。

A. 放大介质是传输光纤本身；　　B. 实现分布式放大；

C. 增益频谱窄；　　D. 实现全波放大。

答案：ABD

73. 光通信中适合传输的三个波长有（　　）nm。

A. 700；　　B. 1310；　　C. 850；　　D. 1550。

答案：BCD

74. 影响 WDM 系统传输的要素有（　　）。

A. 光功率；　　B. 色散；　　C. 信噪比；　　D. 非线性效应。

答案：ABCD

75. 国标对于波分系统各通道平坦度提出一定的要求，所以需要对各通道光功率进行适当的调整，使之满足要求。在调整时，用到的方式有（　　）。

A. 借助光谱分析仪；

B. 借助 SDH 误码分析仪；

C. 利用网管上性能监测功能；

D. 调节 OTU 盘的光发送口的电可调衰耗器，调整输出光功率值。

答案：ACD

76. 下面描述正确的是（　　）。

A. 波分系统的传输质量不受跨距段长短的限制；

B. 开放式波分系统可以满足任何厂家、任意波长的接入；

C. 波分系统只能满足相同速率的信号的复用；

D. 波分系统能够满足各种数据格式的接入。

答案：BD

77. 当某块发送端 OTU 盘出现输入光功率不足（IOP）告警时，可能的原因是（　　）。

A. 由于网管上门限设置不当，造成误告警；

B. 连接尾纤弯折曲率过大；

C. 线路光功率下降；

D. 与该 OTU 对接的 SDH 设备停电。

答案：ABC

78. 对于波分设备而言，光纤端面的质量会直接影响光通信质量，所以下列做法正确的是（　　）。

A. 当更换机盘时，将盘上的连接尾纤拔出后置于一边，更换完毕，直接将尾纤插入机盘；

B. 光纤端面的清洁处理只能用无纺纸、镜头纸或脱脂长绒棉，以及专用工具；

C. FC/PC 型的活动光连接头决不能拧得太紧，否则光纤端面极易受伤；

D. 光放大盘上的输入、输出光纤可以随意插拔。

答案：BC

79. 一般来说，光接收机部分要能承受的影响有（　　）。

A. 信号畸变；　B. 光的色散；　C. 噪声；　D. 串扰。

答案：ABC

80. 激光器的光频特性包括（　　）。

A. U-I 特性；　B. P-I 特性；　C. 阈值特性；　D. 偏振色散性。

答案：ABC

81. CWDM 与 DWDM 的区别是（　　）。

A. CWDM 载波通道间距较宽；

B. 整个 CWDM 系统成本只有 DWDM 的 30%；

C. CWDM 可以复用 18 个信道；

D. CWDM 的传输举例比 DWDM 长，适合跨海传送。

答案：ABC

82. EDFA 在网络中有三种运用形式，分别是（　　）。

A. BA；　B. FA；　C. PA；　D. LA。

答案：ACD

83. SDH 设备的光放大单元有（　　）。

A. 功率放大器；　B. 预置放大器；　C. 线路放大器；　D. 交叉放大器。

答案：ABC

84. 波分系统中的关键技术有（　　）。

A. 光电检测技术；　B. 光放大技术；

C. 合分波技术；　D. 监控信道技术。

答案：ABCD

85. 下列对色散描述正确的是（　　）。

A. 端到端全程色散与全程的光纤距离有关系；

B. 可以采用色散补偿单元进行补偿；

C. 可采用拉曼放大器减少色散；

D. 色散是限制光纤容量和传输距离的主要因素。

答案：ABD

86. WDM 系统的光放大单元有（　　）。

A. 功率放大器；　B. 预置放大器；　C. 线路放大器；　D. 交叉放大器。

答案：ABC

87. 下面描述正确的是（　　）。

A. 波分系统的传输质量不受跨距段长短的限制；

B. 开放式波分系统可以满足任何厂家、任意波长的接入；

C. 波分系统只能满足相同速率的信号的复用；

D. 波分系统能够满足各种数据格式的接入。

答案：BD

88. 波长稳定技术包括（　　）。

A. 温度反馈；　B. 波长反馈；　C. 波长集中监控；D. 放大反馈。

答案：ABC

89. DWDM 组网需要考虑的因素有（　　）。

A. 色散受限距离；B. 功率预算；　C. OSNR；　D. 非线性效应。

答案：ABCD

90. OTN 可以基于（　　）颗粒进行交叉（加 ODUk 的速率）。

A. ODU0；　B. ODU1；　C. ODU2；　D. ODU3。

答案：ABCD

91. G.872 协议中，定义 OTN 的光层可以分为（　　）。

A. 光信道层（OCH）；　B. 光复用段层（OMS）；

C. 光再生段层（ORS）；　D. 光传送段层（OTS）。

答案：ABD

92. G.872 协议中，OTN 的光信道层（OCH）又分为三个电域子层，即（　　）。

A. 光信道净荷单元（OPU）；　B. 光信道数据单元（ODU）；

C. 光信道传送单元（OTU）；　D. 光信道监控单元（OSU）。

答案：ABC

93. OTN 相对于传统波分的优势有（　　）。

A. 丰富的维护信号；　B. 灵活的业务调度能力；

C. 强大的带外前向纠错；　D. 减少了网络层次。

答案：ABCD

94. OTN 光传送网分层体系结构中有（　　）子层。

A. OAC；　B. OCH；　C. OMS；　D. OTS。

答案：BCD

95. OTN 功能单元包括（　　）。

A. OPUk；　B. ODUk；　C. OTUk；　D. OMUk。

答案：ABC

96. 光传输层 OTS 的功能有（　　）。

A. 为光信号在不同类型的光传输媒介（如 G. 652、G. 653、G. 655 光纤等）上提供传输功能；

B. 对光放大器或中继器的检测和控制功能；

C. EDFA 增益控制，保持功率均衡；

D. 色散的累计和补偿。

答案：ABCD

97. WDM 保护类型有（　　）。

A. 光线路保护；　　B. 客户侧 1+1 保护；

C. ODU*k* SNCP 保护；　　D. TPS 保护。

答案：ABC

98. 以路径方式配置 ALC 功能，下列说法正确的是（　　）。

A. 如果 ALC 链路上的某节点不含 VOA 单板，则创建 ALC 链路窗口中自动调接开关的参数取值不能选择为使能；

B. 只支持基于 OMS 路径创建 ALC 链路，其他级别路径不支持创建；

C. 完成 ALC 链路创建后，用户需进行一致性校验及搜索；

D. 基于路径创建 ALC 链路方式时，网管会根据特性依赖和限制自动计算并配置好这条路径所包含所有节点的 ALC 参数。

答案：ABD

99. ITU-TG. 872 定义的 OTN 分层结构，将整个光层细分为（　　）。

A. 光接口层；　B. 光传输段层；　C. 光复用段层；　D. 光通道层。

答案：BCD

100. 下列波长中，（　　）nm 可以用作泵浦光。

A. 850；　B. 1310；　C. 980；　D. 1480。

答案：CD

101. 常用的光源间接调制技术包括（　　）。

A. 电吸收调制；　　B. M-Z 调制；

C. 直接调制；　　D. 反馈调制。

答案：AB

102. OTN 中的 OTU*k* 帧由（　　）等部分组成。

A. ODU*k* 帧；　B. OTU*k* FEC；　C. OTU*k* 开销；　D. FAS。

答案：ABCD

103. 关于 OTU*k* 开销部分的描述，正确的是（　　）。

A. FAS 共 6 个字节；　　　　　　B. MFAS1 个字节；

C. RES 有 2 个字节；　　　　　　D. GCC01 个字节。

答案：ABC

104. 光通道层 OCH 的功能包括（　　）。

A. 为来自电复用段层的客户信息选择路由和分配波长；

B. 为灵活的网络选路安排光通道连接；

C. 处理光通道开销，提供光通道层的检测、管理功能；

D. 在故障发生时实现保护倒换和网络恢复。

答案：ABCD

105. 可能引起 OTU 报误码的是（　　）。

A. 单板故障；　　　　　　　　B. 光功率低；

C. 信噪比低；　　　　　　　　D. 时钟配置问题。

答案：ABCD

106. 可能会导致业务出现误码的原因是（　　）。

A. 色散补偿不合理；　　　　　B. 入纤功率过高或过低；

C. 发端 OTU 激光器性能劣化；　D. 尾纤接头脏污。

答案：ABCD

107. 组成 EDFA 的部件有（　　）。

A. 耦合器；　B. 掺铒光纤；　C. 泵浦源；　D. 隔离器。

答案：ABCD

108. 对波分复用器的要求包括（　　）。

A. 通道功率均衡；　　　　　　B. 良好的频谱特性；

C. 能提高信号信噪比；　　　　D. 插损小于 3dB。

答案：AB

109. 波分系统对 EDFA 的要求包括（　　）。

A. 足够的带宽；B. 平坦的增益；　C. 低噪声系数；　D. 高输出功率。

答案：ABCD

110. 关于 OTU*k* FEC 说法正确的有（　　）。

A. 位置为 OTU*k* 信号帧的 3825 列到最后一列 4080，共 4 行；

B. 增加了最大单跨距距离或是跨距的数目，因而可以延长信号的总传输距离；

C. 在一个光放大器输出总功率有限的情况下，可以通过降低每通道光功率来增加光通道数；

D. 降低了对器件指标和系统配置的要求。

答案：ABCD

111. OTN 维护信号包括（　　）。

A. OTU*k*-AIS；　　B. ODU*k*-AIS；

C. ODU*k*-LCK；　　D. ODU*k*-OCI。

答案：ABCD

112. EDFA 可以放大的波段为（　　）。

A. C；　　B. L；　　C. C+L；　　D. S。

答案：AB

113. 关于 EDFA 中隔离器的作用，下列说法中正确的是（　　）。

A. 输入端隔离器防止反向 ASE 对系统发射器件造成干扰；

B. 输出端隔离器防止反向 ASE 对系统发射器件造成干扰；

C. 输出端隔离器防止放大光信号在输出端面反射进入掺铒光纤；

D. 输出端隔离器防止光浪涌。

答案：AC

114. 下列关于 OTN 光复用段 OMS 的说法中，正确的包括（　　）。

A. 为灵活的多波长网络选路重新安排光复用段功能；

B. 为保证多波长光复用段适配信息的完整性处理光复用段开销；

C. 为网络的运行和维护提供光复用段的检测和管理功能；

D. 必须具备光复用段开销处理及光复用段监控能力。

答案：ABCD

115. 光传输层 OTS 的功能有（　　）。

A. 为光信号在不同类型的光传输媒介（如 G. 652、G. 655 光纤等）上提供传输功能；

B. 对光放大器或中继器的检测和控制功能；

C. EDFA 增益控制，保持功率均衡；

D. 色散的累计和补偿。

答案：ABCD

116. 关于 FEC 的说法，正确的有（　　）。

A. 支持 FEC 和不支持 FEC 功能的设备不能直接互通；

B. FEC 可分为带外 FEC 和带内 FEC；

C. AFEC 与 FEC 也不能互通；

D. AFEC 比 FEC 更加降低系统对 OSNR 的要求。

答案：ABCD

117. 关于 OTU*k* 帧加扰的说法，正确的有（　　）。

A. 加扰的目的是为了避免长 0 和长 1 的情况，保证设备能从业务中提取时钟；

B. 加扰是在 FEC 编码前进行的，即 FEC 字节不进行加扰操作；

C. 加扰和解扰的算法完全一样，加扰后的信号再进行次加扰算法即相当于解扰；

D. 收端先进行 FEC 解码，再进行解扰。

答案：AC

118. OTN 支持电监控通道，可用于电监控的开销有（　　）。

A. GCC0；　　B. GCC1；　　C. GCC2；　　D. GCC3。

答案：ABC

三、判断题

1. 在 SDH 传输系统中，指针的调整会引起抖动。(√)
2. SDH 中 STM-1、4、16 只是传输速率不同，每秒传送的帧是相同的。(√)
3. 从时钟的锁定状态是从时钟的非正常工作状态。(×)
4. 一般同步时钟的精度外时钟≥线路提取时钟≥内部自由钟。(√)
5. SDH 的频带利用率不如 PDH 高。(√)
6. SDH 采用同步复用、按位复接方式。(×)
7. 统一光接口决定了 SDH 网络易于容纳和加速各种宽带业务的引入。(×)
8. 我国的 SDH 复用映射结构中的标准容器中 C-12 装载 2Mbit/s，C-3 装载 34Mbit/s，C-4 装载 100Mbit/s。(×)
9. SDH 帧结构中信息净负荷区域传送的都是有效负荷。(×)
10. STM-1 的矩形块状帧结构由 270 列 9 行 6bit 字节组成。(×)
11. 虚容器是用来完成各种速率接口适配功能的信息结构单元。(×)
12. SDH 帧中单独一个字节的比特传输速率为 64kbit/s。(√)
13. A1、A2 字节经扰码后透明传送。(×)
14. 指针作用有定位和校准。(√)
15. 告警信号“MS-AIS”的意思是复用段告警指示信号。(√)
16. 再生器是工作在再生段的设备，没有复用段功能，复用器是工作在复用段的设备，没有再生段功能。(×)

17. 在1+1线路保护倒换结构中，采用并发优收策略，需要APS协议支持。(×)
18. 自愈环可分为通道倒换环和复用段倒换环两大类。(√)
19. 通道保护环使用共享保护，复用段倒换环使用专用保护。(×)
20. 二纤双向复用段保护环采用APS协议控制倒换。(√)
21. SDH设备的环回功能有两种，即STM-1内部环回和通道内部环回。(√)
22. 同步网局内同步分配一般采用逻辑上的星形拓扑。(√)
23. 通道保护环上某网元的某个VC-12发生倒换，则该网元其余的VC-12也发生倒换。(×)
24. 二纤双向复用段保护环采用1+1保护。(×)
25. 总的来说，从网络性能角度，可以将误码分为两类：内部机理产生的误码和脉冲干扰产生的误码。(√)
26. 在做系统测试时可以将光发送机和光接收机直接相连。(×)
27. 所有数字网都需要实现网同步。(√)
28. 在进行性能监视设置时，性能监视起始时间应为与当前时间一致。(×)
29. 相同情况下，相同大小UI的漂移和抖动，漂移更容易使SDH设备产生误码。(×)
30. 在全网时钟同步的情况下，时钟精度主要受同步源和锁相环的相位噪声影响。(√)
31. SDH中低速信号映射进高速信号所采用的映射方式为比特同步映射。(×)
32. G.821是以误块事件为基础规范，而G.826是以误码事件为基础规范的。(×)
33. 高速率通道波长的DWDM系统要求光纤色散小，因此工作波长区色散最好为零。(×)
34. 差错秒是误码秒和误块秒的统称。(√)
35. 连续级联技术不要求整个传输网络均支持连续级联，如果有些网络设备不支持，业务也能穿通。(×)
36. TTF主要由SPI、PPI、MST、MSP、MSA五个基本功能块组成。(×)
37. HPT是高阶通道开销的源和宿。(√)
38. LPC的功能是将输入口的低阶通道分配给输出口的低阶通道，其输入、输出口的信号格式相似，逻辑次序相同，连接过程不影响信号的消息特征。(×)

39. TU 指针处理是在 HPA 功能块中完成的。(√)

40. 在高阶通道终端检测到 J1 字节失配时，一方面要通过 M1 字节回传高阶通道远端缺陷指示，一方面向下游发 AIS。(×)

41. SDH 复用设备可分为终端复用器（TM）和分插复用器（ADM）。(√)

42. 在 1∶n 线路保护倒换结构中，n 个工作通道共用一个保护段，n 的允许值是 1～16。(×)

43. 自愈环中系统复杂度最大的是二纤双向复用段倒换环。(√)

44. 自愈环中业务容量最大的是四纤双向复用段倒换环。(√)

45. 在 SDH 网中，同步不良会导致滑动。(×)

46. 指针调整会使输出信号产生抖动和漂移，过大的漂移会导致失帧，过大的抖动会导致终端设备滑动。(×)

47. 在 SDH 网中，同步的目的是限制和减少网元指针调整的次数。(√)

48. SDH 设备的接口可分为 PDH 接口和 SDH 接口。(√)

49. 按照我国光同步传输网技术体制规定，SDH 设备的 PDH 接口有三种速率，即 2048、34368kbit/s 和 144000kbit/s。(×)

50. SDH 设备与网管之间的接口有 F 接口和 Q 接口，其中 F 接口提供与远程网管终端的接口，Q 接口提供与本地网管终端的接口。(×)

51. SDH 设备在接收时检测 K2 字节［b6b6b8］连续 3 帧为 111，即收到 4. MS-AIS 告警；并且本端向对方发的码流中将 K2 字节［b6b6b8］置为 111 状态，即向对方回送 MS-RDI 告警。(×)

52. RST（再生段终端功能块）的功能是产生和终结 RSOH，若 RST 收到的是 R-LOS 告警信号，即向下游插入 AIS 信号。(√)

53. 若 RST 连续 5 帧以上无法定位帧头，则设备进入帧失步状态，RST 功能块上报接收信号帧失步告警若帧失步告警 OOF，持续 5ms 以上设备进入帧丢失状态，RST 上报 LOF 帧丢失告警。(×)

54. 链形网具有时隙复用功能，即线路 STM-N 信号中某一序号的 VC 可在不同的传输光缆段上重复利用。(√)

55. 自由运行模式是指当从时钟不仅丢失所有外部定时基准，而且也失去了定时基准记忆或者根本没有保持模式，从时钟内部振荡器工作于自由振荡方式。(√)

56. 在同步网中形成定时环路没有关系。(×)

57. 我国采用的同步方式是等级（分为 4 个等级）主从同步方式。(√)

58. 同步供给单元（SSU）是数字同步网的节点从钟，具有频率基准选择、处理和定时分配的功能。(√)

59. PRC 中应包含有铯原子钟。(√)
60. 局内定时采用树形拓扑，局间定时采用星形拓扑。(×)
61. T0 是来自 STM-N 的定时信号，T1 是本设备提供的定时信号。(×)
62. 再生器只能使用通过定时。(√)
63. 同步状态信息（SSM）也称为同步质量信息，用于在同步定时传递链路中直接反映同步定时信号的等级。(√)
64. 在局内通过 SSU 分配定时，采用 2Mbit/s 或 2MHz 专线，首选 2MHz。(×)
65. 一个标准的最长 HRX 由 14 段电路串联而成。(√)
66. G.826 建议是以块差错（误块）事件为基础的规范，它规范的是运行在基群和基群以下速率数字通道的误码性能事件、参数和指标。(×)
67. 系统任一传输方向的数字信号在连续 5s 内每秒的误码率均劣于 1×10^{-3} 时，从这 5s 的第一秒起就计为不可用时间。(×)
68. SDH 测试仪表的主要任务是对传输通道的中间点进行在线测试，为维护人员提供差错告警数据。(√)
69. 测试 VC4 通道，选择 TSS5 信号结构。(×)
70. 测试 140Mbit/s，选择 TSS1 结构。(×)
71. 如果需要在 SDH 支路口观察误码，一般采用 TSS1 信号结构。(√)
72. STM-1 帧中 MSOH 和 RSOH 各有一个公务字节分别对应为 E1、E2 字节。(√)
73. E1 数字中继接口阻抗：同轴不平衡接口为 75Ω，平衡电缆接口为 120Ω。(√)
74. SDH 系统的每一个网元都必须支持消息通信功能（MCF）和管理应用功能（MAF）。(√)
75. 按复接时各低次群时钟情况复接可分为同步、异步、准同步。(√)
76. 当 SDH 系统内不支持 SSM 功能时，可采用该系统传递定时。(×)
77. 对于光纤数字通信，与二进制 PCM 信号 1、0 对应的是光源的开启和关闭。(√)
78. 因 SDH 电路不会使定时信号的漂移积累故利用 SDH 网络传送定时信号没有距离限制。(×)
79. 在网状网的拓扑结构中，N 个节点完全互连需要 $N(N-1)/2$ 条传输线路。(√)
80. SDH 中的 1+1 保护指发端永久连接，收端择优接收（并发优收）。(√)
81. 155Mbit/s 的 SDH 光纤数字系统一定比 140Mbit/s 的 PDH 光纤数字通信

系统传输的话路要多。(×)

82. AIS 信号的全称是远端缺陷指示，该信号的内容是全 1 码。(×)

83. AIS 信号是往上游方向发送的。(×)

84. AU-PTR 的值由 H1、H2 字节的后 10 个比特指示。(√)

85. CCITT 未对随机未定帧信号帧失步（OFF）的最大检测时间和最大定帧时间做出定义。(×)

86. E1、E2 字节在 SDH 设备中的作用相同，因此有一个即可。(×)

87. G. 783 建议对于 SDH 保护倒换时间应在检测到 SF 或 SD 条件或发出人为命令后的 50ms 内完成。(√)

88. HP-TIM 是因检测到高阶 POH 中的 C2 字节收发失配引起。(×)

89. ITU-T 建议规定，复用段倒换时间不能大于 50ms。(√)

90. MS-AIS 告警产生时，不一定都下插全“1”信号。(×)

91. MSTP 的中文含义是多业务传输平台。(√)

92. SDH 采用世界统一的标准速率，利于不同速率的系统互连。(√)

93. SDH 具有后向兼容性和前向兼容性，其中前向兼容性是指 SDH 的 STM-1 既可复用 2Mbit/s 系列的 PDH 信号，又可复用 1.5Mbit/s 系列的 PDH 信号。(×)

94. SDH 网同步的异步方式是网络中出现很大的频率偏差（即异步的含义），当时钟精度达不到 ITU-T G. 813 所规定的数值时，SDH 网不再维持业务而将发送 AIS 告警信号。(√)

95. SDH 系统高阶通道层信号既支持低阶通道层信号，又支持电路层信号。(√)

96. SDH 帧结构中 VC2、VC3、VC4 均为高级虚容器。(×)

97. SDH 帧结构中有许多空闲字节，如果利用空闲字节，可以提高光线路速率。(×)

98. SDH 最为核心的三大特点是：同步复用，强大的网络管理能力和统一的光接口及复用标准。(√)

99. STM-64 帧信号的速率大约是 10Gbit/s，它包含了 4032 个 2M 信号。(√)

100. 不同厂家的 SDH 设备，速率等级相同的光接口也不可以对接。(×)

101. 在 SDH 系统中，R-LOS 告警与开销字节无关，只是与输入的信号质量有关。(√)

102. SDH 网络的分层模型中，通道层只能支持一个电路层网络。(×)

103. SDH 信号的线路编码仅对信号进行扰码，而不插入冗余码，因而其线路信号速率和相应的电口信号速率一致。(√)

104. 采用扰码技术是为了避免线路码流中出现长“0”或长“1”情况，以利于线路同步时钟的提取。(√)
105. 一个 STM-N 的二纤环，有 M 个站点，若为单向通道倒换环，则环上能提供保护的业务容量最大为 STM-N。(√)
106. 因 SDH 电路会使定时信号的漂移不断积累，故此利用 SDH 网络传送定时信号会有距离限制。(√)
107. 复用是以字节交错间插方式把 TU 组织进高阶 VC 或把 AU 组织进 STM-N 的过程。(√)
108. 光中继器具有波形整形、再定时两个功能。(×)
109. 开销字节能够完成的功能包括误码监测、帧定位、通道跟踪。(√)
110. SDH 在二纤双向环自愈保护中，每个传输方向用一条光纤，且在每条光纤上将一半容量分配给业务通路。(√)
111. 当华为传输设备上出现 B2 _ EXC 告警时，产生此告警的可能原因是：接收信号衰减偏大。(√)
112. TTF（传送终端功能块）的作用是完成 VC4 电信号到 STM-N 光信号的转变。(√)
113. SDH 开销就是指再生段开销 RSOH、复用段开销 MSOH。(×)
114. 在 SDH 中采用了净负荷指针技术，将低速支路信号复用成高速信号。(√)
115. VC4 的速率为 $9\times261\times8\times8000=150.336$Mbit/s。(√)
116. 对于四纤复用段保护链来说，有 1+1、1∶1、1∶N 三种组网形式，其中 N 的最大值是 8。(×)
117. 光波是一种高频电磁波，不同波长的光波复用在一起进行传输，彼此之间相互作用，将产生四波混频（FWM）。(√)
118. 波分中的 FEC 盘特有的功能是后向纠错功能。(×)
119. DWDM 技术不能提高光纤带宽利用率。(×)
120. DWDM 是 WDM 的一种特殊形式。(√)
121. 一根光纤只能完成一个方向光信号的传输，反向光信号的传输由另一根光纤来完成，因此同一波长在两个方向上不可以重复利用。(×)
122. 发生拉曼散射的结果将导致 WDM 系统中短波长通路产生过大的信号衰减，从而限制了通路数。(√)
123. 放大器是一种需要经过“光→电→光”的变换而直接对光信号进行放大的有源器件。(×)
124. 在密集波分复用系统中，光功率密度越大，信道间隔越小，光纤的非线

性效应就越严重。(√)

125. 光接收机灵敏度的定义为，R点处为使RER达到1×10^{-10}所需要平均接收光功率可允许的最小值。(√)

126. 拉曼光纤放大器比掺铒光纤放大器具有更低的噪声指数。(√)

127. DWDM技术本质上是光域上的频分复用FDM技术。(√)

128. DWDM系统经常提到彩色光接口，彩色指的是激光器发出的光看起来是彩色的。(×)

129. WDM是波分复用，DWDM就是密集波分复用。(√)

130. 波分系统中网管通过开销字节监控各个网元。(×)

131. 在密集波分复用系统中，光功率密度越大，信道间隔越小，光纤的非线性效应就越严重。(√)

132. 在DWDM组网设计中，只要通过足够多的EDFA级联来补偿传送过程中的光功率损耗，则系统可以无限制的传送很长的距离。(×)

133. DWDM和CWDM的区别在于复用波长的频率间隔不同。(√)

134. WDM系统采用EDFA会产生噪声积累。(√)

135. 在DWDM系统中，我们希望设备的色散代价越大越好。(×)

136. 在密集波分复用系统中，光功率密度越大，信道间隔越小，光纤的非线性效应就越严重。(×)

137. 光接收机灵敏度描述了光接收机的最高误码率。(√)

138. 在光纤通信系统中，当需要从光纤的主传输信道中取出一部分光作为测试用时，需要光耦合器来完成。(√)

139. 在WDM系统中，我国采用1510nm的光信号作为光监控通道，对EDFA的运行状态进行监控，该监控通道速率为2.048Mbit/s，码型为CMI。(√)

140. 波分复用设备可以使用单模光纤传输多个波长。(√)

141. 波分网元间的DCC通道是带内通信。(×)

142. APD型接收激光器的过载光功率仅为－9dBm。尤其需要谨慎，防止光模块因功率过高烧毁。(√)

143. NG WDM设备在进行电交叉业务配置时，必须保证一条业务在一个方向上的发送端和接收端客户侧业务类型一致，但是收发两端使用的波分侧光通道号可以不一致。(√)

四、简答题

1. STM-N的块状帧在线路上是怎样进行传输的？传完一帧STM-N信号需要

多长的时间？

答：帧结构中的字节（8bit）从左到右、从上到下、一个字节一个字节（一个比特一个比特）的传输，传完一行再传下一行，传完一帧再传下一帧。传完一帧 STM-N 信号需要 125μs。

2. 在 SOH 中，为什么 STM-1 和 STM-4 的 B1 字节数相同（都只有一个），而 STM-4 的 B2 数（12 个 B2）是 STM-1（3 个 B2）的 4 倍？

答：SDH 复用规则是字节间插复用，但开销的复用并非简单的交错间插，除段开销中的 A1、A2、B2 字节、指针和净负荷按字节交错间插复用进行 STM-4 外，各 STM-1 中的其他开销字节经过终结处理，再重新插入 STM-4 相应的开销字节中。

3. SDH 信号在光路上传输时要经过扰码，主要是为了什么？是否对 STM-N 信号的所有字节都进行扰码？为什么？

答：扰码主要是为了便于收端能提取线路定时信号，但为了正确定位帧头 A1、A2，A1、A2 不能扰码。为兼顾这两种需求，段开销第一行的所有字节上不扰码。这样既便于提取 STM-N 信号的定时，又便于收端分离 STM-N 信号。

4. 如何理解 VC4 在净荷里是浮动的？

答：当 VC4 的速率（帧频）高于 AU-4 的速率（帧频）时，产生一个负调整；当 VC4 的速率（帧频）低于 AU-4 的速率（帧频）时，产生一个正调整；不管是正调整和负调整都会使 VC4 在 AU-4 的净负荷中的位置发生了改变，即 VC4 第一个字节在 AU-4 净负荷中的位置发生了改变，也就是说 VC4 在 AU-4 净荷里是浮动的。

5. 为什么 SDH 体制适合大容量传输的情况？

答：因为 SDH 采用同步复用、字节间插方式复用进高速 SDH 的帧结构中，使低速 SDH 信号在高速 SDH 信号的帧中的位置是均匀的、规律的，能直接从高速 SDH 信号中分插出低速信号，简化了信号的复接和分接过程，使 SDH 体制适合大容量传输的情况。

6. SDH 的优点是什么？

答：（1）具有全世界统一的帧结构和速率等级结构，使国际互通容易；

（2）具有世界统一性标准光接口；

（3）采用同步复用、（字节间插方式）使上下业务简单；

（4）具有丰富的开销比特，SDH的网管能力强大；

（5）具有多种网络拓扑结构，灵活性强、具有网络自愈功能；

（6）兼容性。

7. 什么是字节间插复用方式？

答：字节间插复用方式指复接时依次取每一路信号的一个字节（8位码）。

8. STM-N信号的帧频是什么？帧周期是多少？

答：STM-N信号的帧频为8kHz，帧周期为125μs。

9. 段开销分为哪两种？其作用分别是什么？

答：段开销分为RSOH和MSOH两种，其中RSOH是负责对整个STM-N信号的监视和管理；而MSOH则对STM-N中每一个STM-1信号的监视和管理。

10. 什么是指针？有哪些种类？

答：指针就是一种指示符，是用来指示信息负荷的起始位置，即第一个字节在帧结构中位置，分为AU-PTR和TU-PTR。

11. 指针中NDF称为什么？如何进行指示负调整？

答：NDF称为新数据标识，当NDF为0110，指针允许正/负调整，当5个D比特多数反转，表示此帧AU-4进行了负调整，下一帧AU-4的指针值减1；当为新数据时，即净负荷产生变化时，NDF为1001，此时不做调整。

12. 简述哪些字节实现了SDH的再生段、复用段、高阶通道、低阶通道的误码检测功能，并说明如何实现误码回送功能。

答：再生段的误码检测字节：B1；

复用段的误码检测字节：B2，通过M1字节向发端回送MS-REI；

高阶通道的误码检测字节：B3，通过G1（1-4）向发端回送HP-REI；

低阶通道的误码检测字节：V5（1、2），通过 V5（3）向发端回送 LP-REI。

13. 说明 LOS、OOF、LOF、MS-AIS、MS-RDI、MS-REI、AU-AIS、TU-AIS 的含义。

答：LOS——信号丢失；OOF——帧失步；LOF——帧丢失；MS-AIS——复用段—告警指示信号；MS-RDI——复用段—远端失效指示；MS-REI——复用段—远端误块指示；AU-AIS——管理单元—告警指示信号；TU-AIS——支路单元—告警指示信号。

14. S1 字节有什么作用？

答：S1 字节——同步状态标志（SSM）字节，用该字节的 5～8bit 通过消息编码以表明该 STM-N 的同步状态，并帮助进行同步网的保护倒换。S1 字节的后 4bit 是同步信号质量等级（QL）的标志。

15. 什么是误块秒和严重误块秒？

答：误码秒：当某一秒中发现 1 个或多个误码块时称该秒为误码秒。

严重误码秒：当一秒包含不少于 30％的误码或者至少出现一个严重扰动期（SDP）时认为该秒为严重误码秒。

16. 什么是 1＋1 和 1∶1 保护？

答：1＋1 保护：发端并发，收端选收，又叫单端倒换（仅收端切换），往往是非恢复式的。

1∶1 保护：正常时，主用信道发主要业务，备用信道发额外业务（低级别业务），收端从主用信道收主要业务，备用信道收额外业务；当主用信道损坏时，发端将主业务切换到备用信道上，收端切换从备用通道收主用业务，此时额外业务中断，主用业务恢复，属于双端倒换，1∶1 保护模式是恢复式的。

17. 一致路由和分离路由是什么意思？

答：一致路由：正负向业务路由相同的称为一致路由，如双向链或双向复用段环的业务。

分离路由：正负向业务路由不同的称为分离路由，如单向通道环或单向复用段环的业务。

18. 段开销中 M1 字节的作用是什么？若甲乙两站构成点对点的通信，现在乙站收到的 M1 字节为 00000010，这说明什么？

答：M1 字节——传复用段远端误码块指示字节，指对端（复用段终端收）将 B2 检测的结果向发端回传。说明甲站在收时检测 B2 有误码块，则乙—甲有误码块（2 个）。

19. SDH 设备接收到 MS-AIS 缺陷时如何响应？

答：向对方发的码流中将 K2 字节［b6b6b8］置为 110 状态，即向对方回送 MS-RDI 告警。

20. SDH 的光线路码型为什么要扰码？

答：采用扰码器是为了防止信号在传输中出现长连 0 或长连 1，易于收端从信号中提取定时信息。

21. SDH 具有哪几类电接口？

答：SDH 设备具有三种类型的电接口：第一类为 SDH 的 155520kbit/s 电接口；第二类为准同步数字体系（PDH）的三种电接口，即 2048、34368kbit/s 和 139264kbit/s 三种速率；第三类为数字同步网接口，即 2048kHz 和 2048kbit/s 基准定时源接口。

22. SDH 的设备类型有哪些？

答：SDH 的设备类型有 TM、ADM、REG、DXC。

23. DXC4/4 中的 4 表示什么意思？

答：前面的 4 表示接入端口的最高速率 140Mbit/s 或 155Mbit/s；后面的 4 表示交叉连接的最低速率为 VC-4。

24. TTF 功能块的作用是什么？由哪些基本功能块组成？

答：TTF 功能块的作用：在接收方向对 STM-N 光线路进行光/电转换，处理 RSOH、MSOH，对复用段信号进行保护，对 AUG 进行消间插并处理指针 AU-PTR，最后输出 N 个 VC-4 信号；发送与此相反。

25. SDH 网络有哪几种常见的定时方式？

答：SDH 网络常见的定时方式有外同步方式、通过定时方式、环路定时方式、线路定时方式、支路定时方式、内定时方式。

26. 采用时钟自动保护倒换的意义是什么？

答：为了避免由于一条时钟同步路径的中断，导致整个同步网的失步，有必要考虑同步时钟的自动保护倒换问题。

27. ITU-T 在确定 SDH 系统的性能指标，度量误码性能事件中误块秒（ES）与严重误快秒（SES）指什么？

答：ES 指某一秒中发现 1 个或多个误码块；SES 指某一秒内包含有不少于 30%的误块或者至少出现一个严重扰动期。

28. 误码性能由哪些指标衡量？

答：误码性能由以下指标衡量：误块、误块秒 ES、严重误块秒 SES 和严重误块秒比 SESR，背景误块 BBE 和背景误块比 BBER。

29. 减小误码有哪些策略？

答：（1）内部误码的减少——改善收信机的信噪比是降低系统内部误码的主要途径。

（2）外部干扰误码的减少——加强所有设备的抗电磁干扰和静电放电能力。

30. 什么是可用时间？

答：可用时间——当数字信号连续 10s 期间内每秒的误码率均优于 10^{-3}，那么从这 10s 的第一秒起就认为进入了可用时间。

31. 什么是不可用时间？

答：不可用时间——传输系统的任一个传输方向的数字信号连续 10s 期间内每秒的误码率均劣于 10^{-3}，从这 10s 的第一秒钟起就认为进入了不可用时间。

32. SDH 中 I. 1 和 I. 2 型复用设备的性能有何不同？

答：I. 2 型复用设备比 I. 1 型多了 LPC 和 HPC 功能块，因此，I. 2 型复用设备可以把 PDH 支路信号灵活地映射复接到 STM-N 帧中的任何位置。

33. 保护和恢复有何区别？

答：保护是指利用节点间预先安排的容量取代失效或劣化的传送实体，一定备用容量保护一定的主用容量，备用容量无法在网络上大范围共享。恢复是利用节点间的任何可用容量安排恢复业务，可大大节约网络资源。

34. 在 SDH 网中，与同步有关并影响净负荷信息质量的主要因素有哪些？

答：主要因素有：指针调整、净负荷映射合支路映射、网络定时信号。

35. 无 SSM 时，SDH 网传送定时将面临什么问题？

答：无 SSM 时，SDH 网传送定时将面临的问题有：产生定时环路现象，产生低级时钟同步高级时钟现象。

36. 光发送机参数有哪些？

答：最大－20dB 带宽、最小边模抑制比 SMSR、平均发送功率、消光比。

37. U-16.2 光接口代码的含义是什么？

答：U—超长距离局间通信光接口，16—STM-16 速率等级，2—G.652 光纤（1550nm）。

38. 光接收机参数有哪些？

答：光接收机的参数有：接收灵敏度、接收过载功率。

五、综合分析题

1. 某网元 2Mbit/s 业务中断，传输设备为华为 OSN3500，设备上有 T-LOS 告警，请进行故障分析及定位。

答：分析：由于传输设备上有 T-LOS 告警，可以确定传输设备光路没有问题。因为在传输设备到网元的 2Mbit/s 电路上有故障，所以问题可能出在传输设备电接口板或者 2Mbit/s 线故障。

故障定位与解决：到站先用环回的方式判断故障点，到 DDF 架上做远端环回时，传输设备仍有告警，做近端环回时通路正常，说明是传输设备电接口板到 DDF 架的 2Mbit/s 线故障，更换故障线，告警消除。

结论：此故障是典型的 2Mbit/s 线故障引起业务中断案例，根据故障现象，分析出故障属于 2Mbit/s 线电路故障，并用最常规的环回方式来判断故障点，找到故障后迅速恢复业务。

2. 在SDH传输系统中，如果在网管上看到：两个相邻站点，其状态由正常突然同时变化为光路紧急告警，请回答以下问题：

（1）试判断传输网络可能出现了什么问题？

（2）说明排除这种故障需要使用的工具及这些工具的用途。

（3）简述排除这种故障的主要步骤。

答：（1）传输网络的光缆可能断裂，导致两侧站点同时收不到光，因而同时出现紧急告警。

（2）所用设备仪器有OTDR、光功率计、光纤熔接机。用OTDR测量光纤距离；用光功率计测量收光功率；用光纤熔接机熔接断纤。

（3）排除故障的主要步骤：

1）网管发现告警站点并确认倒换保护已经启动，业务没有中断。

2）携带OTDR至发生告警的站点，测量光缆中断的位置；当用OTDR判测断点时，一定要确保和设备之间确实有断点，如不能确认，须在对端ODF上断开测试光纤，不可直接连接对端光设备光板进行测试。否则可能损坏对端光设备的光接口板。

3）使用光纤熔接机进行断点熔接。

4）至发生告警的站点，用光功率计测量收光功率，以确认收光正常，并确认光路修通后光板告警已经消失。

5）网管确认相关的告警全部消除。

3. 某传输网络由A、B、C、D组成10G MSTP环网，B局接收到A局的MS-RDI告警，请分析可能的故障原因。

答：可能的故障原因有：①B向A传输的光缆纤芯存在问题；②B局光板发光问题；③A局光板收光问题。

4. A、B两个155/622网元之间用622M光路连接，两网元的版本相同。某日，维护人员发现两端622M光板几乎同时发生三次瞬间LOS告警，在几十秒内光路即告恢复。试分析告警产生的可能原因。

答：造成网元出现LOS告警一般来说有三种可能：光纤断裂、对端光板发光器故障、本端光板收光器故障。由于光纤断裂会造成光板长期LOS，而在该例中两端光板仅发生瞬间LOS，故可排除此种可能。一般而言，光板发光器件故障概率大，至于两端光板几乎同时发生 LOS，在几十秒内光路又恢复，原因是两端光板均开启了 ALS 功能，即当本端光板 LOS 时即停止向对端发光，过一段时间后又向对方发送一个光脉冲重新建立光路。

5. A、B 两个 155/622 网元之间用 622M 光路连接，两网元的版本相同。某日，维护人员发现 A 网元 622M 光板 LOF 告警，B 网元 622M 光板 RDI 告警。试分析告警产生的可能原因并简述处理步骤。

答：LOF 帧丢失告警产生的原因有：①光衰耗过大；②对端站发送信号无帧结构；③本端接收方向有故障。A 网元 LOF 告警时，向 B 网元回送 RDI 告警。处理步骤为：①检查告警单板接收光功率，光功率正常则检查告警单板是否存在问题；②如光功率超出正常范围，则检查对端站至本站光纤及其接口是否损坏；③如光纤及告警单板都正常，则检查对端站光发送板是否存在问题。

6. A、B 两个 155/622 网元之间用 622M 光路连接，两网元的版本相同。现在 A、B 之间开通一条 2M 通道，在 B 网元 DDF 架上做硬件自环，A 网元 DDF 架上挂 2M 误码表，发现其 AIS 灯亮。试分析产生 AIS 告警的可能原因。（假设 622M 光路正常）

答：2M 误码仪的 AIS 告警灯亮表明 E1 业务为全 1，622M 光路正常，表明 A、B 两网元某侧 2M 端口存在 LOS 告警，因此产生该告警的根源在两侧 PDH 端口及其连接电缆上。可能的原因有：①A 网元 DDF 架至 2M 端口入电缆不通；②B 网元 DDF 架至 2M 端口入或出电缆不通或 U-LINK 接触不良；③A、B 两网元 2M 端口板存在问题。

7. 若本站 140M 支路信号无输入，在功能模块 PPI 中检测出上行信号丢失，上报支路 LOS 告警，支路信号经过交叉连接到线路，再经过线路传到对端站，在对端站下到支路时，对端站是否会检测到下行信号有 AU-AIS 告警？为什么？（其余一切正常）

答：因为 PPI 在检测出上行信号丢失时，会下插全 1 信号，经过 LPA 适配成 C-4，再经过 HPT 加入高阶通道开销、MSA 加入 AU 指针，此过程是正常的，HPT、MSA 功能块将此全 1 信号当成净荷处理。到对端站下支路时，对端站下行信号经 MSA、HPT 检测 AU 指针正常，高阶通道开销正常。因为 AU-AIS 的上报条件为 H1、H2、H3 的值连续三帧为全 1，而此时的

H1、H2、H3 正常，故此不会上报 AU-AIS 告警。

8. 三台 SDH 设备组成如图 2-1 所示的拓扑，某日维护人员在做性能监测时发现：C 站出现 B2 误码；B 站出现 B1 误码；A 站出现 MS-REI。试分析可能的故障区间和可能的故障原因。

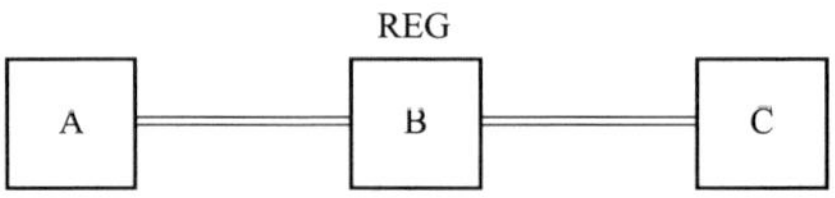

图 2-1

答：由于 B 站是 REG，故只终结和产生再生段开销 RSOH，复用段开销等数据透明传递。由于 C 站仅出现 B2 误码，表明：①B 到 C 再生段开销传输正常；②A 到 C 复用段开销传输出现误码。因为 A 站仅出现 MS-REI，表明：①C 到 A 复用段开销传输正常，B 到 A 再生段开销传输正常；②A 站发出的复用段开销在对端 C 站接收时出现误码。综合上述分析，故障区间最大可能在 A 到 B 之间，原因可能是：①A 发光器件发光功率下降；②某侧光纤连接头松动；③光纤损耗增大。

9. 如图 2-2 所示，A、B、C、D 四台 SDH 网元组成环形网络，网络保护方式为 SNCP，现在 A、C 之间开通一条 2M 通道，试问，如何利用 SDH 分析仪控制 2M 通道的保护倒换，并检验该 2M 通道的保护倒换时间。要求画出测试框图，并说明测试步骤。

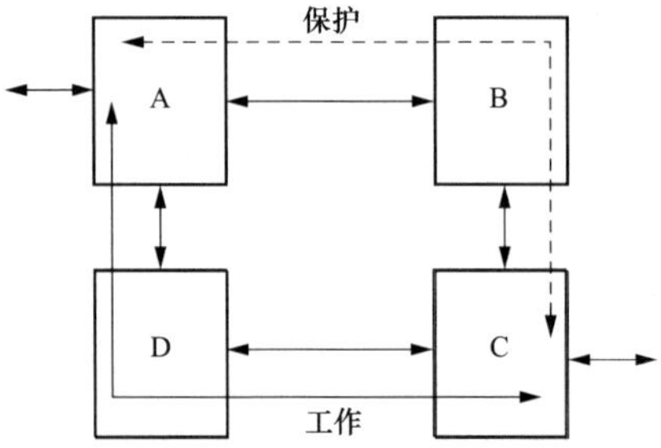

图 2-2

答：利用 SDH 分析仪控制并检验该 2M 通道的保护倒换测试框图，如图 2-3 所示。

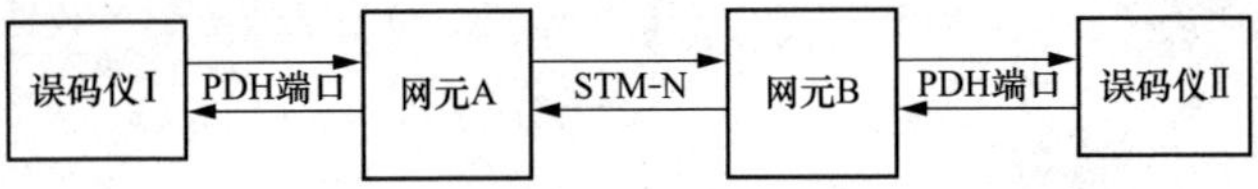

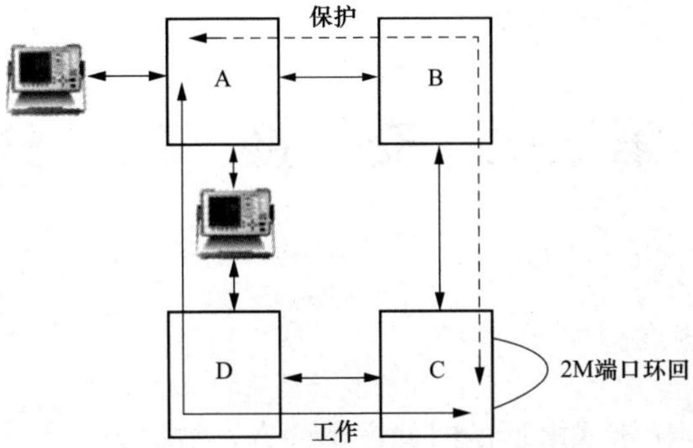

图 2-3

测试步骤为：①将连接到工作通路的 SDH 分析仪（图中 AD 之间）设置成直通模式，设置映射类型、速率等级、从 STM-N 线路提取时钟作为同步时钟参考源等，确认仪表未检测到告警；②将远端 2M 口环回，设置连接在 2M 接口的 SDH 分析仪，包括速率等级和测试图案，确认分析仪未检测到告警，并开始测试；③利用连接到工作通路的 SDH 分析仪，在信号中插入 LOS、LOF、AUAIS、TUAIS 来启动保护倒换；④测量和记录业务中断时间的结果，确认保护倒换时间小于 50ms。

10. 阐述测试 SDH 系统误码的在线监测时的操作步骤。

答：（1）根据需要测试的实体——再生段、复用段、高阶通道或低阶通道，选择适当的监视点（通过光耦合器在光路测试可以监视再生段、复用段、高阶通道和低阶通道的全部误码性能，在监测接口测试只能监视高阶通道和低阶通道的误码性能）。

（2）在监视点接入 SDH 分析仪（接收）。

（3）调整 SDH 分析仪，同时监视相应的参数：B1、B2、B3 和 V5（b1/b2）。

（4）设置测试时间，同时在网管上进行相同的监测。

（5）测试结束后，记录测试结果。

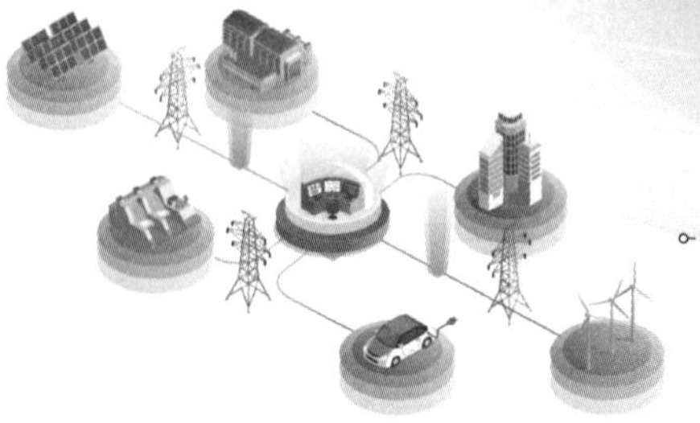

第三章　交　换　部　分

一、单选题

1. 按下键盘数字按键式电话的时候产生的音，被称为（　　）技术。

A. DSP；　　B. CDMA；　　C. DTMF；　　D. Tanscoding。

答案：C

2. 在程控交换系统中，当用户摘机听到拨号音的时延不超过（　　）时，用户不会有明显的等待感觉。

A. 400ms；　　B. 500ms；　　C. 800ms；　　D. 1s。

答案：B

3. 话务量的计量单位是（　　）。

A. 比特每秒；　　B. 比特；　　C. 爱尔兰；　　D. 摩尔。

答案：C

4. 程控机的数据有（　　）三类。

A. 系统数据、局数据、用户数据；　　B. 系统数据、局数据、程序数据；

C. 局数据、用户数据、程序数据；　　D. 用户数据、系统数据、程序数据。

答案：A

5. 程控机向用户话机馈电是采用（　　）V 的直流电源。

A. −5；　　B. −24；　　C. −48；　　D. 以上都不对。

答案：C

6. 程控机用户电路的过压保护电路是（　　）。

A. 一次过压保护；　　B. 二次过压保护；

C. 一次和二次过压保护；　　D. 以上都不对。

答案：B

7. 对程控机用户电路中的铃流范围，我国规定是（　　）V。

A. 48±15；　　B. 60±15；　　C. 90±15；　　D. 以上都不对。

答案：C

8. 程控数字交换机用户电路的七大功能“BORSCHT”中，B是指（　　）。

A. 馈电功能；　B. 过压保护功能；C. 振铃功能；　D. 以上都不对。

答案：A

9. 程控数字用户交换机中，完成时隙交换功能的部件是（　　）。

A. 时间接线器；　B. 空间接线器；　C. 用户接口；　D. 外围设备。

答案：A

10. 我国要求局用程控交换机的系统中断时间为平均每年不超过（　　）。

A. 1h；　B. 3min；　C. 24h；　D. 一周。

答案：B

11. 我国常用的用户信号音如拨号音、忙音、回铃音均采用（　　）。

A. 540Hz；　B. 450Hz；　C. 双频；　D. 1980Hz。

答案：B

12. 电话网是由（　　）组成的。

A. 用户终端和传输设备；　B. 用户终端和交换设备；

C. 传输设备和交换设备；　D. 用户终端和传输设备和交换设备。

答案：D

13. 两部话机使用G.711编码格式，并通过点对点通话的方式进行呼叫，不计算网络损耗，需要保留的净带宽是（　　）kbit/s。

A. 64；　B. 384；　C. 8；　D. 16。

答案：A

14. 在软交换系统的数据承载网中，通过（　　）技术来控制广域网上不同业务间的逻辑隔离。

A. MPLS-VPN；　B. VLAN；　C. MPLS-TE；　D. CBWFQ。

答案：A

15. 说明了DHCP option 150或66提供的信息的选项是（　　）。

A. DHCP服务器的IP地址；

B. 软交换系统TFTP服务器的IP地址；

C. 网段IP网关的地址；

D. DNS服务器的IP地址。

答案：B

16. 根据ITU-T G.114建议，最大的语音单向延迟最好不要超过（　　）ms。

A. 250；　B. 150；　C. 200；　D. 100。

答案：B

17. 当语音数据包按照 G. 729A 压缩时，每路话音所占据的标准值带宽为（　　）k。

A. 32；　B. 16；　C. 64；　D. 8。

答案：B

18. MGCP 是以下哪种类型的协议？（　　）

A. 私有协议；　B. 主从协议；

C. 端到端协议；　D. 集群协议。

答案：B

19. （　　）协议负责在 IP 中传输语音。

A. SIP；　B. H. 323；

C. RTP（实时传输协议）；　D. RTCP（实时传输控制协议）。

答案：C

20. 属于 ISDN 接口的是（　　）。

A. T1、FXO；　B. BRI、PRI；

C. FXS、PRI；　D. E&M、BRI。

答案：B

21. 在模拟网关或综合网关（IAD）设备中，（　　）类型的端口用于接普通模拟电话。

A. FXO；　B. FXS；　C. RJ45；　D. SFP。

答案：B

22. 在网络中需要划分 VLAN，关于 VLAN 的说法，不正确的是（　　）。

A. 隔离广播域；

B. 相互间通信要通过路由器；

C. 可以限制网上的终端互相访问的权限；

D. 只能在同一个物理网络上的主机进行逻辑分组。

答案：D

23. 在一条 2B+D 基本速率用户线上，用户可利用的最高信息传递速率为（　　）kbit/s。

A. 128；　B. 64；　C. 80；　D. 144。

答案：D

24. 假定一条用户线一个小时发生 3 个呼叫，每个呼叫的平均时长为 0.05h，则这条用户线在这个小时的话务量为（　　）Erl。

A. 0.15；　B. 9；　C. 1；　D. 6。

答案：A

25. SIP 信令基于（　　）通用标准。

A. HTTP；　　B. TCP；　　C. UDP；　　D. IETF。

答案：A

26. IAD 发送 SIP 注册报文频度为（　　）次/s。

A. 1；　　B. 2；　　C. 5；　　D. 10。

答案：A

27. 如果用户 A 呼叫用户 B，发生无条件呼叫前转到用户 C，再无条件前转到用户 D（即 A→B→C→D），那么 D 的来电显示是（　　）。

A. A；　　B. B；　　C. C；　　D. 不显示。

答案：A

28. PSTN 是（　　）。

A. 传统固话网；　　B. 传统移动网；

C. IMS 固话网；　　D. IMS 移动网。

答案：A

29. IMS 号码被叫时提示尚未登录最有可能是（　　）原因。

A. 号码未成功注册；　　B. 号码未开户；

C. 未接电话机；　　D. 设备端口毁坏。

答案：A

30. SIP 协议工作在 OSI 模型中的（　　）层。

A. 网络；　　B. 会话；　　C. 传输；　　D. 控制。

答案：B

31. 关于 SIP 协议的描述中，错误的是（　　）。

A. 可以扩展为 XMPP 协议；　　B. 支持多种即时通信系统；

C. 可以运行于 TCP 或 UDP 之上；　　D. 支持多种消息类型。

答案：A

32. 通话过程中语音质量差不可能是因为（　　）。

A. 电话线环路不稳定，布线质量差；

B. 网络丢包严重或语音编码问题；

C. 语音业务与数据业务未作 VLAN 隔离或 QoS 设置；

D. 号码未注册。

答案：D

33. 电话呼出时，总听到催挂提示音，不可能是以下哪个原因导致？（　　）。

A. 用户端断电；

B. 注册服务器地址，端口设置错误，注册账号密码错误；

C. 号码为开户；

D. 话机本身故障。

答案：A

34.（　　）会造成设备无法正常通话。

①网络中断；②电话线断线；③IMS 账号密码错误；④DNS 配置错误。

A. ①②；　　B. ②③；　　C. ①②③④；　　D. ④。

答案：C

35. IPPBX 具有的系统功能有（　　）。

①IVR；②振铃组；③秘书台；④指定代答；⑤分机彩铃。

A. ①②③⑤；　　B. ①②③④；　　C. ②③④⑤；　　D. ①②③④⑤。

答案：D

36. IMS 最早是由（　　）组织提出来的。

A. ITU-T；　　B. 3GPP；　　C. 3GPP2；　　D. TISAPN。

答案：B

37. 在 IMS 系统中，HSS 和 CSCF 之间的接口采用的是（　　）协议。

A. SIP；　　B. COPS；　　C. H. 248；　　D. Diameter。

答案：D

38. 在 IMS 系统中，S-CSCF 和 GTAS 之间的接口采用的是（　　）协议。

A. SIP；　　B. COPS；　　C. H. 248；　　D. Diameter。

答案：A

39. IMS 中哪个功能实体作为 SIP 协议中的 Registrar?（　　）

A. P-CSCF；　　B. I-CSCF；　　C. S-CSCF；　　D. HSS。

答案：C

40. MGCF 的主要功能是（　　）。

A. 为 IMS 到 PSTN/CS 的呼叫选择 BGCF；

B. 完成 IMS 与 PSTN 及 CS 域用户面宽窄带承载互通及必要的 Codec 编解码变换；

C. 支持 ISUP/BICC 与 SIP 的协议交互及呼叫互通；

D. 控制 MRFP 上的媒体资源。

答案：B

二、多选题

1. 程控交换机的控制部分是计算机系统，由（　　）组成。通过执行软件系统，来完成规定的呼叫处理、维护和管理的功能逻辑。

A. 处理器；　B. 存储器；　C. 输入设备；　D. 输出设备。

答案：ABCD

2. 影响交换机呼叫处理能力的因素主要有（　　）。

A. 系统容量；　B. 系统结构；　C. 处理机能力；　D. 软件设计水平。

答案：ABCD

3. 计算呼损率的因素有（　　）。

A. 总呼叫次数；　B. 久叫不应用户数；

C. 因设备全忙遭受损失的呼叫次数；　D. 完成通话的呼叫次数。

答案：ACD

4. 交换机设备中，信号按工作区域划分，包含（　　）。

A. 用户线信号；　B. 局间信号；　C. 选择信号；　D. 内部信号。

答案：ABD

5. 属于软交换系统承载网络的 QoS 关键指标有（　　）。

A. 负载（Payload）；　B. 时延（Latency）；

C. 抖动（Jitter）；　D. 可靠性（Reliability）。

答案：BC

6. 服务质量（QoS）提供的功能有（　　）。

A. 流分类和标记；　B. 网络拥塞管理；

C. 网络拥塞避免；　D. 流量监管和流量整形。

答案：ABCD

7. 在 802.3af 供电规范中，根据 568A 及 568B 线序，下列描述正确的是（　　）。

A. 1，2 是发数据；　B. 3，6 是收数据；

C. 4，5 是高电平；　D. 7，8 是低电平。

答案：ABCD

8. SIP 通过（　　）支持建立和结束多媒体通信功能。

A. 确定目标端点的位置；

B. 确定目标端点的媒体能力；

C. 确定目标端点的可用性；

D. 在源端点和目标端点之间建立会话。

答案：ABCD

9. DSP 资源主要是提供数据流到数据包的信号处理，其功能包含（　　）。

A. 语音压缩；　　B. 回音消除；

C. 音调活动检测；　　D. 语音活动检测。

答案：ABCD

10. 以下关于关守（GK）的描述，正确的有（　　）。

A. 提供电话号码段到 IP 地址的转换；

B. 支持 1+1 热备以及负载均衡；

C. 能够提供呼叫限制和带宽限制功能；

D. 与呼叫控制器建立中继链接。

答案：ABCD

11. SIP 是一个客户/服务器协议，协议消息分为（　　）。

A. 请求；　　B. 响应；　　C. 确认；　　D. 错误。

答案：ABCD

12. 按逻辑功能区分，SIP 系统由（　　）组成。

A. 代理服务器；　　B. 重定向服务器；

C. 注册服务器；　　D. 用户代理。

答案：ABCD

13. SIP 消息的组成部分有（　　）。

A. 起始行（start-line）；　　B. 消息头；

C. 标志消息头结束的回车；　　D. 消息体。

答案：ABD

14. diameter 可以采用的承载协议包括（　　）。

A. TCP；　　B. SCTP；　　C. UDP；　　D. RTP。

答案：AB

15. diameter 基础协议的功能包括（　　）。

A. 节点间能力的协商；　　B. 非可扩展性；

C. 计费信息的实时传输；　　D. 差错通知。

答案：ACD

16. 升级后的测试包括（　　）。

A. 网管功能测试；　　B. 业务测试；

C. 性能测试；　　D. 其他性能测试。

答案：ABCD

17. 系统升级前需要做的准备工作包括（　　）。

A. 获取升级版本；　　　　　　　　B. 升级工具工作；

C. 获取升级详细方案及升级步骤；　D. 向后方支持人员发送升级通告。

答案：ABCD

18. 前台版本升级涉及的操作包括（　　）。

A. 版本加载；　　　　　　　　　　B. 版本激活；

C. 检查版本激活情况；　　　　　　D. 存盘操作。

答案：ABCD

三、判断题

1. 程控交换机话路部分中的用户模块的主要功能是向用户终端提供接口电路，完成用户话务的集中和扩散，以及用户侧的话路进行必要控制。(√)

2. 中继模块是程控数字交换机与局间中继线的接口设备，完成与其他交换设备的连接从而组成整个电话通信网。(√)

3. 程控交换机的端口数和模拟用户数相等。(×)

4. 程控交换机性能指标主要包括：话务负荷能力、呼叫处理能力和交换机最大用户线。(×)

5. 程控交换机之间用 2M 数字中继连接，其 2M 中每个话路的传输速率是 64kbit/s。(√)

6. 在通话阶段程控交换机透明传输话音信号，不做任何处理。(√)

7. 程控交换机采用分组交换方式。(×)

8. 当语音数据包在 IP 网络中采用 G. 729A 压缩时，每路话音带宽 64k。(×)

9. 在软交换系统中，建议语音单向延迟最好不要超过 300ms。(×)

10. 网络中划分 VLAN，不能够分隔广播域。(×)

11. PRI 信令是用户终端设备和网络之间的控制信令。其信令结构为 30B+D 或 23B+D，前者被北美、日本等地使用，后者被欧洲、中国等地使用。(×)

12. 会话发起协议（Session Initiation Protocol）是由 ITU-T 提出并研究的一个在 IP 网络上进行点对点的通信应用层控制协议。(×)

13. MCU 设备负责软交换平台各呼叫控制器集群间电话号段与 IP 地址的翻译。(×)

14. ISDN 中 B 信道采用的速率为 16kbit/s。(×)

15. SIP 协议虽然主要为 IP 网络设计的，仅它并不关心承载网络，也可以在 ATM、帧中继等承载网中工作。(√)

16. Diameter 实体中 PROXY 在将客户端消息转发到服务器后，为防止服务器响应超时，可以向客户端发临时响应消息来通知客户端等待。(×)
17. diameter 协议只支持 SCTP 传输。(×)
18. 用户签约立即恶意呼叫业务后，该用户每一个呼出电话都将产生一条告警。(√)

四、简答题

1. 模拟电话用户话机接入程控数字交换机采用什么接口电路？此接口电路的基本功能是什么？

答：模拟电话用户话机接入程控数字交换机采用模拟用户接口电路。此接口电路的基本功能可以归纳为 BORSCHT 七个功能，具体是：B—馈电；O—过压保护；R—振铃控制；S—监视；C—编译码和滤波；H—混合电路；T—测试。

2. 什么是程控交换机？

答：采用电子计算机中的“存储程序控制”方式，即把各种控制功能、步骤、方法编成程序，放入存储器，利用存储器内所存储的程序来控制整个交换机工作。

3. 用户集中器的作用是什么？它由哪些部分组成？

答：用户集中器的作用是实现话务集中，一般由单级 T 型接线器组成。

4. 完成一次呼叫处理任务需经过哪几个阶段？

答：完成一次呼叫处理任务需经过空闲、主叫摘机、拨号、拨号完毕、被叫应答、用户挂机等阶段。

5. 程控数字交换机硬件系统包括哪些部分？各有什么功能？

答：程控数字交换机硬件系统主要包括交换网络、控制系统、接口电路三部分。

交换网络：为语音与型号提供继续通路。在呼叫处理器控制下可建立任意两个终端之间的连接。

控制系统：控制呼叫通路的建立与释放以及交换机的维护管理等工作。

接口电路：完成相连两部分设备之间信号形式、格式和电平等参数的变换，以确保交换网中相关设备能协调地工作，正确完成信息传递功能。

6. SIP 网络中服务器包括哪些类型?

答：SIP 网络中服务器包括：代理服务器、重定向服务器、注册服务器和定位服务器。

7. 软交换系统由业务管理层、网络控制层、数据承载层和终端接入层四大部分组成，请每层举例两种设备类型?

答：(1) 业务管理层：计费服务器、DHCP 服务器、目录服务器和开发服务器；

(2) 网络控制层：呼叫控制器、网关、网守；

(3) 数据承载层：路由器和交换机；

(4) 终端接入层：IP 电话、智能通信终端和模拟网关 (IAD) 或模拟话机；

8. 简要说明 RTP 协议及该协议的组成。

答：RTP 主要用于为音频、视频等实时数据提供端到端的服务，为传送双方提供一种检查传送质量的一种手段。RTP 协议集包括：实时传输协议 (RTP)，承载有实时特性的数据；实时传输控制协议 (RTCP)，用于监视服务质量和在正进行的会话上传送信息。

9. 请简述什么是 SIP。

答：SIP 是 Session Initialization Protocol（会话初始协议）的缩写；IETF 制订的多媒体通信系统框架协议之一，但是 SIP 单独不能完成多媒体呼叫，必须要与其他协议一起才能组建完整的多媒体通信系统，与 RTP/RTCP、SDP、DNS 等协议配合共同完成多媒体会话过程。

10. 简述软交换系统网络中的 QOS 关键指标。

答：QOS 的关键指标有时延、抖动、丢包。

11. 简述 IMS 的基本概念，并写出 IMS 系统架构的六个组成部分。

答：IMS (IP Multimedia Subsystem) 是 IP 多媒体子系统，是一种全新的多媒体业务形式，它能够满足现在的终端客户更新颖、更多样化多媒体业务的需求。IMS 最初是由 3GPP（第三代合作伙伴计划）组织制定的一项 3G

网络核心技术标准。现在这项标准已为ITU-T（国际电联标准化部门）和ETSI（欧洲电信标准化委员会）认可，被纳入下一代网络（NGN）的核心框架之中。它被认为是未来实现固定网和移动网融合（FMC）的重要技术基础。IMS的系统架构由六部分组成：业务层、运营支撑、控制层、互通层、接入和承载控制层、接入网络。

12. 简述IMS用户注册流程。

答：IMS注册包含两个阶段。第一阶段：网络如何质疑（challenge）用户；第二阶段：UE如何响应这个质疑并且完成注册。首先，UE向找到的P-CSCF发送一个SIP REGISTER请求。这个请求会包含一个需要被注册的用户标识符和所属地域名（I-CSCF的地址）。P-CSCF对这个REGISTER请求进行处理，并使用提供的所属地域名来解析出I-CSCF的一个IP地址。这个I-CSCF接着会联系HSS，并获取进行S-CSCF选择所需的能力。在完成S-CSCF选择之后，I-CSCF把这个REGISTER请求转发给选择的S-CSCF。S-CSCF会发现用户没有被授权，因此它会从HSS获取认证数据并用“401未授权”应答来质疑用户。接着，UE会计算出这个质疑的应答并给P-CSCF发送一个新的包含这个应答的REGISTER。P-CSCF会再一次找到I-CSCF，而接着I-CSCF会再一次找到S-CSCF。S-CSCF最终会检查这个应答，如果正确则从HSS下载用户描述，并发送一个“200 OK”表示接受这个注册。一旦UE成功被授权，UE就能够发起和接受会话了。在注册的过程中，UE和P-CSCF都会知道网络中的哪个S-CSCF将会为UE提供服务。UE有责任保持这个注册，这是通过定期的刷新注册来实现的。如果UE没有刷新注册，则S-CSCF会在注册到期后移除注册信息，并且不会发出通知。当UE想从IMS网络中注销时，它可以通过简单的发送一个注册有效期为零的REGISTER就可以实现。

13. 简述IMS用户会话建立流程。

答：当用户A想和用户B建立会话时，UE A产生一个SIP INVITE请求，并通过Gm接口发送到P-CSCF。P-CSCF对这个请求进行一定处理。例如，它解压这个请求并在通过Mw接口转发给S-CSCF之前先验证主叫的用户标识符。S-CSCF进一步处理这个请求和执行服务控制，这可能包含和AS的交互，但是最终会根据SIP INVITE消息中的被叫用户标识符来决定出被叫所属的网络。被叫网络中的I-CSCF会通过Mw接口接收到这个请求，并且通过 Cx 接口联系到 HSS 以获取为被叫提供服务的 S-CSCF。这个请求又通过 Mw 接口发送到被叫的 S-CSCF。这个 S-CSCF 负责处理接收到的会话，这可能包含和 AS 的交互，并最终会通过 Mw 接口发送给 P-CSCF。在进一步处理之后（例如压缩和私密检查），P-CSCF 通过 Gm 接口将 INVITE 请求转发给了 UE B。UE B 产生一个应答消息，183 会话进行中（183 Session Progress），这个应答沿着刚才建立好的路径（也就是，UE B→P-CSCF→S-CSCF→I-CSCF→S-CSCF→P-CSCF→UE A）反方向发送到 UE A。在更多的几次来回消息交互后，两个 UE 都完成了会话的建立，并可以开始真正的上层应用了。

14. 简述 IMS 和软交换的主要区别。

答：（1）在软交换控制与承载分离的基础上，IMS 更进一步的实现了呼叫控制层和业务控制层的分离；

（2）IMS 起源于移动通信网络的应用，因此充分考虑了对移动性的支持，并增加了外置数据库——归属用户服务器（HSS），用于用户鉴权和保护用户业务触发规则；

（3）IMS 全部采用会话初始协议（SIP）作为呼叫控制和业务控制的信令，而在软交换中，SIP 只是可用于呼叫控制的多种协议的一种，更多的使用媒体网关协议（MGCP）和 H. 248 协议。

总体来讲，IMS 和软交换的区别主要是在网络构架上。软交换网络体系基于主从控制的特点，使得其与具体的接入手段关系密切，而 IMS 体系由于终端与核心侧采用基于 IP 承载的 SIP 协议，IP 技术与承载媒体无关的特性使得 IMS 体系可以支持各类接入方式，从而使得 IMS 的应用范围从最初始的移动网逐步扩大到固定领域。此外，由于 IMS 体系架构可以支持移动性管理并且具有一定的服务质量（QoS）保障机制，因此 IMS 技术相比于软交换的优势还体现在宽带用户的漫游管理和 QoS 保障方面。

15. 简述 IMS 主要安全威胁来源。

答：IMS 的安全威胁主要来自：①未经授权地访问敏感数据以破坏机密性；②未经授权地篡改敏感数据以破坏完整性；③干扰或滥用网络业务导致拒绝服务或降低系统可用性；④用户或网络否认已完成的操作；⑤未经授权地接入业务等。主要涉及 IMS 的接入安全（3GPP TS33. 203），包括用户和网络认证及保护 IMS 终端和网络间的业务；以及 IMS 的网络安全（3GPP

TS33.210)，处理属于同一运营商或不同运营商网络节点之间的业务保护。除此之外，还对用户终端设备和通用集成电路卡/IP 多媒体业务身份识别模块（UICC/ISIM）安全构成威胁。

16. 请描述 P-CSCF、S-CSCF 和 I-CSCF 各自的作用以及区别。

答：P-CSCF、S-CSCF 和 I-CSCF 统称为 CSCF，是 IMS 核心网的中心节点，位于 IMS 网络的会话控制平面，提供呼叫会话控制功能。其中，P-CSCF（代理-呼叫会话控制功能）是 IMS 拜访网络的入口点，作为 SIP proxy 代理功能时，将来自拜访接入地的 SIP 事务代理转接到其归属网络的 S-CSCF 或 I-CSCF，当用户作为主叫进行注册和呼叫时，只需要将请求发给 P-CSCF，由 P-CSCF 做 IMS 的入口代理用户进行注册和会话。当用户作为被叫时，IMS 网络会将请求消息转发给注册时的 P-CSCF，由 P-CSCF 完成和被叫的接续。作为接入网管理功能时，负责进行 IMS 本地接入网 IP 承载资源认证、NAT 和 Qos 管理功能，为 IMS 提供端到端的业务保障。作为安全控制功能时，P-CSCF 建立和维持 UE 和 P-CSCF 之间的安全联盟，对不提供链路层安全性保护机制的接入网提供必要的安全加密措施。作为入口网元，P-CSCF 还可识别紧急呼叫和普通呼叫，将不同的呼叫路由到不同的 S-CSCF，还可以将攻击 IMS 网络的 IP 地址加入黑名单，从黑名单地址来的业务请求直接拒绝；I-CSCF（查询-呼叫会话控制功能），作为运营商 IMS 网络入口点，可以查询 HSS 判断被叫是否属于本域，如果是本域就路由到 S-CSCF，否则就拒绝呼叫。在注册时，I-CSCF 根据 HSS 获取的信息，为注册用户确定一个 S-CSCF，并将该注册请求转发到该 S-CSCF，在会话时，I-CSCF 负责从 HSS 获取被叫用户的 S-CSCF 地址，并将 SIP 呼叫路由到被叫用户的 S-CSCF，此外，I-CSCF 还可以通过 SIP 地址信息的加密/解密实现对 I-CSCF 所在运营商的网络拓扑隐藏；S-CSCF（服务-呼叫会话控制功能）时整个 IMS 核心网的合宪性，在用户注册时，S-CSCF 接受经过 P-CSCF 转发的用户注册请求，与 HSS 配合对 IMS 终端用户进行鉴权，并从 HSS 中下载 IMS 终端用户的基本签约数据。在会话处理时，S-CSCF 执行对主叫 IMS 用户及被叫 IMS 用户的基本会话路由功能。在业务触发时，S-CSCF 从 HSS 下载用户的签约数据，根据其中的 IFC 触发到对应的 AS，进行不同的签约服务。

17. 简述 IMS 到 CS 域呼叫时涉及的关键网元及其作用。

答：IMS 通过 BGCF 和 MGCF 与 CS 域进行互通。BGCF 选择一个到 CS

域的入口，MGCF 进行 CS 域的 ISUP 或 BICC 协议与 IMS 域 SIP 协议之间的转换，MGCF 还控制 IM-MGW 中的媒体通道。

五、综合分析题

1. 当一台交换机，处理一个呼叫平均需要时间 b 为 30ms，忙时用于呼叫处理的占用率 t 为 80%，固有开销 a 为 0.2，计算交换机忙时呼叫处理能力。

答：呼损 $N=(t-a)/b=(0.8-0.2)/30\times0.001=20$(次/h)

2. 某交换机共 20 用户，仅有一个用户在 2h 内发生了 4 次呼叫，各次呼叫持续时间分别为 300、400、500、600s，求话务流量。

答：平均呼叫：$c=4/2\times20=40$(次/h)

呼叫处理的占用率：$t=(300+400+500+600)/(2\times4\times3600)=1/16$(h)

呼叫处理能力：$A=ct=40\times1/16=2.5$erl

3. 在软交换体系架构中，各个单位采用分布式部署模型，请叙述两地市 IP 电话在正常情况下通过 IP Wan 的通话的语音流和信令的建立过程；以及当 IP wan 中断的情况下，两地 IP 电话建立通话时的语音和信令流（不考虑路由器和接入交换机）。

答：(1) 正常情况下，地市 A 的 IP 电话 A 与地市 B 的 IP 电话建立通话前信令流走向为：IP 电话 A——呼叫控制器 A——GK——IP Wan——呼叫控制器 B——IP 电话 B。

语音流走向为：IP 电话 A——IP Wan——IP 电话 B。

(2) 当 IP Wan 中断时，地市 A 的 IP 电话 A 与地市 B 的 IP 电话建立通话信令流和语音流走向为：IP 电话 A——呼叫控制器 A——综合网关 A—程控 A——PSTN——程控 B——综合网关 B——呼叫控制器 B——IP 电话 B。

4. 在软交换体系架构中采用集中式部署模型时，当广域网中断时分支单位网关进入本地自存活状态（即逃生模式）时，请叙述分支机构 IP 电话的拨打状况。

答：在集中式部署模型时，当广域网中断时，分支机构的语音网关因无法侦测到总部呼叫控制器的状况而启动了本地自存活功能（逃生功能），分支机构的所有 IP 电话全部注册到本地的语音网关，由网关承担基本呼叫功能，实现内部通话和对外 PSTN 的联系，当 IP Wan 链路恢复后，所有话机也由网关上恢复注册到总部的呼叫控制器。

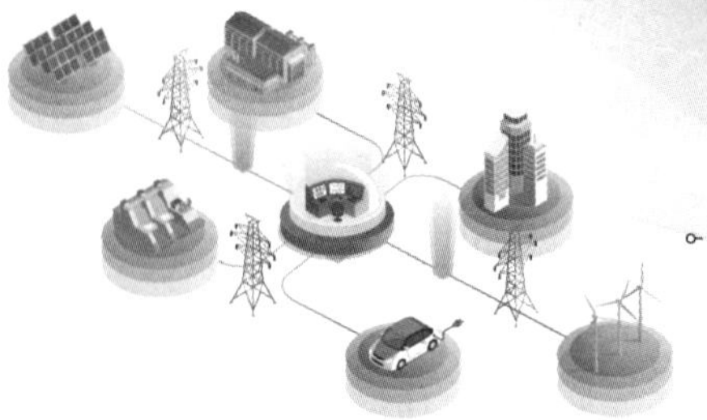

第四章　电力通信光缆及线路技术

一、单选题

1. 在1530～1565nm窗口，四波混频效应影响最为严重的光纤类型是(　　)。

A. G.652；　　B. G.653；

C. G.654；　　D. G.655。

答案：B

2. 已知光电接口的发信功率为1mW，收信灵敏度为－40dBm，G.655(1550nm窗口）根据经验估计该光电接口设备之间最大距离（　　）。

A. 小于25km；　　B. 小于50km；

C. 小于80km；　　D. 小于120km。

答案：C

3. EDFA的最大输出功率常用（　　）来表示。

A. 饱和输出功率；　　B. 3dB饱和输出功率；

C. 功率增益；　　D. 饱和功率增益。

答案：B

4. 在光分插复用器中，为了实现上路和直通波长信道间的功率保持一致，可以采用（　　）。

A. 光隔离器；　　B. 可变光衰减器；

C. 光开关；　　D. 光耦合器。

答案：B

5. 关于拉曼放大器（DRA）和掺铒光纤放大器（EDFA）的说法，不正确的是（　　）。

A. DRA比EDFA噪声大；

B. DRA比EDFA噪声小；

C. DRA是40Gbit/s波分系统的关键器件之一；

D. 将DRA与EDFA配合使用，能够在获得高增益的同时减少噪声。

答案：B

6. 光纤损耗谱中关于所谓水吸收峰，说法不正确的是（　　）。

A. 由于光纤中 OH 离子的存在，对特定波长的光能量的吸收峰；

B. 可以通过制造工艺的改进抹平水吸收峰；

C. 水吸收峰的存在会降低光纤使用寿命；

D. 水吸收峰影响多个波长窗口。

答案：C

7. G.652 光纤色散系数理论值为 17ps/(nm·km)，实际我们通常采用（　　）ps/(nm·km)。

A. 17；　　B. 18；　　C. 20；　　D. 22。

答案：B

8. G.655 光纤色散系数理论值为 5ps/(nm·km)，实际我们通常采用（　　）ps/(nm·km)。

A. 5ps/(nm·km)；　　B. 6ps/(nm·km)；

C. 9ps/(nm·km)；　　D. 10。

答案：B

9. 色散补偿中，线路总残余补偿量遵循（　　）原则。

A. 欠补偿；　　B. 过补偿；　　C. 零补偿；　　D. 均匀补偿。

答案：A

10. 关于 PMD 色散，说法错误的是（　　）。

A. PMD 色散解决办法之一是改进光纤工艺或在系统输入输出端插入偏振控制器；

B. PMD 色散是无法通过补偿模块来补偿的；

C. PMD 色散对 40G 系统影响较小；

D. PMD 色散与光功率无关。

答案：D

11. C 波段 80 波系统第一波的中心频率为（　　）THz。

A. 192.2；　　B. 191.4；　　C. 196.0；　　D. 196.05。

答案：D

12. 会提高 OSNR 的值的技术或做法是（　　）。

A. 采用 FEC；　　B. 采用 ERZ；

C. 提高入纤光功率；　　D. 自适应接收电平调制。

答案：A

13. 在光纤通信系统中，尾纤连接器型号 SC/PC 是（　　）。

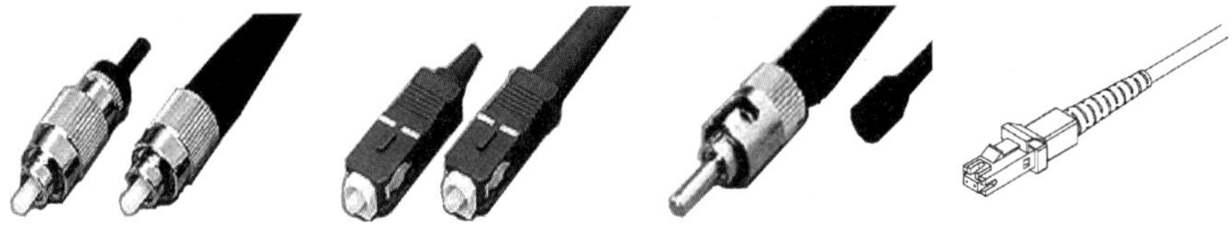

A　　　　B　　　　C　　　　D

答案：B

14. 单模光纤实际上传输两个（　　）的基模。

A. 平行；　　B. 垂直；　　C. 正交；　　D. 对称。

答案：C

15. 下面关于光纤特性说法，不正确的是（　　）。

A. 衰耗具有累积性；　　B. 色散具有累积性；

C. 受激拉曼效应具有累积性；　　D. 四波混频效应具有累积性。

答案：D

16. 下列关于色散的说法，错误的是（　　）。

A. 当 DWDM 系统在逐步提高单波速率和提高波道数的过程中，会逐步由衰耗受限系统转变为色散受限系统；

B. 一般色散的处理手段是采用色散补偿光纤；

C. 一般色散补偿时，遵循欠补偿的原则；

D. 色散分为色度色散和 PMD 色散，均可以通过色散补偿光纤来补偿。

答案：D

17. 下列说法中错误的是（　　）。

A. 半导体激光器输出波长与温度无关；

B. 半导体激光器输出波长随温度升高而增大；

C. 受激拉曼效应能在一定程度上减少色散的影响；

D. 四波混频产生的新波长可能会对原有波长产生串扰。

答案：C

18. 通信工程的隐蔽工程和特殊工程项目（　　）时，应留有影像资料。

A. 随工验收；　　B. 阶段性（预）验收；

C. 竣工验收；　　D. 随工验收或竣工验收。

答案：D

19. 用光时域反射仪 OTDR 在远端监测各接续点的熔接损耗，光纤单点双向平均熔接损耗值应小于（　　）dB。

A. 0.03；　B. 0.05；　C. 0.3；　D. 0.5。

答案：B

20. ODF 架与设备间跳接，室内软光缆弯曲半径动态下不小于缆半径（　）倍，静态下不小于缆半径（　）倍。

A. 10，20；　B. 20，10；　C. 20，40；　D. 40，20。

答案：D

21. 光缆在余缆架上盘绕应整齐有序，不得交叉和扭曲受力，捆绑点应不少于（　）处，每条光缆盘留量应不小于光缆放至地面加（　）m。

A. 4，5；　B. 3，5；　C. 4，10；　D. 3，10。

答案：A

22. 光纤纤芯折射率为 $n_1=1.5$，用 OTDR 定时装置测得信号从 A 点到 B 点往返的时间为 30μs，则 A、B 两点间的光纤长度为（　）m。

A. 1500；　B. 3000；　C. 6000；　D. 4500。

答案：B

23. 光纤熔接机电极间隔一般为（　）mm。

A. 0.5；　B. 0.6；　C. 0.7；　D. 0.8。

答案：C

24. OPGW 的风激振动性能型式试验，是考虑光缆结构材料的（　）以及在典型的微风激振动下的光学特性。

A. 抗弯曲性能；　B. 抗疲劳性能；

C. 抗抖动性能；　D. 抗风动性能。

答案：D

25. OPGW 线股沿内层芯线轴缠绕与轴线方向所成的夹角称为扭角，当线股以扭角沿芯线外表缠绕一圈时，其顺轴线方向所爬行的高度称为（　）。

A. 扭绞节距；　B. 节径比；　C. 扭增度；　D. 抗张度。

答案：A

26. 光缆金具上的开口销子直径必须与孔径配合，开口角度不小于（　），弹力适度。

A. 15°；　B. 30°；　C. 45°；　D. 60°。

答案：D

27. 多模光纤熔接时，是光纤（　）对准实现连接的。

A. 外径；　B. 内径；　C. 缓冲层；　D. 轴心。

答案：A

28. 架空光缆宜采用附加吊线架挂方式，如吊线选用 7/2.6 程式，则终端杆拉线应选择（　　）程式。

A. 7/2.2；　　B. 7/2.6；　　C. 7/3.0；　　D. 以上都可以。

答案：C

29. 层绞式 OPGW 光缆的内层总直径 2.5mm，内层周围第一层绞线的单线根数为 5 根，应选择的单线直径为（　　）mm。

A. 3.75；　　B. 5.75；　　C. 6.75；　　D. 8.75。

答案：C

30. 依据现行 OPGW 命名规则，包含 12 芯 G.655 和 24 芯 G.652 单模光纤，金属承载截面为 $98.7mm^2$，额定拉断力为 87kN，20～200℃时的短路电流容量为 $80.54kA^2 \cdot s$ 的 OPGW，其规格型号标记为（　　）。

A. OPGW-24B1＋12B4-100 [87；80.5]；

B. OPGW-12B1＋24B4-100 [87；80.5]；

C. OPGW-24B1＋12B4-98 [87；80]；

D. OPGW-12B1＋24B4-98 [87；80]。

答案：A

31. 电力通信现场标准化作业规范明确熔接后的纤芯应使用热缩管保护，光纤在余线盘固定及盘绕的曲率半径应大于（　　）mm，避免对 1.55μm 波长产生附加衰减。

A. 25；　　B. 30；　　C. 32；　　D. 37.5。

答案：D

32. 下列现象不是因光纤色散而引起的是（　　）。

A. 码间干扰；　　B. 波形失真；

C. 接收灵敏度下降；　　D. 相位抖动。

答案：D

33. 光纤的外部损耗主要指（　　）。

A. 杂质损耗；　　B. 使用运行中造成的损耗；

C. 辐射损耗；　　D. 材料本身的缺陷。

答案：D

34. 为保证人孔内光缆安全，应将人孔内光缆及接头盒（　　）。

A. 盘放井底；　　B. 吊挂托架上；

C. 横放托板上；　　D. 靠井壁绑扎固定。

答案：D

35. 现有通信资源的使用、退出和变更应提前（　　）个工作日由用户向对应的通信机构提出申请，提交申请单。

A. 5；　　B. 10；　　C. 15；　　D. 30。

答案：B

36. 地市供电公司级以上单位所辖通信站点单台传输设备、数据网设备，因故障全停，且时间超过（　　）h，属于八级设备事件。

A. 1；　　B. 2；　　C. 4；　　D. 8。

答案：D

37. 二次设备统计分析中通信光缆统计不包含（　　）。

A. OPGW 光缆；　　B. ADSS 光缆；

C. OPLC 光缆；　　D. 普通光缆。

答案：D

38. 用 OTDR 测试光纤过程中，距离远，则应选择脉冲宽度（　　）。

A. 大；　　B. 小；　　C. 不变；　　D. 居中。

答案：A

39. 直通型耐张杆塔跳线在地线支架（　　）通过时，弧垂为 150～200mm；从地线支架（　　）通过时，弧垂为 300～500mm。

A. 下方，上方；　　B. 上方，下方；

C. 左侧，右侧；　　D. 右侧，左侧。

答案：B

40. 终端作业是只重做终端，处理终端内断纤、更换线路尾纤等需打开机房内的（　　）维修作业。

A. VDF；　　B. DDF；　　C. ODF；　　D. NDF。

答案：C

41. 在光纤通信系统中，尾纤连接器型号 ST 是（　　）。

A

B

C

D

答案：D

42. 在光纤通信系统中，当需要从光纤的主传输信道中取出一部分光作为测试用时，需要（　　）来完成。

A. 光衰减器；　　B. 光隔离器；

C. 光耦合器；　　D. 光纤连接。

答案：C

43. 光纤数字通信系统中不能传输 HDB3 码的原因是（　　）。

A. 光源不能产生负信号光；　　B. 将出现长连“1”或长连“0”；

C. 编码器太复杂；　　D. 码率冗余度太大。

答案：B

44. 管道电缆施工前，应先对单盘电缆进行（　　）试验。

A. 充气；　B. 特性；　C. 强度；　D. 绝缘。

答案：A

45. PMD 是光纤（　　）色散。

A. 模式；　B. 材料；　C. 偏振模；　D. 布里渊。

答案：C

46. 紧套光纤结构从里至外的排列顺序为（　　）。

A. 纤芯、缓冲层、包层、二次涂覆层、预涂覆层；

B. 纤芯、预涂覆层、包层、缓冲层、二次涂覆层；

C. 纤芯、包层、预涂覆层、缓冲层、二次涂覆层；

D. 纤芯、二次涂覆层、缓冲层、包层、预涂覆层。

答案：C

47. 电力特种光缆紧线时，应在无雷电、风力小于（　　）级的大风、雾、雪和雨的白天进行，确保各观测档的驰度满足设计要求。

A. 四；　B. 五；　C. 六；　D. 七。

答案：B

48. 各种通信设备应采用（　　）空气开关或直流熔断器供电，禁止多台设备共用一支分路开关或熔断器。

A. 可靠的；　B. 独立的；　C. 安全的；　D. 合格的。

答案：B

49. 在中继段以光缆衰耗测试时，（　　）测试值为准。

A. 光时域反射仪；　　B. 光源、光功率计；

C. 传输系统端口测试；　　D. 网管系统。

答案：A

50. 光纤油膏的滴点高于光缆使用温度15～20℃即可，OPGW中光纤油膏的滴点一般要求要达到（　　）℃以上。

A. 115；　　B. 215；　　C. 315；　　D. 415。

答案：A

51. 通常使用（　　）来测量光纤长度、光纤连接损耗、光纤衰减系数。

A. 光谱分析仪；　　B. 光时域反射仪；

C. 2M误码表；　　D. 传输分析仪。

答案：B

52. 光纤接续一般应在不低于（　　）℃条件下进行。

A. 5；　　B. 0；　　C. −5；　　D. −10。

答案：C

53. 光缆交接箱具备（　　）等基本功能。

A. 光信号放大、光缆成端固定、尾纤熔接存储；

B. 光信号放大、光缆成端固定、光路调配；

C. 光缆成端固定、尾纤熔接存储、光路调配；

D. 光信号放大、尾纤熔接存储、光路调配。

答案：C

54. 关于OTDR的使用，下列说法正确的是（　　）。

A. 平均时间越长，信噪比越高，曲线越清晰；

B. 脉宽越大，功率越大，可测的距离越长，分辨率也越高；

C. 脉冲宽度越大，盲区越小；

D. 分别从两端测，测出的衰减值是一样的。

答案：A

55. OTDR的中文名是（　　）。

A. 光路保护仪；　　B. 光时域反射仪；

C. 光动力仪；　　D. 光路保护器。

答案：B

56. 金属管道引入室内前应水平直埋（　　）m以上，埋深应大于0.6m，并在入口处接入接地网。

A. 10；　　B. 8；　　C. 5；　　D. 3。

答案：A

57. 通信机房内电缆沟道、竖井内的金属支架至少应（　　）点接地，接地点间距离不应大于（　　）m。

A. 3，20；　　B. 3，30；　　C. 2，20；　　D. 2，30。

答案：D

58. 引入通信站的 OPGW 应在引下塔或门型杆终端接续盒后换用（　　）。

A. 普通光缆；　　B. 金属光缆；

C. 管道光缆；　　D. 全介质光缆。

答案：D

59. 光缆架设前应做好（　　），架设时必须采用专用张力机具放线，架设后不得出现光缆明显损伤，并应尽快完成紧线工作。

A. 整盘测试；　　B. 单盘测试；

C. 全程测试；　　D. 部分测试。

答案：B

60. 架空线路进通信站的终端杆宜立在距通信楼外墙（　　）m 以外，并避开厂站大门正面。

A. 5；　　B. 15；　　C. 10；　　D. 20。

答案：C

61. 所有电缆应在 0℃以上进行敷设安装。如果电缆的储存环境温度在 0℃以下，在进行敷设布放操作前，应将电缆移置室温环境下储存（　　）h 以上。

A. 12；　　B. 24；　　C. 48；　　D. 6。

答案：B

62. 熔接后的纤芯应使用热缩管保护，光纤在余线盘固定及盘绕的曲率半径应大于（　　）mm，避免对 1.55μm 波长产生附加衰减，盘绕后的纤芯用胶带稳妥固定在盘纤板内。

A. 37.5；　　B. 32.5；　　C. 27.5；　　D. 15。

答案：A

63. 在（　　）等特殊工程条件下进行 OPGW 产品的非标准化设计可参考本标准的规定，并应满足其他相关标准的要求。

A. 大跨越、大电压；　　B. 大跨越、重覆冰；

C. 大跨越、大风速；　　D. 大电压、大风速。

答案：B

64. 光单元由光纤和保护材料构成的部件。保护材料可以是金属的，也可以是非金属的，它可构成 OPGW 的承力部分，金属保护材料也可组成 OPGW（　　）的部分。

A. 承压牵引；　　B. 隔离屏蔽；
C. 传输电流；　　D. 接地保护。
答案：C

65. 铝管光单元中的光纤部件分为（　　）和层绞光纤松套管两种型式。
A. 圆线同心绞；　　B. 铝包不锈钢管；
C. 波纹中心束；　　D. 中心光纤束。
答案：D

66. 光缆架设必须采用（　　）放线，架设后不得出现光缆外层明显单丝损伤、扭曲、折弯、挤压、松股、鸟笼、光纤回缩等现象。
A. 专用电动拉伸机具；　　B. 专用绞盘；
C. 人力或机械；　　D. 专用张力机具。
答案：D

67. 在光配线架上进行技术指标测试时，允许引入不大于（　　）dB 的插入损耗。
A. 0.5；　B. 1；　C. 2；　D. 5。
答案：A

68. 新建光缆线路超长站距段光缆的光纤全程（含熔接头损耗）平均衰耗应在（　　）dB/km 以下。
A. 0.1；　B. 0.2；　C. 0.25；　D. 0.3。
答案：B

69. 用于超长站距光通信的新建光缆纤芯宜选用（　　）类型，工作波长采用 C 波段窗口。
A. G.651；　B. G.652；　C. G.653；　D. G.655。
答案：B

70. 电缆沟道、竖井内的金属支架的接地点之间的距离不应大于（　　）m。
A. 10；　B. 20；　C. 30；　D. 40。
答案：C

71. 光纤配线架（模块，ODF）标准配置附件有（　　）。
A. 单芯、带状熔接保护套管；　　B. 安装螺丝、喉箍、尼龙扎带；
C. 裸纤保护管；　　D. 以上都是。
答案：D

72. OPGW 缓冲紧套骨架光单元结构的主要优点是（　　）。
A. 制造工艺简单、单元管内辅助材料少、抗拉能力强；

B. 缆径小、光纤微弯损耗小、抗侧压能力强；

C. 使用寿命长、隔热效果好、抗雷击性能好；

D. 以上都是。

答案：B

73. 目前选配 OPGW 应力是根据导线已知的应力和塔头悬挂点间的间距尺寸，按档距中央导线与地线间满足规定间距（0.012L＋1）的要求推算出 OPGW 各代表档距下（　　）时的应力。依据此应力再推求各代表档距下的最大使用应力及平均应力等，并检查它是否满足安全系数的要求。

A. ＋15℃、无覆冰；　　B. ＋20℃、无风；

C. ＋15℃、无风、无覆冰；　　D. ＋20℃、无风、无覆冰。

答案：C

74. 自然模分量分析法能充分解析高频信号在电力线中的传输规律。模分量的数目与线路中的导地线数目相关，例如有两根非绝缘地线的双回输电线路有（　　）个模分量。

A. 3；　　B. 5；　　C. 6；　　D. 8。

答案：C

75. 防振锤的谐振频带较窄，一般在（　　）Hz 范围。

A. 10～40；　　B. 20～50；　　C. 30～60；　　D. 40～60。

答案：A

76. OPGW 作为输电线路的组成部分，至少应与输电线路有相同的使用寿命，一般设计使用寿命为（　　）年。

A. 10；　　B. 20；　　C. 30；　　D. 40。

答案：C

77. OPGW 的风激振动性能型式试验，是考量光缆结构材料的（　　）以及在典型的微风激振动下的光学特性。

A. 抗弯曲性能；　　B. 抗疲劳性能；

C. 抗抖动性能；　　D. 抗衰耗性能。

答案：B

78. 当整根电线股径相同时，其第一绞层、第二绞层、第三绞层……的股数公差相等，为（　　）。

A. 9；　　B. 7；　　C. 6；　　D. 8。

答案：C

79. OPGW 最大允许温度范围取决于（　　）。

A. 材料、结构； B. 光纤、材料；
C. 光纤、结构； D. 材料。

答案：A

80. 光纤损耗谱中关于所谓水吸收峰，说法不正确的是（　　）。

A. 由于光纤中 OH 离子的存在，对特定波长的光能量的吸收峰；

B. 可以通过制造工艺的改进抹平水吸收峰；

C. 水吸收峰的存在会降低光纤使用寿命；

D. 水吸收峰影响多个波长窗口。

答案：A

81. 依据现行 ADSS 命名规则，非金属加强构件、层绞式结构、抗电痕护套、自承式通信用室外光缆，包含 24 芯 B1.1 单模光纤，光缆的额定拉断力为 30kN，最大允许使用张力为 12kN，则光缆的规格型号标记为（　　）。

A. ADSS-PE24B1-12kN； B. ADSS-AT24B1-12kN；
C. ADSS-PE24B1-30kN； D. ADSS-AT24B1-30kN。

答案：B

82. 单模光纤的纤芯直径为（　　）μm。

A. 2～4； B. 4～10； C. 10～16； D. 16～20。

答案：B

83. 多模光纤的纤芯直径为（　　）μm。

A. 20； B. 30； C. 40； D. 50。

答案：D

84. 国际电信联盟电信小组（ITU—T）标准称为非色散位移光纤的是（　　）光纤。

A. G.652； B. G.653； C. G.654； D. G.655。

答案：A

85. 国际电信联盟电信小组（ITU—T）标准称为非零色散位移光纤的是（　　）光纤。

A. G.652； B. G.653； C. G.654； D. G.655。

答案：D

86. 光纤连接器的多次插拔及部件互换而导入的附加损耗要求都在小于（　　）dB 的范围内。

A. 0.2； B. 0.5； C. 0.8； D. 1.0。

答案：A

87. 机械耐久性是指光纤连接器正常使用情况下的插拔次数，目前使用的光纤连接器一般都可以插拔（　　）次以上。

A. 1000；　B. 2000；　C. 3000；　D. 4000。

答案：A

88. 以（　　）金属为100%IACS（相对导电率），来衡量其他线材的相对导电率。

A. 金；　B. 银；　C. 铜；　D. 锌。

答案：C

89. 为同时满足OPGW的机械性能及提高抗雷击性能，OPGW绞线中大多采用（　　）。

A. 硬铝线；　B. 铝合金线；　C. 铝包钢线；　D. 镀锌钢线。

答案：C

90. 为保证OPGW中光纤的传输性能不受影响，OPGW国标规定金属管光单元的瞬时高温不超过200℃，铝合金丝不超过（　　）℃，铝包钢丝不超过300℃。

A. 100；　B. 150；　C. 200；　D. 250。

答案：C

91. OPGW重覆冰应用条件下，所有的耐张段的最大负荷张力都必须保证小于或等于OPGW的（　　）。

A. 额定拉断力（RTS）；　B. 最大允许使用张力（MAT）；

C. 年平均应力（EDS）；　D. 极限运行张力（UES）。

答案：B

92. ADSS光缆的拉伸应变远大于其他光缆，通常拉伸应变可达（　　）。

A. 0.2%～0.4%；　B. 0.4%～0.6%；

C. 0.6%～0.8%；　D. 0.68%～1.0%。

答案：C

93. 光纤复合海底电缆的热性能主要是在（　　）℃的正常温度下所有材料能确保热稳定，能承受短时（　　）℃温度，短路电流产生的（　　）℃不会导致性能劣化。

A. 100，200，250；　B. 100，185，300；

C. 90，200，250；　D. 90，185，250。

答案：D

二、多选题

1. 一般裸光纤由（　　）组成。

A. 折射率较高的纤芯；　　B. 折射率较低的包层；

C. 涂覆层；　　D. 着色层。

答案：ABC

2. 裸光纤最外层的涂覆层包括（　　）。

A. 一次涂覆层；　　B. 缓冲层；

C. 二次涂覆层；　　D. 着色层。

答案：ABC

3. 光纤的分类方法很多，可以按照（　　）进行分类。

A. 光纤截面折射率分布；　　B. 光波的传输模式；

C. 光纤使用的材料；　　D. 传输的工作波长。

答案：ABCD

4. 按照光纤剖面折射率分布的不同，光纤可分为（　　）。

A. 不变型光纤；　　B. 突变型光纤；

C. 多变型光纤；　　D. 渐变型光纤。

答案：BD

5. 长波长光纤主要有（　　）两个窗口。

A. 850nm；　　B. 1310nm；　　C. 1550nm；　　D. 1620nm。

答案：BC

6. ITU G.652 光纤在（　　）低损耗波长窗口。

A. 850nm；　　B. 1310nm；　　C. 1550nm；　　D. 1620nm。

答案：BC

7. 光纤产生损耗的原因很多，从材料、熔炼、拉丝、套塑到施工、运行的每一个环节都将产生损耗，主要表现为（　　）。

A. 固有损耗；　　B. 内部损耗；　　C. 外部损耗；　　D. 应用损耗。

答案：ACD

8. 光纤固有损耗主要包括（　　）。

A. 杂质吸收；　　B. 红外区玻璃的固有吸收；

C. 紫外区玻璃的固有吸收；　　D. 瑞利散射。

答案：ABCD

9. 结构色散又称波导色散，它是由于光纤的（　　）等方面的原因引起的。

A. 几何结构； B. 纤芯尺寸；

C. 几何图形； D. 相对折射率差。

答案：ABCD

10. 影响光纤强度的主要因素有（　　）。

A. 预制棒质量； B. 拉丝炉的加温质量和环境污染；

C. 涂覆技术； D. 机械损伤。

答案：ABCD

11. 影响光纤连接器光性能的主要是（　　）。

A. 插入损耗； B. 微弯损耗； C. 辐射损耗； D. 回波损耗。

答案：AD

12. 大部分电力特种光缆具有光电复合功能，它受外力破坏的可能性小，可靠性高，目前应用较为广泛的电力特种光缆主要有（　　）。

A. OPGW； B. OPPC； C. ADSS； D. MASS。

答案：AC

13. 铝包钢丝具有高抗拉强度、良导电性能，常用的铝包钢线的导电率有（　　）。

A. 20.3%IACS； B. 27%IACS； C. 30%IACS； D. 40%IACS。

答案：ABCD

14. 在 OPGW 的短路电流计算中，基准温度有（　　），选择不同的基准温度，短路电流计算结果不同。

A. 20℃； B. 30℃； C. 40℃； D. 50℃。

答案：AC

15. OPGW 金具主要有（　　）。

A. 耐张线夹； B. 悬垂线夹； C. 防电晕圈； D. 防振垂。

答案：ABD

16. OPGW 耐张线夹和悬垂线夹的配套依据是 OPGW 的（　　）。

A. 外径； B. 内径；

C. 额定拉断力（RTS）； D. 最大允许使用张力（MAT）。

答案：AC

17. OPGW 的耐张线夹在工程应用中，根据不同的塔型，可以应用在（　　）。

A. 终端型耐张塔； B. 接续型耐张塔；

C. 直通型耐张塔； D. 直通型直线塔。

答案：ABC

18. OPGW 架设过程中最重要的是确保光缆不受损伤，施工中有可能发生（　　）等，从而损伤光缆。

A. 拉伸； B. 扭曲； C. 弯曲； D. 挤压。

答案：ABCD

19. ADSS 外护套的性能取决于光缆安装位置的空间电位的大小，与电力线路的（　　）等因素相关。

A. 电压等级； B. 杆塔结构； C. 导线布置； D. 相位排列。

答案：ABCD

20. ADSS 的 B 级耐电痕 AT 护套料，用于（　　）的场强区域。

A. ≤12kV； B. ＞12kV； C. ≤25kV； D. ＞25kV。

答案：BC

21. ADSS 架设在高压电场中，强电场使光缆在金具处的（　　）。

A. 电场强度最低； B. 电场强度最高；

C. 感应电流最小； D. 感应电流最大。

答案：AD

22. MASS 主要应用于（　　），它可以替代金属吊线式普通架空光缆，在山区可以防止小动物吡咬，提高安全性。

A. 自立杆路； B. 20kV 及以下的电力杆路；

C. 35kV 及以下的电力杆路； D. 110kV 及以下的电力杆路。

答案：AB

23. 光缆的单盘测试需对单盘每根光纤的（　　）进行测试。

A. 连续性； B. 总衰减； C. 衰减系数； D. 长度。

答案：ABCD

24. 中继段光缆竣工测试采用（　　）。

A. 稳定光源； B. 光功率计； C. 光衰耗器； D. OTDR。

答案：ABD

25. 连通性测试一方面对光纤的连通进行测试，另一方面也为防止光纤在接续过程中交叉错芯接续进行检测，该测试一般结合（　　）对光纤链路损耗测试同步进行。

A. 稳定光源； B. 光功率计； C. 光衰耗器； D. OTDR。

答案：AB

26. 引起光纤的“反射事件”的主要损耗类型有（　　）。

A. 微弯； B. 熔接；

C. 活动连接器； D. 光纤末端。

答案：CD

27. 光纤的“非反射事件”主要由光纤的（　　）损耗引起。

A. 微弯； B. 熔接；

C. 活动连接器； D. 光纤末端。

答案：AB

三、判断题

1. 纤芯的成分是高纯度 SiO_2，掺有极少量的掺杂剂（如 GeO_2、P_2O_5），作用是提高纤芯对光的折射率（n_1），以传输光信号。（√）

2. 光纤包层含有极少量掺杂剂的高纯度 SiO_2，适当降低包层对光的折射率（n_2），使之略低于纤芯的折射率，即 $n_1>n_2$，它使得光信号封闭在纤芯中传输。（√）

3. 光纤涂覆的作用是保护光纤不受水汽侵蚀和机械擦伤，同时又增加了光纤的机械强度与可弯曲性，起着延长光纤寿命的作用。（√）

4. 塑料光纤具有传输损耗小、纤芯细、数值孔径大、制造成本低等优点，适用于长距离使用。（×）

5. 单模光纤只能传输基模（最低阶模），不存在模间时延差，具有比多模光纤大得多的传输带宽，因此，它适用于大容量、长距离通信。（√）

6. 多模光纤的折射分布，决定工作波长的选择；单模光纤的折射率分布，决定光纤带宽和连接损耗。（×）

7. 光纤的模场直径会影响光纤的连接损耗，模场直径失配，会增大光纤的连接损耗。（√）

8. 截止波长是单模光纤保证单模传输的条件，要求单模光纤的截止波长一定要大于光通信系统的工作波长。（×）

9. 光纤的截止波长是恒定的，不随着长度不同而改变。（×）

10. 光纤的传输特性是指光信号在通过光纤传输过程后会产生损耗和失真，而产生输入信号和输出信号不同，主要为损耗和色散。（√）

11. 光纤应用损耗是指光纤在应用施工和使用运行中的张力、弯曲、挤压造成的宏弯和微弯损耗。（√）

12. 色散是光脉冲沿光纤传输，脉冲宽度将随着距离增长而展宽，但传输距离和传输速率不受影响。（×）

13. 多模光纤的色散主要受模式畸变的影响，单模光纤的色散主要受材料色散

的影响。(√)

14. 单模光纤的损耗在 1310nm 波段最低，但色散不如 1550nm 波段。(×)

15. 光纤强度主要与光纤制造材料、工艺有关，光纤在成缆以及安装使用中存在过大的残余应力，也会影响光纤的强度。(√)

16. 光纤抗拉强度是指光纤拉断前承受的最大标称拉应力，是光纤由局部集中塑性变形向均匀塑性变形过度的临界值，也是光纤在静拉伸条件下的最大承载能力。(×)

17. 合理选择涂覆套塑材料及相应的涂覆工艺，可以使光纤温度附加衰耗减小，同时增加光纤本身的抗弯能力，也可改善光纤的温度特性。(√)

18. 多模光纤因为温度变化产生的微弯和弯曲加剧了各模式之间的转换，因此，多模光纤的衰减温度特性要比单模光纤好一些。(×)

19. 光纤连接器的光性能要求，插入损耗越小越好，而回波损耗越大越好。(√)

20. 由于光纤连接器的多次插拔及部件互换而导入的附加损耗要求都在小于 0.5dB 的范围内。(×)

21. 机械耐久性是指光纤连接器正常使用情况下的插拔次数，目前使用的光纤连接器一般都可以插拔 1 万次以上。(×)

22. 光纤连接器的 PC 端面为微凸球面研磨抛光，APC 端面呈 8°角并作微凸球面研磨抛光。(√)

23. FC/PC 光纤连接器采用对接端面呈球面的插针，使得插入损耗和回波损耗性能有了较大幅度的提高。(√)

24. OPGW 是将光纤单元复合在地线中，具有地线防雷功能，对输电导线抗雷电提供屏蔽保护的作用。(√)

25. OPPC 是将光纤单元复合在相线中，对光纤长期运行和短期故障电流引起的温度特性要求比 OPGW 低。(×)

26. OPPC 的机械性能和电气性能应与相邻相线一致，其安装的金具和附件不需要绝缘。(×)

27. ADSS 是与电力线同杆架设的特种光缆，施工及运行维护与电力系统的运行相关性很大，需在输电线路停电下才能施工作业。(×)

28. MASS 是一种简易型的 OPGW，结构和性能均类似于 OPGW。(×)

29. MASS 结构类似于 OPGW，架设方式类似 ADSS，适用于 35kV 及以下的输电线路。(√)

30. 光纤复合海底电缆最大的问题是施工过程中弯曲与拉伸和海底洋流运动对

光纤及光单元的损伤，运行中温度对光纤的使用寿命影响不大。（×）

31. 滴点是反映光纤油膏热性能的一个指标，滴点的高低表示油膏在使用时所能受热的程度，光纤油膏的滴点应低于光缆使用温度 15～20℃即可。（×）

32. 在成品 OPGW 上，外层绞合单线和所有的铝包钢线不允许有任何接头。（√）

33. ADSS 所承受的拉伸力远大于常规光缆，主要的抗张元件为绞合在护套层中的芳纶纱。（√）

34. ADSS 在高张力敷设状态下，其抗张元件芳纶纱的蠕变值在 ADSS 光缆的实际运行条件下，通常可以略而不计。（√）

35. 单模光纤中，ITU-TG.655 是衰耗最小光纤，主要应用在海缆中。（×）

36. OPGW 光单元的光纤余长越大越好。（×）

37. 光纤余长过大容易产生微弯损耗，余长过小，光纤容易产生应力应变。（√）

38. 当新建 OPGW 或 OPGW 更换老线路地线时，OPGW 的机械特性必须与架空地线相匹配，电气特性可以有差异。（×）

39. 短路电流和雷击的影响是 OPGW 与地线电气性能配合考虑的重要方面。（√）

40. 雷击导致 OPGW 产生瞬间高温与短路故障不同的是，雷击的瞬间电流强度更大，作用的面积更大，持续时间更长。（√）

41. OPGW 在超低温时（如－30℃及以下），金属绞丝和金属管光单元会产生较大的收缩，OPGW 中光纤的收缩余长要大于 OPGW 的收缩应变。（√）

42. OPGW 耐张线夹和悬垂线夹的握力均应大于 OPGW 的额定拉断力（RTS）。（×）

43. 防振锤是一种调频率减振器，对于大直径线缆，具有非常有效的防振效果，其原理是动态吸收能量。（√）

44. 一般终端型耐张线夹、直通型耐张线夹和悬垂金具串配置一根接地线，接续型耐张线夹配置两根接地线。（√）

45. OPGW 分盘应服从线路的耐张段，两个相邻的耐张段不可以合并。（×）

46. 光纤的接头会造成光衰耗，OPGW 接头数量直接影响到光缆通信信号的衰减大小，在可能条件下应减少接头数量。（√）

47. OPGW 与地线在施工方法及施工要求方面无大的区别，所以在压折、弯曲和安装上也没有特殊的要求。（×）

48. 施工过程中，OPGW 的动态弯曲半径不得小于 OPGW 直径 15 倍，静态弯曲半径不得小于 OPGW 直径 30 倍。（×）
49. 层绞式光缆的拉伸窗口主要受光纤束管的绞合节距 h 的影响，通过调节 h 值，可在较大范围内调节光纤的拉伸窗口，适当加大 h 值，拉伸窗口会有较大的增加。（×）
50. 光缆在低温收缩时，束管“积累”光纤余长，而当光缆处于拉伸伸长时，束管释放光纤余长。（√）
51. 由于 ADSS 所承受的拉伸力远大于常规光缆，因而不能仅依靠 FRP 骨架来作为抗张元件，主要的抗张元件为绞合在护套层中的芳纶纤维。（√）
52. 金属导线最大弧垂一般发生在最高温度的气象条件，而 ADSS 最大弧垂发生在覆冰的气象条件。（√）
53. ADSS 光缆架设在电力线路上，由于 ADSS 光缆很轻，因此在光缆线路设计时不必考虑电力杆塔受力情况。（×）
54. OPPC 具有一定的持续温度，热膨胀产生的导线伸长明显，因此其应力应变性能要求比 OPGW 高。（√）
55. OPPC 的关键技术是光缆的接续与光电信号的隔离技术。（√）
56. OPPC 接头预留余缆方式和 OPGW 是一样的。（×）
57. MASS 与 OPGW 结构相一致，敷设方式也基本相同。（×）
58. 光纤连通性测试一方面对光纤的连通进行测试，另一方面也为防止光纤在接续过程中交叉错芯接续进行检测，该测试一般结合光纤链路损耗测试同步进行。（√）
59. 光纤传输损耗及光纤长度测试采用 1km 左右测试过渡纤，是为减小 OTDR 盲区引起的误差，但不能监测到 ODF 光纤连接器的损耗。（×）
60. 光缆迁改或故障处理后的验收测试，OTDR 测试前需断开两端设备的光板连接，以防止 OTDR 强光源造成设备光板的损坏。（√）

四、简答题

1. 简述 G652 光纤与 G655 光纤的传输性能的特点。

答：G. 652 光纤特点是，在 1310nm 波长具有零色散，在 1310nm 处衰减系数为 0. 35dB/km 左右，在 1550nm 处衰减系数为 0. 20dB/km 左右，在 C 波段（1530～1565nm）和 L 波段（1565～1625nm）的色散较大，一般为 17～22ps/(nm·km)，系统速率达到 2. 5Gbit/s 以上时，需要进行色散补偿，在 10Gbit/s 时系统色散补偿成本较大。

G.655 非零色散位移单模光纤解决了色散受限和非线性的四波混频问题，具有合理的色散规范值，有效地克服光纤纤芯有效面积不足而产生的非线性。新一代低色散斜率光纤在 C 波段（1530～1565nm）和 L 波段（1565～1625nm）工作范围内色散都很小，方便了频带的色散补偿。在大容量长距离波分复用采用此类光纤。

2. 简述光纤断裂的原因。

答：存在气泡、杂质的光纤，在一定张力下会产生断裂。但多数是由于光纤表面有一定程度的损伤，当光纤受到一定张力时，应力首先集中于有微裂纹的地方，如果超过该部位允许应力时，则立即断裂。光纤制造过程中利用此现象进行强度筛选，即光纤拉丝、复绕、塑套过程中用 0.5%应力进行筛选。

3. 简述光纤的温度特性。

答：光纤的温度特性，是指在高、低温条件下对光纤损耗的影响，一般是损耗增大。由于光纤涂覆层、塑套层同石英的膨胀系数不同，因而在低温下，当光纤受产生的纵向压缩应变超过光纤的纵向弯曲极限时，就会引起弯曲和微弯损耗，导致损耗增大。光纤的低温特性，是随着温度的不断降低，损耗不断增大。高温时，塑料涂层（或套管）伸长，使光纤受到拉应力，产生应力损耗。

4. 简述光纤连接器的基本原理。

答：光纤连接器的基本原理是，采用某种机械和光学结构，利用适配器将光纤的两个端面精密对接起来，实现光纤端面物理接触。以使发射光纤输出的光能量能最大限度地耦合到接收光纤中去，并使由于其介入光链路而对系统造成的影响减到最小，在一定程度上，光纤连接器也影响了光传输系统的可靠性和各项性能。

5. 简述松套结构光单元的填充油膏的作用。

答：纤膏对松套管中光纤有两方面保护作用：①防止空气中的潮气侵蚀光纤；②对光纤起衬垫作用，缓冲光纤受振动、冲击、弯曲等机械力的影响。

6. 简述光纤油膏的触变性及相关作用。

答：所谓光纤油膏触变性，是指当施加一个外力时，光纤油膏在剪切力的作用下，黏度下降，呈现流动性，但当外力去除后，处于静止状态时，经过一段时间，黏度恢复，又回到不会流动的黏稠态，但不一定恢复到原来的黏度和稠度。光纤油膏的触变性对敷设过程中的光缆受到弯曲、振动、冲击等外力作用时，导致光纤在平衡位置附近振幅和周期极小的晃动，其晃动力作用到周围的光纤油膏时，油膏黏度下降，从而对光纤起到缓冲保护，而不致使光纤受到僵硬的反作用力而造成微弯损耗。

7. 为什么在电力系统的信息机房设备互连、自动化设备及智能化变电站二次设备的连接通信应用中还广泛使用多模光纤？

答：由于使用单模光纤无源器件比多模光纤要贵，而且相对精密、容差小，操作不如多模器件方便可靠。多模光纤芯径较大、色散大、衰减高，只适用于低速率、短距离传输；但其价格低廉，光纤易于连接，相关器件便宜，操作简单可靠；因此，其主要应用在传输距离较短、节点多、接头多、弯路多、连接器和耦合器用量大、规模小、单位光纤长度使用光源个数多的网络中。

8. 简述短路电流对 OPGW 的影响。

答：作为高压输电线路的地线，OPGW 在线路出现短路故障时会有短路电流流过，导致 OPGW 温度急剧上升，尤其在输电线路的进出线端短路电流最大，OPGW 在变电站门型构架处，需正确规范安装接地线，并且在构架平台，光缆要用专用引下线夹（卡具）固定，避免间隙放电将光缆烧断。

9. 简述雷击造成 OPGW 断股的原理。

答：雷击是导致 OPGW 产生瞬间高温的一个因素，与短路故障不同的是，雷击的瞬间电流强度更大，作用的面积更小，持续时间更短，以至于在所接触的一根或数根金属单丝的一小段上产生的瞬时高温可达 600℃。由于持续时间很短，雷击所造成的温升如果用热容量 I^2t 来衡量，它要小于短路电流产生的热容量。但是由于短路电流作用于 OPGW 的整个金属截面，而雷击电流只局限在一根或数根金属单丝的某一小段上，能量的集中导致在这一小段金属丝上造成的高温足以将其局部或完全熔化。

10. OPGW 施工牵引时应注意哪些问题？

答：OPGW 施工牵引时应注意的问题有：牵引仰角应控制在 30°以下；牵引力应控制在 OPGW 额定拉断力的 15%以下，牵引应尽可能平稳；牵引速度应控制在 60m/min 以下；放线滑轮的直径至少为 OPGW 外径的 40 倍，在起始塔、终端塔以及大转角塔放线滑轮的直径还应大一些或使用滑轮组；放线滑轮的轮槽应有聚酯或橡胶衬套，以保护 OPGW 的外层金属丝表面在放线时不被磨损；牵引前必须对 OPGW 的光纤衰耗进行测试。

11. 简述 ADSS 与金属导线不同的弧垂特性。

答：与金属导线相比，ADSS 具有两个不同的弧垂特性。由于 ADSS 光缆为整体无金属结构，特别是由于芳纶的使用，使 ADSS 对温度变化不敏感的特性；另外，与金属导线相比，由于自重很轻，弹性模量较小，使 ADSS 光缆对外负荷特别敏感的弧垂特性。金属导线最大弧垂一般发生在最高温度的气象条件，而 ADSS 最大弧垂发生在覆冰的气象条件。

12. 简述 ADSS 防电晕圈的作用。

答：在 220kV 的线路上一般都采用在金具末端加上防电晕圈，由于光缆和预绞丝金具都位于较高的电场空间，预绞丝金具末端易受电晕放电影响。对光缆的安全运行产生威胁。防电晕圈可极大地改善预绞丝末端电场状态，减少因电晕对光缆产生的电腐蚀，延长光缆的使用寿命。

13. 如何应用 OTDR 进行光缆的单盘测试?

答：单盘测试采用 OTDR 从光缆的一端测试光纤的光衰减。检测时把至少 1km 长的测试光纤连接在 OTDR 和被测光纤之间，以提高被测光纤端头附近的分辨率，避免距连接点 10m 内被测光纤的断裂和损伤都不能探测到；如果某一盘被测光缆的光性能有疑问时，应从光缆的另一端测试有疑问的光纤，并取两次测试结果的平均值，作为该光纤的光衰减数值。

14. 光纤熔接为什么要进行监测？一般采取哪几种方法？

答：光纤自动熔接指示器上的读数，只是经验数据，由微处理机按经验公式计算得出，连接损耗产生的部分因素未考虑。因此，必须采用合适的方法进行熔接损耗的监测。一般采用 OTDR 进行光纤接续的监测，根据仪表安放位置及测试的不同要求，可采用后向单程、前向单程、前向双程三种测试方法。

15. 光纤传输损耗产生的主要原因是什么?

答：光纤传输损耗产生的原因是多方面的，主要有接续损耗（光纤的固有损耗、熔接损耗和活动接头损耗）和非接续损耗（弯曲损耗和其他施工因素和应用环境所造成的损耗）两类。

16. OTDR 光纤测试中的正增益是如何形成的?

答：正增益是由于在熔接点之后的光纤比熔接点之前的光纤产生更多的后向散光而形成的，事实上，光纤在这一熔接点上是有熔接损耗的。常出现在不同模场直径或不同后向散射系数的光纤的熔接过程中，因此，需要在两个方向测量并对结果取平均值作为该熔接损耗。

17. 通信工程阶段性（预）验收应具备的验收条件有哪些?

答：(1) 光缆线路和设备安装、调试、测试基本完成，测试结果满足要求。

(2) 配套设施可正常投入使用。

(3) 工程文件基本整理完毕。

18. 光缆线路工程随工验收包含哪些方面的内容?

答：(1) 光缆及金具现场开箱检验。

(2) 光缆的单盘测试。

(3) 检查光缆、金具、接续盒及余缆架安装质量。

(4) 检查分流线安装质量。

(5) 检查导引光缆敷设安装质量。

(6) 检查机房内光纤配线设备安装质量。

(7) 检测区段光路全程指标。

19. 光缆线路工程阶段性（预）验收包含哪些方面的内容?

答：(1) 检查随工验收的各项质量记录及有关问题的处理情况。

(2) 根据施工图设计，复核光缆走向、敷设方式、接头盒及余缆设置和环境条件（如 ADSS 跨越建、构筑物安全距离）等。

(3) 检测中继段光路指标。

(4) 检查光缆线路配盘图、配纤表。

(5) 检查工程文件的完整、准确性。

20. 通信塑料管道工程中常用的管型有哪几种？当采用定向钻孔方式敷设管道时，宜选用什么管型？说明常用的手孔的内部平面尺寸。

答：(1) 通信塑料管道工程中常用的管型有：栅格管、蜂窝管、梅花管、波纹管、硅芯管、实壁管（写出 4 种以上即可）。

(2) 当采用定向钻孔方式敷设管道时，宜选用 HDPE 管或硅芯管（只写出硅芯管也行）。

(3) 0＃手孔（或小手孔）：400mm×500mm；1＃手孔：450mm×840mm；2＃手孔：840mm×950mm；3＃手孔：840mm×1450mm；4＃手孔：840mm×1900mm（手孔型号与尺寸必须对应写出，必须注明单位 mm）。

21. 简述电力光缆线路耐张段及其代表档距（不考虑高差）的概念。

答：(1) 光缆的耐张段是指相邻两个静端金具（耐张线夹）间光缆的长度范围，在具有若干悬垂金具的连续档中，各档光缆的水平应力是按同一值架设的。

(2) 在不考虑高差的情况下，代表档距的表达式为：$L_{\mathrm{r}}=(\sum L_i^3/\sum L_i)^{1/2}$，其中 L_{r} 指代表档距，L_i 指耐张段内各档的档距。

22. 简述电力光纤通信光缆线路工程可行性研究报告的有关内容。

答：(1) 设计依据。

(2) 可行性研究范围。

(3) 工程建设的必要性：①电力系统简介；②相关的电力系统通信现状；③前期工程情况简介；④光缆通信工程建设的必要性，包括传输信息容量统计、受益面、社会效益和经济效益等。

(4) 工程概况。包括可行性研究的工作情况，推荐方案工程概况及建设年限。

(5) 本工程与其他系统或本系统其他工程合建的可行性。

(6) 光缆线路工程投资估算。

23. 简述光纤活动连接器的作用及其性能参数。如何评价其优劣性？请列举 5 种常用的光纤活动连接器。

答：(1) 作用：光纤活动连接器是实现光纤之间活动连接的无源光器件，具有将光纤与其他无源器件、光纤与系统、仪表进行活动连接的功能。

(2) 性能参数：插入损耗、回波损耗、重复性和互换性。

（3）插入损耗、重复性和互换性三项指标越小越好，回波损耗越大越好。

（4）常用的光纤活动连接器有：FC、SC、ST、LC、MT-RJ、MU 等。

24. 普通光缆的典型结构有哪几种？各有何特点？

答：普通光缆的结构及其特点如下：

（1）层绞式结构：具有中心加强件，一个或多个光纤松套管绞合在其周围，制造较容易，光纤数较少。

（2）骨架式结构：将松套或紧套放置在塑料骨架槽中，对光纤保护较好，耐压、抗弯性能较好，节省了松套管材料和相应工序；对光纤入槽的工艺要求较高，影响成品合格率。

（3）束管式结构：即中心束管式结构，光纤松套管位于光缆中心，加强件位于外部护层中，体积小、质量轻、制造容易、成本低。

（4）带状式结构：由一次涂覆的光纤做成光纤带单元，几层光纤带一起构成缆芯，每个单元的接续可以一次完成，适合大容量光缆。

25. 普通光缆加强件的作用是什么？常见的配置方式有哪几种？

答：（1）作用：提高光缆的抗拉伸、压缩、侧压的能力。

（2）配置方式：中心加强件和外围加强件。

26. 普通光缆型号是由哪几部分组成的？

答：根据 YD/T 908—2000《光缆型号命名方法》，光缆型号由光缆的型式代号和光纤规格组成，其中光缆的型式代号包含分类、加强构件、派生形状（特性）、护层和外护层 5 个部分。

27. 为了避免和减少发生光缆接头盒内光纤的断裂，应采取哪些相应的措施？

答：可采取以下措施：余纤盘绕正确有序、每圈大小适中，严禁出现打小圈和跳纤现象，接头盒密封严密，避免出现漏气、漏水现象。

28. OTDR 的基本测试原理是什么？由哪几部分组成？

答：（1）光信号在光纤中的瑞利散射和背向散射原理。OTDR 利用其激光光源向被测光纤发送一光脉冲，光脉冲在光纤本身及各接合点上会有光信号反射为 OTDR。反射回的光信号又通过一个定向耦合器耦合到 OTDR 的接收器，并在这里转换成电信号，最终在显示器上显示出结果曲线。可用于测量光纤衰减、接头损耗、光纤故障点定位以及了解光纤沿长度的损耗分布情况等，是光缆施工、维护及监测中必不可少的工具。其主要指标参数包括：动态范围、灵敏度、分辨率、测量时间和盲区等。

（2）OTDR 由光源、脉冲发生器、定向耦合器、光检测器、放大器、数据分析和显示电路等部分组成。

29. 通信电缆沿电气化铁路、高压输电线路、雷区等强电场地区敷设时，应考虑哪些平衡问题？

答：通信电缆沿电气化铁路、高压输电线路、雷区等强电场地区敷设时，首先考虑电缆对地平衡问题，再考虑回路间平衡问题。

30. 缠绕在输电线路的地线或相线上的光缆，环境及输电线路对其使用寿命影响最大的因素是什么？

答：对其影响最大的因素是雷击和故障电流引起的高温。

31. OPGW 预绞丝式耐张金具和悬垂金具的握力分别满足什么要求？

答：OPGW 预绞丝式耐张金具的握力满足 90%RTS（额定拉断力）；悬垂金具的握力满足 22%～24%RTS。

32. OPGW 的短路电流热容量主要由哪些因素决定？

答：OPGW 的短路电流热容量主要由故障电流和故障切除时间决定。

33. 电力特种光缆的光纤选用有哪些特殊要求？

答：电力特种光缆的光纤选用的特殊要求有：提高抗拉强度、耐高温性能和疲劳参数。

34. ADSS 的电腐蚀大多发生在哪些部位？其主要原因是什么？

答：ADSS 的电腐蚀大多发生在铁塔附近，其主要原因是此段光缆感应电位梯度大。

35. 简述导电金属的相对导电率。

答：在各种导电金属中，铜是仅次于银的良好导电体。软铜的电阻率在各种铜材中最低，在 20℃时的直流电阻率为 0.017241（$\Omega \cdot mm^2$）/m；其导电率为 58.0m/(nΩ·mm²)，常将此定为 100%IACS（软铜相对导电率），以此衡量其他线材的相对导电率。

36. OPGW 和 ADSS 之间比较，它们各自的主要优缺点是什么？

答：①OPGW 的使用寿命比 ADSS 长；②OPGW 修复时间长，并且需要停电作业；③ADSS 在杆塔上要额外增加荷载；④由于上、下安全距离问题 ADSS 架设条件受到限制。

37. 简述光纤全色谱的优先顺序。

答：光纤全色谱的优先顺序为：蓝、橙、绿、棕、灰、白、红、黑、黄、紫、粉红、青绿。

38. 对于 15m 深度以内的浅海光缆，主要需具备抵抗哪些外力的承受力？

答：对于 15m 深度以内的浅海光缆，主要需具备抵抗渔网、船锚和海床波浪的冲击以及敷设、打捞的承受力。

39. 某光缆产品型号和标记为：OPGW-12B1＋12B4-100［87；80.5］，请简答其含义。

答：其含义为：包含 12 根 B1.1 类单模光纤，12 根 B4 类单模光纤，金属承载截面分别为 $100mm^2$，额定拉断力为 87kN，20～200℃时的短路电流容量为 $80.5kA^2 \cdot s$ 的 OPGW。

40. 为了降低雷击和电力线路故障造成的电位及地电流影响，变电站进站光缆应采用哪种材料结构，并具备哪些性能？

答：变电站进站光缆应为全介质材料结构，并具有阻燃、防腐，防水、防潮、防蚁性能，敷设于管道、电缆沟、电缆井和室内。

41. 光纤油膏的通常使用温度是多少？最基本的使用要求是什么？

答：光纤油膏的通常使用温度为－40～＋81℃，最基本的使用要求是光纤油膏有较低的屈服应力，在低温下有足够的柔软性，同时要有低的油分离，保证在高温时油膏不能从光缆中滴出。

42. 短路电流热容量是 OPGW 的重要参数之一，其重要作用是什么？OPGW

短路电流热容量主要与什么因素相关?

答：考虑 OPGW 的短路电流热容量，就是要保证在输电线路发生短路故障情况下，流经 OPGW 电流产生的热能不会对金属绞线、光单元及光纤产生破坏性影响和疲劳影响。OPGW 的短路电流热容量由故障电流大小和故障电流切除时间决定，还与 OPGW 的起始温度有关。

43. OPWG 防振设计的作用是什么?

答：为防止绞线、光单元和光纤的过度疲劳损伤，对每一挡 OPGW 线路必须进行防振设计，采取适当的防振措施，并合理地选择和配置防振器材，将输入的振动能量消耗，使振动的频率和幅度控制在一定的范围内。

44. ADSS 光缆使用在高压输电线路中的主要限制因素是什么?

答：其主要限制因素为：外护套表面因电痕漏电和滑闪使护套材料降解，最终导致侵蚀破坏。

45. ADSS 光缆能适用于更高电压等级的输电线路中，应具备什么条件?

答：为使 ADSS 光缆能适用于更高电压等级的输电线路中，应从两方面着手：①用计算机计算出输电线铁塔区域的电场分布，将 ADSS 光缆敷设在低电场的区域内；②采用特种抗电痕腐蚀的外护套材料。

46. ADSS 抗电痕护套料具有哪些特性?

答：ADSS 抗电痕护套料在具有良好的抗电痕性能的同时，仍必须有良好的抗紫外老化，抗环境应力开裂，以及良好的机械性能和护套挤出的工艺性能。

47. 为防止 OPGW 受拉力后产生松绞的旋转，在制造时应采取什么措施?

答：为防止 OPGW 受拉力后产生松绞的旋转，在制造时使相邻层扭绞方向相反，以相互抵消一部分转矩（或扭矩）。

48. 在光中继段计算中，光缆线路富余度应包括几个方面?

答：(1) 今后维护中光缆的维修变动（如：增加接头、增加光缆长度等）；

(2) 由于环境因素（温度变化、老化等影响引起的光纤性能的变化）；

(3) 在 S 点与 R 点之间任何光连接器的性能劣化。

49. 选择架空地线的使用应力时，应满足哪些条件？

答：选择架空地线的使用应力时，不仅要考虑最大荷载、最低气温、年平均气温下的应力应满足规定的安全系数，而且还应满足档距中央导线与地线间防止雷电击穿的规定间距。

50. 管道光缆机械牵引敷设的主要步骤有哪些？

答：管道光缆机械牵引敷设的主要步骤有：①估算牵引张力、制定敷设计划；②人力组合和指挥系统；③预放钢丝绳；④光缆及牵引设备的安装；⑤牵引。

51. OPGW 光单元的作用是什么？

答：OPGW 光单元的作用是：能容纳光纤，且能保护光纤免受环境变化、外力、长期与短期的热效应、潮气等原因引起的损坏。

52. OPGW 的机械性能包括哪几项？

答：OPGW 的机械性能包括：抗拉、应力-应变、过滑轮、风激振动、舞动、蠕变。

53. 光纤的色散有哪些？对光通信系统的性能产生什么影响？

答：光纤的色散有模式色散（仅存在于多模光纤中）、材料色散、波导色散。色散使光脉冲在光纤内传输过程中发生展宽，产生码间干扰，增加误码率，直接影响了传输距离的长短以及系统传输速率的大小。

54. 电力特种光缆主要有哪些类型？

答：电力特种光缆主要有：光纤复合架空地线（OPGW）、光纤复合相线（OPPC）、金属自承式光缆（MASS）、全捆绑光缆（AD-LASH）、介质自承式光缆（ADSS）、缠绕光缆（GWWOP），其中 OPGW 和 ADSS 是电力部门使用最为广泛的两种光缆。

55. ADSS 光缆外护套有什么要求？

答：根据光缆使用的电场强度大小，ADSS 光缆外护套分为 A、B 两级。A 级：光缆敷设区空间电位不大于 12kV，采用黑色聚乙烯护套料；B 级：光缆敷设区空间电位大于 12kV 采用耐电痕黑色聚烯烃护套料。外护套表面应光滑圆整、无裂痕、无气泡、无沙眼和机械损伤，标称厚度不小于 1.7mm，任何横断面上的厚度应不小于 1.5mm。

56. 光缆的运输与存放需要注意什么问题?

答：光缆线盘必须用吊车进行装卸，装卸时应确保缆盘直立，以免损坏包装盘条。严禁用人工直接从车上往下推。缆盘在运输过程中必须直立，缆头应固定好，以免光缆松开，所有的盘条和保护装置要在光缆运抵施工现场后安装时方可拆除；运输前必须将缆盘稳妥固定，保证缆盘在运输中不会滚动和随意振动。应选择平整、坚实的地面存放缆盘，并在缆盘的前后塞上木块或者砖块（注意不要抵碰光缆），防止缆盘滚动碰撞后受损，不得堆放。防止受潮和长时间暴晒，储运温度应控制在－40～60℃范围内。

57. 光缆施工前需要哪些准备工作?

答：光缆施工前需要的准备工作有：光缆盘测与金具清点；施工技术方案的培训交底；施工材料、器具准备；放线通道处理。

58. 光缆施工质量控制要点有哪些?

答：光缆施工质量控制要点有：检查运输与存放过程中光缆及金具、附件在运输过程中是否受磨损；存放时是否受潮、受腐蚀；放、紧线过程中要防止光缆过张力、磨损、折曲、扭转次数过多；附件安装时防止光缆受力的各种螺栓的紧固力矩过多；防止光缆的磨损、折曲和不合理受压。

59. 简述光缆通信工程的设计内容。

答：光缆通信工程的设计内容有：①对近期及远期通信业务量的预测；②光缆线路路由的选择及确定；③光缆敷设方式的选择；④光缆接续及接头保护；⑤光缆线路的防护要求；⑥中继站站址的选择及建筑方式；⑦光缆线路施工中的注意事项。

60. 多模光纤和单模光纤有什么区别?

答：(1) 多模光纤允许多种（上百个）模式的光在纤芯内传输；芯径大（50μm/62.5μm），常用传输波长为 1300nm/850nm，传输距离近，因此较多应用的局域环境内。

(2) 单模光纤只允许单种模式的光在纤芯内传输，单模光纤芯径较小

(10μm 左右)，色散小，常用传输波长为 1310nm/1550nm，传输距离远，所以常应用在干线上使用。

61. 什么叫光回损?

答：光回损是指入射光与反射光的比值的对数值。光在光纤或器件中传输，由菲涅尔反射（折射率变化引起）、后向瑞利散射（杂质微粒引起）以及方向性等因素产生的。

62. 光纤的衰耗是怎样产生的?

答：产生光纤衰减的原因有：本征特性、外力和对接等。本征特性包括光纤的由于瑞利散射和固有吸收产生的固有衰减；光纤原材料的杂质导致的散射和吸收以及光纤本身几何尺寸的均匀性等。光纤外力导致的衰耗为光纤因外力导致的光纤弯曲、断裂等产生的散射；以及光纤对接产生的均匀性和折射率变化等原因导致的损耗。

63. OTDR 测试光纤有哪些功能?

答：OTDR 能全面完成光纤如下功能的测试：光纤的长度、全程衰减、分段衰减、平均衰减、光纤不连续点的位置及损耗、接头点位置和损耗等；OTDR 能完整且准确地评估光纤及光纤链路的整体质量，尤其是在故障点查找、长度测试及接头损耗测试方面，更是不可或缺的。

64. 什么是 OTDR 的盲区?

答：由于菲涅尔反射引起的 OTDR 接收端饱和带来的一系列“盲点”称为盲区。盲区分为事件盲区和衰减盲区，事件盲区是菲涅尔反射后，OTDR 可在其中检测到另一个事件的最小距离。换而言之，是两个反射事件之间所需的最小光纤长度。衰减盲区是菲涅尔反射之后，OTDR 能在其中精确测量连续事件损耗的最小距离。

65. 什么是 OTDR 的动态范围?

答：动态范围表示后向散射开始与噪声峰值间的功率损耗比，它决定了 OTDR 所能测得的最长光纤距离。

66. OTDR 里的 IOR 是指什么？为什么要设置 IOR?

答：OTDR的IOR是指光纤折射率。折射率设置正确与否直接影响到被测光纤长度的准确性。

67. 什么叫反射事件和非反射事件？

答：光纤因耦合、光纤断裂及末端引起的在OTDR界面上呈现尖峰的事件为反射事件；光纤因外力作用、接续、老化等原因，在OTDR界面上呈现台阶、上台阶、波浪、下滑等事件为非反射事件。

68. 事件盲区和衰减盲区有什么区别？对测试有什么影响？

答：事件盲区是菲涅尔反射后，OTDR可在其中检测到另一个事件的最小距离。换而言之，是两个反射事件之间所需的最小光纤长度。衰减盲区是菲涅尔反射之后，OTDR能在其中精确测量连续事件损耗的最小距离。二者盲区越大，我们不能确认光纤质量的长度越大，直接影响我们对光纤整体质量的评估。

69. 在线测试通常使用什么波长进行测试？为什么要使用这类波长？

答：（1）可以应用1625、1650nm或780nm波长，最为常用的波长为1625nm或1650nm波长，原因是波长越大，对光纤事件的敏感性越强，评估光纤质量的能力越高。

（2）应用该类波长的原因为，要与业务波长差别开，避免设备器件及仪表的烧毁。

70. 怎样来判断光纤线路上的宏弯？

答：根据光纤被测曲线中有无台阶进行识别，如果有台阶的点不是熔接点，即多数为光纤受应力导致的宏弯。

71. 管道光缆路由维护有哪些内容？

答：（1）管道人孔编号清楚，字迹醒目；光缆标志牌，标明正确的中继段名称，字迹清楚醒目。

（2）定期检查人手孔内的托架、托板是否完整良好。

（3）定期整理人手孔内的走线、预留缆和接头盒，确保整齐、固定可靠。

（4）光缆的外护层及接头盒有无腐蚀、损坏或变形等异常情况，发现问题及时处理。

（5）发现管道或人手孔沉陷、破损及井盖丢失等情况，及时采取措施进行修复。

（6）抽取人手孔内的积水，清除人手孔内的污垢。

（7）根据人手孔外路面标高的变化及时升高或者降低井圈的高度。

（8）在管道路由经过河道、过公路、开发区等特殊地段，设立警示、宣传标志。

（9）定期清除管道路由上的杂草、垃圾、易燃物，对管沟下陷进行培土。

72. 光缆路由中必须设置标石的部位有哪些？

答：（1）光缆接头。

（2）光缆拐弯点。

（3）同沟敷设光缆的起止点。

（4）按规划预留光缆的地点。

（5）与其他重要管线的交越点。

（6）穿越障碍物寻找光缆有困难的地点。

（7）直线路由段越过 200m，郊区及野外超过 250m 寻找光缆困难的地点。

73. 什么是光缆配盘？

答：光缆配盘：是根据路由复测计算出的光缆敷设总长度以及光纤全程传输质量要求，选择配置单盘光缆。光缆配盘是为了合理使用光缆，减少光缆接头和降低接头损耗，达到节省光缆和提高光缆通信工程质量的目的。

74. 简述 G. 652 光纤的特点。

答：G. 652 光纤为常规单模光纤，也称非色散位移光纤。其零色散波长在 1310nm 处，在波长为 1550nm 处衰减最小，但有较大的正色散，大约为 17ps/(nm · km)。工作波长既可选用 1310nm，又可以选用 1550nm。这种光纤是使用最为广泛的光纤。

75. 光纤是由哪几部分组成的？各部分有什么作用？

答：光纤是由两种不同折射率的玻璃材料拉制而成的。内层为纤芯，作用是传输光信号；外层为包层，作用是使光信号封闭在纤芯中传输。为了实现光信号的传输，要求纤芯的折射率比包层的折射率稍大。

76. 产生光损耗的原因有哪些?

答：产生光损耗的原因大致分为光纤具有的固有损耗和光纤制造后的附加损耗。固有损耗包括：瑞利散射损耗、吸收损耗、波导结构不完善引起的损耗。附加损耗：微弯损耗、弯曲损耗和接续损耗。

77. 什么是色散?

答：入射到光纤的光脉冲经光纤传输以后，出射端光脉冲将发生时间展宽，把这种波形展宽现象称为色散。色散可分为模式色散、材料色散和波导色散三种。

78. 什么是光纤的连接损耗？主要由什么原因引起?

答：光纤连接损耗分固有损耗和接续损耗两类。固有损耗是指连接的两根光纤在特性上的差异或光纤自身不完善引起的，不能期望改善接续来减小连接损耗（主要有光纤模场直径偏差、纤芯不圆、纤芯与包层同心度偏差引起的）。接续损耗是指：由接续方式、接续工艺、接续环境、接续设备不完善引起的接续损耗（待熔光纤间隙不当、光纤轴向错位、光纤端面不整等引起的损耗）。

79. 光纤熔接后熔接机上显示的损耗值可参考为实际值吗？为什么?

答：光纤熔接后熔接机上显示的损耗值不可以参考为实际值。熔接质量的好坏是通过熔接处外形良否计算得出来的，推定的熔接损耗只能作为熔接质量好坏的参考值，而不能作为熔接点的正式损耗值。正式损耗值必须通过OTDR测试或光源、光功率计测试得出。

80. 简述人孔作业的注意事项。

答：(1) 打开人孔后必须立即通风。下人孔时必须使用小梯，不得踩蹬电缆或电缆托板。下人孔前必须确知人孔内无有害气体。人孔通风采用排风布或排风扇，排风布在井口上下各不小于1m，并将布面设在迎风方面。

(2) 在人孔工作时，如感觉头晕呼吸困难，必须离开人孔，采取通风措施。

(3) 在人孔内抽水时，抽水机的排气管，不得靠近人孔口，应放在人孔的下风方向。

(4) 在人（手）孔内工作时，必须事先在井口处设置井围、红旗，夜间设红灯，上面设专人看守。

（5）在人（手）孔内工作时，不准在人孔内点燃喷灯。点燃的喷灯不准对着电缆和井壁放置。在焊电缆时，谨防烧坏其他电缆。

81. 简述光纤连接的主要方式和特点。

答：光纤连接的主要方式有固定连接、活动连接和临时连接。

（1）固定连接，主要用于光缆线路中光纤间的永久性连接，多采用熔接，也有采用粘接和机械连接。特点是接头损耗小，机械强度较高。

（2）活动连接，主要用于光纤与传输系统设备以及与仪表间的连接，主要是通过光连接插头进行连接。特点是接头灵活较好，调换连接点方便，损耗和反射较大是这种连接方式的不足。

（3）临时连接，测量尾纤与被测光纤间的耦合连接，一般采用此方法连接。特点是方便灵活，成本低，对损耗要求不高，临时测量时多采用此方式连接。

82. 请叙述在层绞式松套管光单元的光缆中，光纤“二次余长”形成的机理。OPGW 中光纤的余长一般要求多少？

答：“二次余长”形成的机理有：①当光缆拉伸时光纤靠近光缆轴线，释放光纤余长；②当光缆收缩时光纤离光缆轴线距离加大，收缩光纤余长。

OPGW 中光纤的余长一般要求为 0.5%～0.7%。

83. 同一条输电线路的两根 OPGW，在发生倒塔事故时，会不会影响线路保护业务的传输？

答：同一条输电线路的两根 OPGW，在发生倒塔事故时，不会影响线路保护业务的传输。①在倒塔过程中，首先发生电力线短路故障，这时光纤还未中断，线路保护能完成动作；②由于相线、地线的张力作用，一般倒塔现象，发生在与线路垂直方向侧，两根 OPGW 中，一根承受的张力大，另一根则小，只要考虑了 OPGW 耐张强度的安全系数、光纤的余长、光纤的短期张力应变，最终不会造成全中断。

五、综合分析题

1. ADSS 架设在高压电场中，运行环境恶劣，当电场强度足够大时，根据图 4-1，试分析强电场对 ADSS 外护套引起电腐蚀的过程及主要原因。

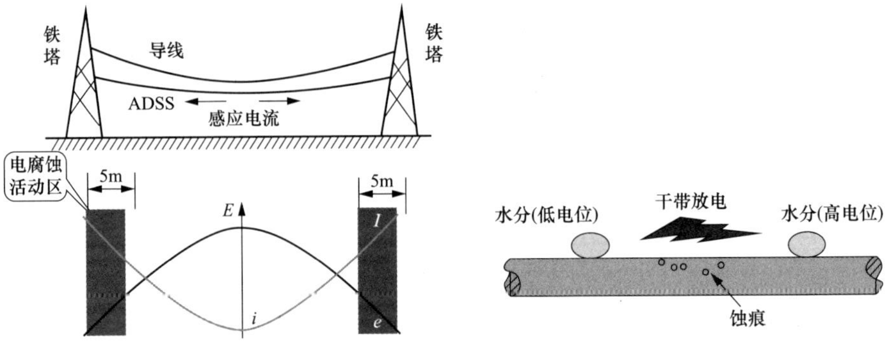

图 4-1

答：（1）高压导线在光缆周围感应出一定的电场强度，由于杆塔处于地电位，而杆塔周围高压线距离地电位距离较短，场强大于档距中央，当潮湿的污秽附着在光缆表面时，在电位梯度的作用下会形成感应电流，并最终由金具汇入大地。金具处的电场强度最低，但感应电流最大。可能在光缆金具尖端产生电晕和微小的火花放电，这种放电现象会对光缆外表产生永久性损害，这也是杆塔上光缆在悬挂金具附近产生电腐蚀现象的主要原因。因此在ADSS光缆架设以前必须对悬挂点的选择进行仔细分析。

（2）在档距中央，光缆处于高压输电线路所形成的高电压环境，而在档距两端，由于ADSS光缆靠近杆塔（通常接地）而处于零电位附近，从而使得ADSS光缆在档距中央和档距两端具有很大的电压降。当光缆受到污染或受雨雾裹覆时，该电压降将在光缆外皮表面产生电流，该电流产生的热量将使水分蒸发，导致光缆的表面产生一些干带，而大部分电压降施加于干带两侧，有可能产生电弧。而电弧产生的瞬间高温会损坏光缆的防护层，降低光缆护套的憎水性，增加干带电弧产生的可能，直至造成光缆外表脱落，光缆破坏。

2. 根据图 4-2，试分析层绞式光缆光单元在拉伸窗口和低温窗口下，光纤的受力变化过程。

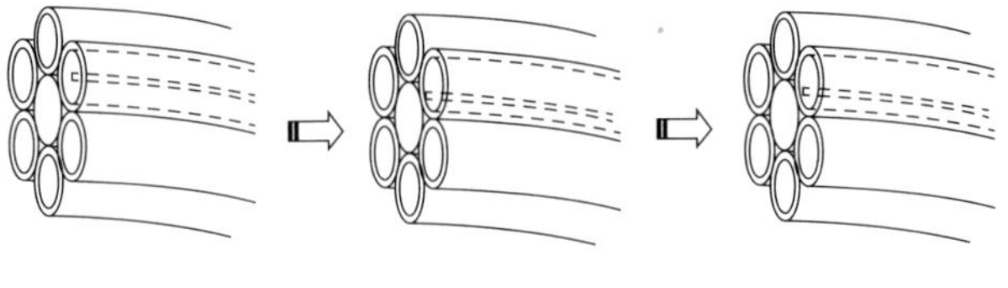

图 4-2（一）

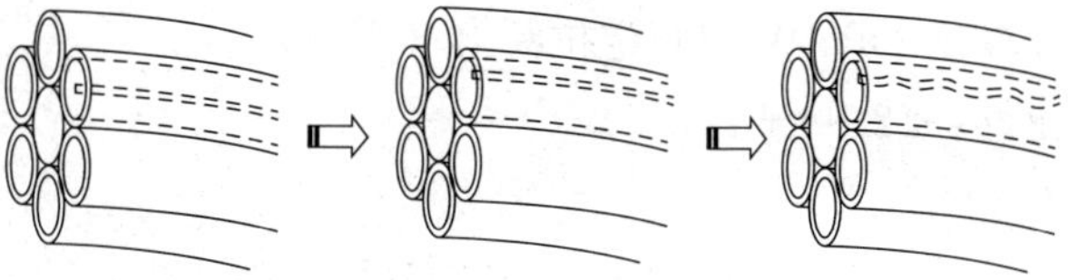

图 4-2（二）

答：层绞式光缆的拉伸窗口主要受光纤束管的绞合节距 h 的影响，通过调节 h 值，可在较大范围内调节光纤的拉伸窗口，适当减少 h 值，拉伸窗口会有较大的增加。光缆在不受力的状态下，光纤位于松套管的中心位置，当光缆受到拉伸时，光缆将伸长，由于光纤的纤膏有较好的触变性，光纤可以在松套管中自由地移动，并逐渐靠近中心加强件一侧的松套管壁。当光纤接触松套管壁后，如果光缆继续被拉伸变形，光纤将开始受力和产生变形，进而可导致衰减增加甚至断纤。拉伸窗口就是指从光缆受到拉伸开始变形到光纤刚开始受力和变形时光缆所发生的应变，也就是光纤移动到靠近中心加强件一侧松套管壁的时候光缆所发生的应变，也称作拉伸余长。

而当光缆由于受到低温的作用收缩时，同样，光纤可以在松套管中自由地向远离中心加强件的方向移动，并靠近远离中心加强件一侧的松套管壁。当光纤接触松套管壁后，如果光缆继续收缩，光纤将开始产生弯曲变形，进一步可导致衰减增加甚至信号不通。低温窗口就是指从光缆温度降低并开始收缩，到光纤刚开始产生弯曲变形时光缆所发生的应变，也就是光纤移动到远离中心加强件一侧松套管壁的时候光缆所发生的应变，也称作收缩余长。

3. 弱导波阶跃光纤芯子和包层的折射指数分别为 $n_1=1.5$，$n_2=1.45$，试计算：

（1）纤芯和包层的相对折射指数差 Δ。

（2）光纤的数值孔径 NA。

答：（1）纤芯和包层的相对折射指数差：

$$\Delta=\frac{n_1-n_2}{n_1}=\frac{1.5-1.45}{1.5}=0.03$$

（2）光纤的数值孔径：

$$NA=\sqrt{n_1^2-n_2^2}=\sqrt{1.5^2-1.45^2}\approx0.384$$

4. 某 2 层绞的 OPGW，其中心线、内绞层单线、外绞层单线的直径均为 3.25mm，单线的抗拉强度为 5466N，内绞层含 2 个层绞式光单元并且不计入抗拉元件，请计算该 OPGW 的额定拉断力（RTS）。

答：抗拉元件：12＋4＋1＝17

额定拉断力：

RTS＝17×5466×0.95(或×0.9)＝88.276k（N）［或＝83.630（kN）］

5. 有一 OPGW 工程，输电线路长度为 88km，OPGW 共 23 盘，两侧引入光缆长度之和为 1km，光纤衰减富余度取 5dB/100km，光单元采用中心铝管结构，光纤余长为 0.6%，OPGW 平均架设高度为 20m，要求在地面上进行光纤接续，光纤成缆后的衰耗为可选 0.19～0.22dB/km，光纤色散值为 17ps/(nm·km)，光接口采用 ITU-TG.957 及 G.691（与同步数字系列有关的设备和系统的光接口）建议的（STM-16）光接口，其相关参数如下：①标称工作波长 1550nm；②S-R 点光允许衰耗范围 10～24dB；③S-R 点最大色散 1600ps/nm。请计算光缆总长、光纤总长，并验证该光中继段的系统能否正常工作。

答：(1) 光缆长度：$88\times10^3+23\times50+1\times10^3=90.15\times10^3$（m）

(2) 光纤长度：$90.15\times10^3\times(1+0.006)=90.69\times10^3$（m）

(3) 光纤衰耗先取 0.22dB/km。

(4) 固定接头：23－1＋2＋2＝26（个），衰耗 0.1dB/个。

(5) 活动接头 4 个，衰耗 0.5dB/个。

(6) 衰减富余度：90.69×5%＝4.53（dB）

(7) 总衰耗：0.22×90.69＋0.1×26＋0.5×4＋4.53＝29.08（dB），不满足。

(8) 光纤衰耗取 0.19dB/km。

(9) 总衰耗：0.19×90.69＋0.1×26＋0.5×4＋4.53＝26.36（dB），也不满足。

(10) 总色散：17×90.69＝1541.73（ps/nm），满足。

结论：该系统由于光纤总衰耗不满足要求，系统不能正常工作，需要加光放。

6. 某 OPGW 中心线直径为 3mm，内绞层单线直径为 3mm，外绞层单线直径为 3mm，该 OPGW 的外径为多少？

答：外径＝中心线直径＋2 个内绞层单线直径＋2 个外绞层单线直径＝3＋2×3＋2×3＝15（mm）

7. 某一G.652光纤的光缆线路中继段，用OTDR测得光纤长度为200km，那么该中继段的光信号在线路中的传输时间为多长？（光纤折射率取1.5）

答：光在光纤中的传输速率为：3÷1.5=2（km/h）

传输时间：200÷2=1(ms)

8. 某一层绞式光单元OPGW，抗拉强度（RTS）设计值为100kN，一般当拉力达到多大时光纤才开始受到拉应力作用？

答：100×40%=40（kN）

9. 在光缆工程验收中，用OTDR从光缆的一端测得某一纤芯接续点衰减为0.1dB，从另一端测试该接续点的衰减为−0.06dB，该接续点的实际光衰减为多少？

答：实际光衰减为：[0.1+(−0.06)]÷2=0.02(dB)

10. 已知阶跃型多模光纤纤芯折射率 $n_1=1.4$，相对折射率差 $2a=50\mu m$，工作波长为 $1.55\mu m$。问：

（1）此光纤的数值孔径 NA 为多少？

（2）光纤的归一化频率 V 为多少？

（3）光纤可以容纳多少个传输模式？

答：（1）数值孔径：

$$NA=n_1\sqrt{2\Delta}=1.4\sqrt{2\times 0.01}=0.198$$

（2）光纤的归一化频率：

$$V=\frac{2\pi}{\lambda}n_1 a\sqrt{2\Delta}=\frac{6.28}{1.55}\times 25\times 1.4\sqrt{2\times 0.01}=20.05$$

（3）传输模式：

$$NS=\frac{V^2}{2}=\frac{20.05^2}{2}=201$$

11. 单模光纤，$2\alpha=8\mu m$，$\lambda=1.55\mu m$，数值孔径 NA 为多大才正常工作？若色散系统 $m=4ps/(km\cdot nm)$，光源谱宽 $\Delta\lambda=4nm$，$L=100km$，则脉冲展宽和带宽各为多少？

答：$V=2\Pi\alpha/x\times NA<2.405$

$NA<2.405\times\lambda/2\Pi\alpha=0.148$

$\Delta t=m\times\Delta\lambda=4\times 4=16ps/km$

脉冲展宽：$\Delta t \times 100 = 1.6$（ns）

带宽：$0.44/\Delta tL = 0.275$（GHz）

12. 入纤光功率 $P_s = 0$dBm，接收灵敏度 $P_r = -36$dBm，设备富余度为 4dB，光缆损耗系数 $\alpha_f = 0.2$dB/km，固定熔接损耗 $\alpha_s = 0.05$dB/km，光缆富余度 $M_c = 0.1$dB/km，只考虑损耗情况下，中继距离是多少？

答：只考虑损耗情况下，中继距离：$L = (P_s - P_r - M_e - 2)/(\alpha_f + \alpha_s + M_c) = (0+36-4-2)/(0.2+0.05+0.1) = 85.71$(km)

13. 光纤纤芯折射率为 $n_1 = 1.5$，用 OTDR 定时装置测得信号从 A 点到 B 点往返的时间为 15μs，A、B 两点的光纤长度是多少？

答：$L = \frac{c}{n_1} \cdot \frac{t}{2} = (3 \times 10^8 \times 15 \times 10^{-6})/(2 \times 1.5) = 1500$(m)

式中：c 为光速；t 为从 A 点到 B 点的往返时间。

14. 有一段长 $L = 50$km 的光纤，在光纤发光端测得光纤发光功率 P_2 为 142.2616mW，在光纤收光端收光功率 P_1 为 8mW，请计算这段光纤的衰减系数。

答：总衰耗：$A(\lambda) = 10\lg \frac{P_1(\lambda)}{P_2(\lambda)}$(dB)

衰耗系数：$\alpha(\lambda) = A(\lambda)/L = \frac{10\lg \frac{P_1(\lambda)}{P_2(\lambda)}}{L}$

$$= \frac{10\lg \frac{8}{142.2616}}{50} = -0.25 \text{ (dB/km)}$$

15. 光波长 $\lambda = 1310$nm，数值孔径 $NA = 0.24$，请计算模场直径。

答：模场直径：$d = \frac{2\sqrt{2}}{\pi} \times \frac{\lambda}{NA} = \frac{2\sqrt{2}}{3.14} \times \frac{1310}{0.24} = 4916$（nm）

16. 一个 622M 单模光纤通信系统，系统中所采用激光器，其标称波长为 1310nm，光脉冲谱线宽度 $\lambda \leqslant 2$nm。发光功率 $P_t = 0$dBm。接收灵敏度 $P_r = -28$dBm。光纤损耗系数 $\alpha_f = 0.2$dB/km，光纤色散系数 $D = 1.8$ps/(km·nm)，则系统所允许的最大中继距离是多少？

答：考虑衰耗影响：$L_a = P_t - P_r/\alpha_f = 0-(-28)/0.2 = 140$（km）

考虑色散的影响：$L_d=\varepsilon\times10^6/B\cdot\Delta\lambda\cdot D$

$$=0.115\times10^6/622.08\times2\times1.8=51.35(\text{km})$$

17. 某光纤通信系统中光源平均发送光功率为－24dBm，光纤线路传输距离为20km，损耗系数为0.5dB/km。

（1）试求接收端收到的光功率为多少？

（2）若接收机灵敏度为－40dBm，试问该信号能否被正常接收？

答：（1）接收端收到的光功率为：$P_o=P_i-P_x=-24-10\lg(20\times0.5)=-34$（dBm）

（2）因为－40dBm＜－34dBm，所以能正常工作。

18. 已知甲乙两地建设了100km的G.652通信光缆，根据设计光缆配盘数为25盘，采用1.55μm波长的激光器，求全程的衰耗量和色散。

答：实际线路衰减P_{sr}的计算公式为

$$P_{sr}=\alpha_f L+A_S N+M_C+2A_C$$

式中：α_f为光缆平均衰减系数，G.652光纤在1550窗口下的衰减取0.22dB/km；L为线路长度，km；N为光缆接头数；A_S为平均光纤接头衰减，取0.1dB；M_C为光缆富余度，取4dB；A_C为活动连接器固定衰减，取0.35dB，则

$$P_{sr}=0.22\times100+9\times0.1+4+2\times0.35=27.6\ (\text{dB})$$

色散值计算公式为

$$D_{sr}=L_d\cdot D_m$$

式中：L_d为线路长度，km；D_m为最大色散系数，ps/(nm·km)，对于G.652光纤，在1550窗口下，取18ps/(nm·km)。则

$$D_{sr}=100\times18=1800\ (\text{ps/nm})$$

19. 设计某2.5G光传输系统，中继段距离为160km，SDH2.5G光板色散指标为2400ps/nm，光缆采用G.652光纤，使用1550nm波长窗口，则该系统色散补偿应不小于多少？

答：G.652光纤在1550nm窗口色散指标为18ps/(km·nm)，160km光缆在1550nm窗口产生的色散为

$$160\times18=2880\ (\text{ps/nm})$$

已知光板色散指标为2400ps/nm，那么该系统色散补偿应不小于（2880－2400)ps/nm＝480ps/nm。

20. 某光传输系统，已知：S 点发光功率 P_S 为 0dBm，R 点接收灵敏度 P_R 为 −27dBm，光通道代价 P_P 为 1dB，光缆富裕度 M_C 为 4dBm，S 点与 R 点之间其他连接器衰减之和 A_C 为 1dB，光缆平均衰减 α_f 为 0.22dB/km（1550nm 窗口），光纤固定接头平均衰减 α_s 为 0.02dB/km。按最坏值设计法试计算该系统衰减受限中继段最大传输距离。

答：该系统衰减受限中继段最大传输距离为

$$L=\frac{P_S-P_R-P_P-M_C-A_C}{\alpha_f+\alpha_s}$$

$$=\frac{0-(-27)-1-4-1}{0.22+0.02}=87.5(\text{km})$$

21. 选择 40/39dB 动态范围的 OTDR，计算它在理想状态下的测试距离。

答：当 $\lambda=1310$nm 时，$L=40\div 0.35=114$（km）

当 $\lambda=1550$nm 时，$L=39\div 0.25=156$（km）

22. 电力通信如何解决高压线或变电站母线发生单相接地故障时的电磁兼容性问题?

答：在断路器动作以前的几十毫秒内，位于变电站中的通信线路上有一端出现地电位升高现象，设备的端子上就会有很高的共模电压，可使设备损坏或危及人身安全。并且，通信电路总有一点不平衡，共模电压也会导致严重损坏通信设备的差模电压出现。目前国内外常采取下列措施进行防护。

（1）线路采用放电器和排流线圈保护。

（2）采用光纤传输技术电磁隔离。

（3）电缆线路采用隔离变压器保护。

（4）电缆采用塑料护套加引流线保护。

（5）控制信号采用平衡电缆和光电隔离技术。

23. 电力通信如何解决由雷电或断路器、隔离开关操作引起的过电压的电磁兼容性问题?

答：雷电可以通过电源线、通信线及天线塔传导到通信设备，也可能使电站地电位升高，在通信设备的输入输出端产生冲击电压。目前国内外常采取下列措施进行防护。

（1）线路采用放电器和排流线圈保护。

（2）采用光纤传输技术电磁隔离。

（3）电缆线路采用隔离变压器保护。

（4）电缆采用塑料护套加引流线保护。

（5）控制信号采用平衡电缆和光电隔离技术。

24. 光纤固定连接主要用于光缆传输线路中光纤的永久性连接。习惯上，称这种连接为光纤接续。它是光缆线路工程中的一项关键性技术，光纤接续质量的优劣不仅直接影响光缆传输损耗的容限及传输距离的长度，而且影响系统使用的稳定性、可靠性。同时由于固定连接点多量大、路长面广，接续工作与工期、效益有着非常重要的意义。因此，对光纤的固定连接提出的要求是什么？

答：对光纤的固定连接提出的要求是：①连接损耗要小，能满足设计要求，且应具有良好的一致性；②连接损耗的稳定性要好，一般接头要求－20～60℃范围内温度变化时不应有附加损耗产生；③具有足够的机械强度和使用寿命；④操作尽量简单，易于操作；⑤接头体积应小，易于放置、保护。

25. 对于要求可拆卸的光纤连接方法，目前都是用机械式连接器来实现的，这种光纤连接器有多种结构，但总的可分为多模和单模两种。对连接器的主要要求有什么？

答：对连接器的主要要求有：①插入损耗即连接损耗要小；②应有较好的重复性和互换性，即无论连接器配套件间，多次插拔和互换配件，仍有较好的一致性；③具有较好的稳定性，连接件紧固后插入损耗稳定，不受气温变化影响；④体积要小、重量轻；⑤材料要有良好温度特性和抗腐蚀等性能；⑥经济性。

26. 请叙述光纤熔接的主要不良状态及其原因。

答：（1）有痕迹。原因是熔接电流太小或时间过短，光纤不在电极组中心或电极组错位、电极损耗严重。

（2）轴向偏离。原因是光纤放置偏离，光纤端面倾斜，V型槽内有异物。

（3）球状。原因是光纤馈送（推进）驱动部件卡住，光纤间隙过大，电流太大。

（4）气泡。原因是光纤端面不平整，光纤端面不清洁。

（5）变粗。原因是光纤馈送（推进）过长，光纤间隙过小。

（6）变细。原因是熔接电流过大，光纤馈送（推进）过少；光纤间隙过大。

27. 普通架空光缆安装的一般要求有哪些？

答：（1）架空光缆垂度的取定，要考虑光缆架设过程中和架设后受到最大负载时产生的伸长率应小于0.2%。

（2）架空光缆可适当的在杆上作伸缩余留。

（3）架空光缆的引上安装方式和要求，杆下用钢管保护防止人为损伤；上吊部位应留有伸缩弯并注意其弯曲半径，以确保光缆因气温变化剧烈状态的安全。

（4）架空光缆应按设计规定措施作防强电、防雷，在光缆与高压线交越时，应将吊线作绝缘处理。应保护光缆与树木接触部位。

（5）光缆牵引张力和弯曲半径应符合规定。

28. OPGW到货后应进行开盘测试，请说明开盘测试的主要内容。

答：（1）应对缆盘进行外观检验，以确保其在运输过程中未遭损坏。

（2）确认光缆盘上的铭牌信息，如盘号、光缆长度、外径及其他详细资料，以确保所交付的材料与采购订单相符。

（3）核对《出厂测试报告》。

（4）开拨光缆。

（5）用OTDR对每盘光缆的每根光纤进行通光检测。

（6）所有盘测以后的光缆必须重新密封以防水汽进入。

（7）盘测中所遇到的任何问题都要及时反映到供货商。

29. OPGW的特性参数有哪些？

答：OPGW的特性参数有：①光纤的根数、类型、光学特性和传输特性；②OPGW的总外径（mm）；③金属导线的承载截面积（mm^2）；④计算单位长度质量（kg/km）；⑤额定拉断力（RTS，kN）；⑥弹性模量（MPa）；⑦热膨胀系数（1/℃）；⑧直流电阻（Ω/km）；⑨最大允许温度范围（℃）；⑩短路电流容量（I^2t，20～200℃，1s，$kA^2 \cdot s$）；⑪最大允许拉力（MAT，kN）；⑫年平均运行张力（EDS，kN）；⑬应变限量（%）；⑭外层的绞向。

30. 工程中，如何测试光纤活动连接器的连接衰减？并简述理由。

答：①用本工程用的光纤跳线连接活动连接器；②用“盲区光纤”连接

光纤跳线，因为采用光时域反射计（OTDR）测试光纤时，要用至少 1km 长的光纤连接在 OTDR 和被测光纤之间，以提高被测光纤端头附近的分辨率；③用OTDR 分别进行两端测试，并取两端测试结果的平均值，作为该光纤的光衰减数值。

31. 光缆线路工程的验收测试包括哪些内容？

答：验收测试包括：①根据竣工资料的配盘情况，掌握光缆盘长情况和接头盒位置；②审阅并验收工程竣工测试资料；③用 OTDR 对每一根光纤进行衰减测试和事件查寻，并核对光纤顺序；④用光源和光功率计对每一根光纤进行全程总衰减测试；⑤填写测试表格；⑥编写测试结论；⑦整理验收测试文件。

32. 简述 OPGW 产品应进行型式试验的情况。

答：应进行型式试验的情况有：①OPGW 产品试制定型鉴定时；②正式生产后，如结构、材料、工艺有较大改变，可能影响产品性能时；③正常生产时，应每三年进行一次；④停产半年以上，恢复生产时；⑤出厂检验结果与上次型式检验有较大差异时；⑥主管质量监督机构提出进行型式检验要求时；⑦大批量产品的买方要求在验收中进行型式检验时。

33. 简述为防止 OPGW 及内部光纤损坏，在施工过程中的安全措施。

答：在施工过程中的安全措施有：①OPGW 在施工放线时受到的拉伸力应不超过 20%RTS；②安装架设时放线导轮直径不得小于 OPGW 直径的 40 倍，且最小直径不得小于 600mm；③安装敷设温度宜不低于－10℃；④采用张力放线，在任何情况下，应避免 OPGW 表面摩擦或受损；⑤采用合适的退扭装置，避免 OPGW 在施工时被过度扭转；⑥应根据配盘表，将 OPGW 敷设安装在指定的区间；⑦OPGW牵引到位后，应尽快紧线和安装防振器，以免 OPGW 振动或舞动造成危害；⑧在 OPGW 安装后，当不能立即接头时，应对光单元端头做密封处理。

34. ADSS 在覆冰情况下弧垂变化极为敏感、在大风情况下风偏角远大于导线，在挂点选择中如何考虑这两个因素？

答：(1) 当采用低挂点时，必须详细校验 ADSS 在覆冰情况下的对地及交叉跨越距离，以及在大风情况下 ADSS 与导线是否会发生鞭击。

（2）高挂方案是通过抬高 ADSS 的挂点，解决 ADSS 在覆冰情况下对地及交叉跨越距离不够的问题，同时还需校验在大风情况下 ADSS 与导线是否会发生鞭击。ADSS 挂在导线上方，高压导线对 ADSS 可起到保护作用，减少人为损害和外力破坏的概率。由于挂点的抬高，会给施工带来一些不便，可通过施工组织措施来解决。

（3）中挂方案的优缺点介乎于高、低挂之间。

35. 光缆线路工程的施工质量记录主要有哪些？

答：光缆线路工程的施工质量记录有：光缆单盘施工质量记录、光缆交叉跨越检查记录、光缆展放施工检查及评级记录、光缆紧线施工检查及评级记录、光缆附件安装施工检查及评级记录、光缆光纤接头衰耗记录、全程光纤传输衰耗测试记录、光缆全程测试曲线、施工照片等。

36. 请叙述不锈钢管光单元层绞式 OPGW 因冰雪灾害造成断裂的机理。

答：不锈钢管光单元层绞式 OPGW 因冰雪灾害造成断裂的机理分三个过程：

（1）光缆在不断的积雪覆冰过程中，光缆纵向受力增大，光缆伸长，光纤逐渐释放余长，当光缆受拉力达到 40%RTS 时光纤开始受力，并且一个光缆盘长的耐张段中，光纤有释放和收缩余长的自由空间，因此在光纤断裂之前，整个耐张段中光纤受力情况是均等的。

（2）当光缆受力接近 100%RTS 时，耐张段中的光纤受力严重，由于光纤表面的微裂纹的存在和扩大，使得以石英玻璃为基础的光纤机械强度逐渐降低，衰耗慢慢增大，光纤的抗疲劳性能和使用寿命已经受到影响。

（3）当光缆受拉力大于 100%RTS 时，光缆断裂，光纤大于筛选应力和应力—应变极限而断裂，终止了该光缆耐张段的寿命，在光纤断裂的瞬间，由于光单元中填充光纤纤膏的阻尼作用，造成了光纤断裂点均在光缆断裂点附近的现象。光缆及光纤断裂后，在光缆耐张段的其他部分，光纤余长再也不能收缩，即光缆中的光纤不但已经受损，而且余长为 0，该光缆耐张段的剩下部分只能报废处理，必须更新。

37. 与超高压（EHV）输电线路相比，特高压（UHV）输电线路具有额定电压高、输电线路长、输送能量大、线路铁塔高、大区域电网联网的特点，那么，这些特点使得作为输电线路组成部分的 OPGW 具有哪些特征？

答：（1）运行条件苛刻。一条输电线路往往要穿越不同的气象区域，地理和环境复杂甚至穿越无人区，通信站间距也长，给中继站设置和运行带来困难。大跨越多、挂点又高，风激振动问题严重。

（2）雷击问题严重。UHV 输电线路容易遭受雷击，雷电流能量也大。

（3）机械性能要求高。大截面和大跨距导致单位长度重量重和结构特殊、综合荷载大，为满足长期安全运行的需要，对光单元的铠装保护要好，安全系数要大，对配套金具的性能要求也高。

（4）电气性能要求高。由于系统的额定电压很高、输电线路又较长，潜供电弧不易很快熄灭，导致重合闸不能很快完成，供电可靠性难以满足要求。

（5）故障后果严重。UHV 输电线路的输送容量很大，电网运行部门对系统的可靠性寄予厚望，OPGW 的故障会使通信中断，导致线路不能正常运行，若导致线路紧急拉闸或故障跳闸，后果极其严重，并且 OPGW 的修复时间会很长。

（6）工程建设特殊。必须在设计、制造、试验、施工等方面继续进行研究，并且由于施工条件差，施工难度大，因此施工方案也特殊。

（7）工程投资大。由原材料、制造设备、配套金具及附件、试验、施工装备、施工进度等因素引起的工程投资要比 EHV OPGW 大很多。

38. 简述层绞式光单元 OPGW 的接续过程。

答：层绞式光单元 OPGW 的接续过程为：①确定光缆预留长度；②用电力塑料带缠绕做记号；③切断多余（或端头）光缆；④用钢锯切断外层绞丝；⑤分离光单元和内层预绞丝；⑥切断内层绞线；⑦清理光单元管的油脂；⑧将中心绞线预留长度后切断；⑨将光缆固定在工作台上；⑩整理光单元管；⑪用钢管切割刀切割钢管；⑫检查接续盒配置及光缆连接适配器尺寸；⑬将准备好的不锈钢管小心地插进接续区；⑭清洗光纤；⑮分纤；⑯光纤端面制备及熔接；⑰固定光缆；⑱OTDR 监测；⑲盘纤，做好光纤保护措施；⑳在接续盒内放置干燥剂和相关内部附件的固定；㉑接续盒封盖及检查；㉒提升接续盒和余缆的处理；㉓固定接续盒；㉔通知 OTDR 监测点，得知熔接衰耗正常后，人员撤离现场。

39. 光缆线路受强电影响的防护有哪些措施？

答：（1）在选择光缆路有时，应与现有干点线路保持一定的隔距，当与之接近时，应计算在光缆金属构件上产生的危险影响，要求不超过有关规定的容许值。

（2）光缆线路与强电线路交越是，宜垂直通过；在困难情况下，其交越角应不小于45°。

（3）光缆接头处两侧金属构件不作电气连通，也不接地。

（4）当上述措施无法满足安全要求时，可增加光缆绝缘外护层的介质强度、采用非金属加强芯或无金属构件的光缆。

（5）在与强电平行地段进行光缆施工或检修时，应将光缆的金属构件作临时接地。

40. 光缆护套（层）的作用是什么？光缆受潮、进水有哪些危害？光缆在结构上是如何防潮、防水的？

答：（1）作用：进一步保护光纤，使光纤能适应于各种场合敷设，具有抗拉、抗压、抗弯曲的作用，同时具有防水、防潮作用。

（2）光缆受潮、进水的危害性：会使光纤受损，表面产生裂纹，降低了光纤的抗拉强度，衰减增大，严重的会导致光纤中断。

（3）防潮、防水措施：选择合适的外护套材料和护层材料，提高护层材料搭接质量；提高护套、护层的防潮、防水性能，选用良好的阻水油膏和纤膏；采用良好的光缆结构，如PE外护套—金属护层—PE内护套—防水填充材料—光纤松套管—油膏—光纤。

41. 在光纤接续操作过程中，施工人员应注意哪些事项？

答：（1）光缆进入接续盒两端必须固定牢靠，加强件一定要牢固固定，避免光缆扭转。

（2）光缆的开剥、清洗、涂层的剥除要规范，防止损伤光纤。

（3）光纤涂覆层剥除后，应彻底擦拭、清洁光纤；必须先清洁后切割，制备好的光纤端面不得有污物、毛刺、倾斜。

（4）端面制作好后，应及时放入熔接机V型槽内，并及时盖好熔接机防尘盖，放入熔接机V型槽时，应注意光纤端面不得触及V型槽底和电极，防止损伤光纤端面。

（5）施工人员应能熟练、规范地操作熔接机和切割刀。

（6）接续盒内余纤盘绕半径应尽可能大，以减小接头处的弯曲损耗。余纤盘绕后应固定可靠，防止出现跳纤现象，严禁在熔纤盘上使用接带等粘固光纤。

（7）做到接续盒防水、防潮措施到位，密封良好。

42. 光缆接头盒内发生的常见故障及发生故障的主要原因有哪些？

答：（1）余纤盘放收容时发生跳纤，跳纤易导致光纤在收容盘边缘或盘上螺丝处被压，造成压伤或压断，导致损耗偏大并中断。

（2）接头盒内的余纤在盘放收容时出现局部弯曲半径过小或光纤扭绞严重，产生较大的弯曲损耗和静态疲劳。

（3）热缩保护管的热缩效果不好，或裸纤长度不合理，未能对裸纤实施有效保护，而发生断纤。

（4）剥除涂层时裸纤受损，长时间后损伤扩大，使得接头损耗增大，严重时会造成断纤。

（5）接头盒密封不严，而受潮或进水，导致光纤损耗增大，甚至发生断纤。

43. 用OTDR测试光纤，后向散射信号曲线的尾端通常会发生以下三种情况：①存在较高的菲涅尔反射峰；②不存在菲涅尔反射峰；③存在鬼影。试分析产生这三种情况的原因。

答：（1）存在较高的菲涅尔反射峰是因为被测光纤的末端端面平整或末端接有活动连接器。

（2）无菲涅尔反射峰是因为被测光纤末端端面破损、不规则，末端产生光线漫射而不引起散射。

（3）存在鬼影是因为被测光纤末端的反射较大，返回到入射端后，由于入射端端面同时存在较大的反射，使部分反射光第二次到达光纤末端，形成鬼影。

44. 光缆接续过程中，操作人员应根据熔接机显示屏上的图形分析判断熔接质量，试分析以下情况形成的原因，并给出处理方法。

答：有关形成原因及其处理方法为：

（1）由于端面灰尘、结露、切断角不良以及放电时间过短引起。熔接损耗较高，需要重新熔接。

（2）由于端面不良或放电电流过大引起。需要重新熔接。

（3）熔接参数设置不当，引起光纤间隙过大。重新设置参数，并重新熔接。

（4）断面不洁或接续操作不良引起，可用“ARC”追加放电，如黑影消失，推算损耗合格，可认为合格，否则需要重新熔接。

45. 叙述 OTDR 进行光纤测试的主要步骤及参数设置要点。

答：OTDR 进行光纤测试可分为参数设置、数据获取和曲线分析三步。人工设置测量参数包括：

（1）波长选择。因不同的波长对应不同的光纤特性（包括衰减、微弯等），1550 波长测试距离更远，1550nm 比 1310nm 光纤对弯曲更敏感，1550nm 比 1310nm 单位长度衰减更小、1310nm 比 1550nm 测的熔接或连接器损耗更高。在实际的光缆维护工作中，一般对两种波长都进行测试、比较。对于正增益现象和超过距离线路均须进行双向测试分析计算，才能获得良好的测试结论。

（2）脉宽设置。脉宽越长，动态测量范围越大，测量距离更长，但在 OTDR 曲线波形中产生盲区更大；短脉冲注入光平低，但可减小盲区。脉宽周期通常以 ns 来表示。

（3）量程设置。OTDR 测量范围是指 OTDR 获取数据取样的最大距离，此参数的选择决定了取样分辨率的大小。最佳测量范围为待测光纤长度的 1.5～2 倍距离。

（4）平均时间。由于后向散射光信号极其微弱，一般采用统计平均的方法来提高信噪比，平均时间越长，信噪比越高。

（5）光纤参数。光纤参数的设置包括折射率、后向散射系数和后向散射系数的设置。折射率参数与距离测量有关，后向散射系数则影响反射与回波损耗的测量结果。这两个参数通常由光纤生产厂家给出。

46. 某地区通信调度通过监控发现，中心站至 A 站点之间的普通架空光缆故障引起 SDH 主干网及信息网业务同时中断，开环运行，请针对该光缆故障叙述处理过程。

答：（1）检修人员查阅光配资料，用 OTDR 进行故障点测试，并通知光缆线路抢修人员准备相关抢修仪器及备品备件。

（2）查阅系统资源，若有迂回通道，及时组织重要业务的迂回倒换，缩短障碍历时。

（3）根据测试结果，查阅光缆路由及配盘资料，定位故障点，通知抢修人员前往该地段查巡。

（4）抢修人员根据故障测试信息，找到光缆故障地点，根据现场情况决定处理方式：

1）光缆中断处距离两端接头盒较远，如果断点两端有足够的余缆，则插入一个接头，否则重新布放光缆插入两个接头。

2）光缆断点距离两端接头盒其中一处较近，插入足够长的光缆，增加一个接头；光缆芯数较大时，首先接通业务占用光纤，然后，再接续空纤。

（5）熔接完成后，与通信调度确认业务恢复情况，业务恢复正常，光纤收容，封接头盒并固定。

（6）OTDR 测试存盘，保存光缆故障有关资料。

47. 光纤故障测试时有下列四种情况：①显示屏上无曲线，有噪声；②曲线末端与中继段距离不符；③曲线末端与中继段总长相符（有三种情况）；④曲线出现高衰点或高衰耗区。请分析这四种情况。

答：第一种情况是故障在盲区。第二情况故障在曲线末端。第三种情况曲线末端有强列菲涅尔反射可能是终端连接器故障。曲线末端无反射可能是光纤末端为自然断面。曲线末端出现较小的反射峰呈一小的突起，可能是光纤出现裂缝，造成损耗大。第四种情况高损耗点处损耗过大，高衰耗区光缆劣化。

48. 图 4-3 是用 OTDR 测试某段光纤得到的后向散射功率曲线示例，图中（a）～（e）所表达的含义是什么？OTDR 上显示的后向散射功率曲线，其横坐标、纵坐标分别表示什么？

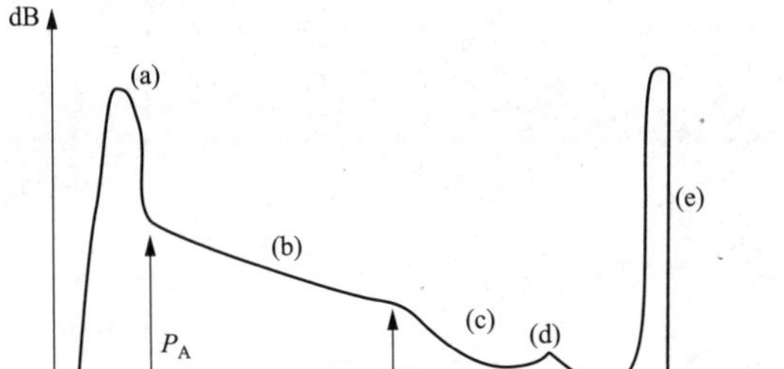

图 4-3

答：（a）是始端盲区：光耦合设备与光纤的端面连接时引起的菲涅耳反射峰。

（b）是光脉冲沿着具有均匀特性的光纤传输时背向瑞利散射曲线。

（c）①如果是接头点应测试反方向的衰耗值；②如果不是光纤接头点是缆身部分就说明该电光纤可能受有应力，如测压、弯曲等产生微弯损耗，如果是第②种原因引起的就是故障点，应及时处理。

（d）是光缆断裂点或气泡引起的反射峰（故障点）。

（e）是光纤终端引起的菲涅尔反射峰。

从曲线上看，盲区是因接头、气泡、裂痕造成，要测盲区的距离，需加一段假纤或从另一端进行测试。

第五章　数 据 网 技 术

一、单选题

1.（　　）是一个有效的 MAC 地址。

A. 00-00-11-11-11-AA；　B. 192.201.63.252；

C. 0000.1234.ADFG；　D. 19-22-01-63-23。

答案：C

2. 在数据网中，我们通过（　　）技术来控制广域网上不同业务间的逻辑隔离。

A. MPLS-VPN；　B. MPLS-TE；　C. VLAN；　D. STP。

答案：A

3. 从生产控制大区（安全Ⅱ区）中采集得到的设备网管数据只能通过（　　）单向输送到管理信息大区（安全Ⅲ区）中存储并展示。

A. 交换机；　B. 路由器；　C. 隔离装置；　D. 防火墙。

答案：C

4. DHCP 服务器的作用是（　　）。

A. 分配 IP 地址等配置；　B. 域名解析；

C. 解析 IP 地址；　D. 实现远程管理。

答案：A

5. IPSec 协议和（　　）VPN 隧道协议工作于网络的同一层次。

A. PPTP；　B. L2TP；　C. GRE；　D. 以上都是。

答案：C

6. 电力调度数据网应当在专用通道上使用（　　）网络设备组网，在（　　）层面上实现与电力企业其他数据网及外部公共信息网的安全隔离。

A. 独立的，应用；　B. 不同的，物理；

C. 独立的，物理；　D. 不同的，应用。

答案：C

7. 访问控制列表，一般无法过滤的是（　　）。

A. 进入和流出路由器接口的数据包流量；

B. 访问目的地址；

C. 访问目的端口；

D. 访问服务。

答案：A

8. 某公司网络的地址是 202.100.192.0/20，要把该网络分成 16 个子网，则对应的子网掩码应该是（　　）。

A. 255.255.240.0；　　B. 255.255.224.0；

C. 255.255.254.0；　　D. 255.255.255.0。

答案：D

9. 某局域网采用 SNMP 进行网络管理，所有被管设备在 15min 内轮询一次，网络没有明显拥塞，单个轮询时间为 0.4s，则该管理站最多可支持(　　)个设备。

A. 18000；　　B. 3600；　　C. 2250；　　D. 22500。

答案：C

10. 对于 TCP SYN 扫描，如果发送一个 SYN 包后，对方返回（　　）表明端口处于开放状态。

A. ACK；　　B. SYN/ACK；　　C. SYN/RST；　　D. RST/ACK。

答案：B

11. 访问控制是指确定（　　）以及实施访问权限的过程。

A. 用户权限；　　B. 可给予访问权利的主体；

C. 可被用户访问的资源；　　D. 系统是否遭受入侵。

答案：B

12. SNMPV2 弥补了 SNMPV1 的（　　）弱点。

A. 安全性；　　B. 数据组织；

C. 性能管理；　　D. 安全性和数据组织。

答案：D

13. SSL-VPN 所采用的封装协议是 SSL（安全套接字层），SSL 协议工作在 OSI 模型的（　　）。

A. 数据链路层；　B. 网络层；　　C. 传输层；　　D. 应用层。

答案：C

14. STP 的基本原理是通过在交换机之间传递一种特殊的协议报文来确定网

络的拓扑结构，（　　）协议将这种协议报文称为“配置报文”。

A. 802.1B；　B. 802.1D；　C. 802.1P；　D. 802.1Q。

答案：B

15. STP 的主要目的是（　　）。

A. 防止“广播风暴”；

B. 防止信息丢失；

C. 防止网络中出现信息回路造成网络瘫痪；

D. 使网桥具备网络层功能。

答案：C

16. STP 拓扑收敛速度较慢，端口必须等待（　　）s 的延迟才能迁移到转发状态。

A. 15；　B. 30；　C. 45；　D. 60。

答案：B

17. SVC 方式中，分配 VC 标签的协议是（　　）。

A. LDP；　B. MP-BGP；　C. RSVP；　D. 手工配置。

答案：C

18. TCP/IP 协议分为四层，分别为应用层、传输层、网际层和网络接口层。不属于应用层协议的是（　　）。

A. SNMP；　B. UDP；　C. TELNET；　D. FFP。

答案：B

19. TCP/IP 协议中，基于 TCP 协议的应用程序包括（　　）。

A. ICMP；　B. SMTP；　C. RIP；　D. SNMP。

答案：B

20. TCP 实现了哪种流量控制方法？（　　）

A. ACK；　B. 套接字；　C. 缓冲技术；　D. 窗口技术。

答案：D

21. TCP 是互联网中的传输层协议，使用（　　）次握手协议建立连接。这种建立连接的方法可以防止产生错的连接。

A. 1；　B. 2；　C. 4；　D. 3。

答案：D

22. TCP 握手中，缩写 RST 指的是（　　）。

A. Reset；　B. Response；　C. Reply State；　D. Rest。

答案：A

23. TELNET 通过 TCP/IP 协议模块在客户机和远程登录服务器之间建立一个（　　）。

A. UDP；　　B. ARP；　　C. TCP；　　D. RARP。

答案：C

24. USB2.0 接口的数据传输率最高可达（　　）Mbit/s。

A. 400；　　B. 480；　　C. 500；　　D. 560。

答案：B

25. VLAN 在现代组网技术中占有重要地位，同一个 VLAN 中的两台主机（　　）。

A. 必须连接在同一交换机上；　　B. 可以跨越多台交换机；

C. 必须连接在同一集线器上；　　D. 可以跨越多台路由器。

答案：B

26. VRRP 协议中虚拟路由器的 priority 范围是（　　）。

A. 0～100；　　B. 0～255；　　C. 0～65535；　　D. 0～128。

答案：B

27. Windows 环境下可以用来修改主机默认网关设置的命令是（　　）。

A. route；　　B. ipconfig；　　C. NET；　　D. NBTSTAT。

答案：A

28. 保留给自环测试的 IP 地址是（　　）。

A. 164.0.0.0；　　B. 130.0.0.0；

C. 200.0.0.0；　　D. 127.0.0.0。

答案：D

29. 不管有没有收到它的下游返回的标签映射消息都立即向其上游发送标签映射消息，这种标签控制模式为（　　）。

A. DU；　　B. 有序；　　C. 自由；　　D. 独立。

答案：D

30. 不能通过（　　）登录设备对系统进行配置。

A. AUX 口；　　B. Telnet；

C. 进入 Bootrom 的方式；　　D. Console 口。

答案：C

31. 出于安全原因，网络管理员需要阻止外网主机 ping 核心网络，（　　）协议需要使用 ACL 来阻止。

A. IP；　　B. ICMP；　　C. TCP；　　D. UDP。

答案：B

32. 从整个 Internet 的观点出发，如何有效地减少路由表的规模？（　　）

A. 增加动态路由的更新频率；　　B. 使用路由过滤策略；

C. 划分 VLAN；　　D. 路由聚合。

答案：D

33. 带有 802.1Q 标记的以太网帧格式中 VLAN ID 占（　　）bit。

A. 8；　　B. 10；　　C. 12；　　D. 14。

答案：C

34. 当部署 QoS 时，对数据流的复杂分类通常部署在网络中的（　　）部分。

A. 边缘接入层；　　B. 汇聚层；　　C. 核心层；　　D. 数据链路层。

答案：A

35. 当路由器接收的 IP 报文的 TTL 值等于 1 时，采取的策略是（　　）。

A. 丢掉该分组；　　B. 将该分组分片；

C. 转发该分组；　　D. 以上答案均不对。

答案：C

36. 当我们与某远程网络连接不上时，就需要跟踪路由查看，以便了解在网络的什么位置出现了问题，满足该目的的命令是（　　）。

A. ping；　　B. ifconfig；　　C. traceroute；　　D. netstat。

答案：C

37. 当主机发送 ARP 请求时，启动了 VRRP 协议的（　　）设备用（　　）MAC 来进行回应。

A. Master 网关，自己的物理；　　B. Master 网关，虚拟；

C. Slave 网关，自己的物理；　　D. Slave 网关，虚拟。

答案：B

38. 对于 RIP 协议，可以到达目标网络的跳数（所经过路由器的个数）最多为（　　）。

A. 12；　　B. 15；　　C. 16；　　D. 没有限制。

答案：B

39. 很多协议使用 PPP 作为上层封装协议，如 L2TP、PPPoE 等，主要是因为 PPP 的（　　）方面优势。

A. 验证能力；　　B. 多协议支持；

C. 点到点特性；　　D. 良好的兼容性。

答案：A

40. 在 MPLS 网络中，决定传送级别和标签交换路径的路由器为（　　）。

A. 标签交换路由器；　　B. 标签边缘路由器；

C. 核心路由器；　　D. 客户边缘路由器。

答案：B

41. 在与 FTP 主机建立连接时，如果没有该主机的有效账号，可以试探使用匿名用户连接。匿名用户名称是（　　）。

A. anli@nbu.；　　B. edu.cn；

C. anonymous；　　D. guest anounymus。

答案：B

42. 在以下网络协议中，（　　）协议属于数据链路层协议。

A. TCP；　　B. UDP；　　C. IP；　　D. VTP。

答案：D

43. 在以下给出的地址中，不属于子网 192.168.64.0/20 的主机地址是（　　）。

A. 192.168.78.171；　　B. 92.168.79.16；

C. 192.168.82.14；　　D. 192.168.66.15。

答案：C

44. 在以太网中，ARP 报文分为 ARP Request 和 ARP Response，其中 ARP Request 在网络是用（　　）方式传送。

A. 多播；　　B. 单播；　　C. 组播；　　D. 广播。

答案：D

45. 在以太网中，是根据（　　）地址来区分不同的设备的。

A. llc；　　B. mac；　　C. ip；　　D. ipx。

答案：B

46. 在一个 B 类网络中，掩码为 255.255.240.0 的 IP 地址中的网络地址和子网地址占用了（　　）位。

A. 18bits；

B. 19bits；

C. 20bits；

D. 在 B 类网络中，这是一个错误子网掩码。

答案：B

47. 在路由器对 IP 包头的合法性验证中，验证数据的有效性的方法是（　　）。

A. IP 校验和；　　B. IP 包处理时间；
C. IP 数据包时间戳；　　D. IP 数据包校验和。
答案：D
48. 在 VLAN QoS 技术中，标记 VLAN 报文的优先级一共有（　　）级。
A. 8；　　B. 16；　　C. 32；　　D. 64。
答案：A
49. 在 OSPF 协议计算出的路由中，（　　）路由的优先级最低。
A. 区域内；　　B. 区域间；
C. 第一类外部；　　D. 第二类外部。
答案：D
50. 在 MPLS VPN 技术中，下列关于 CE 说法不正确的有（　　）。
A. 用户网络边缘设备，有接口直接与服务提供商 SP（Service Provider）网络相连；
B. CE 可以是路由器或交换机，也可以是一台主机；
C. CE“感知”不到 VPN 的存在；
D. 需要支持 MPLS。
答案：D
51. 有一种运行于以太网交换机的协议，能提供交换机之间的冗余链路，同时也能避免环路的产生，网络正常时，阻断备份链路；主用链路 DOWN 掉时，激活备份链路，此协议是（　　）。
A. STP；　　B. VRRP；　　C. MSTP；　　D. GVRP。
答案：A
52. 用（　　）命令可指定下次启动使用的操作系统软件。
A. startup；　　B. boot-loader；　　C. bootfile；　　D. boot startup。
答案：B
53. 应用程序 Ping 发出的是（　　）。
A. TCP 请求报文；　　B. TCP 应答报文；
C. ICMP 请求报文；　　D. ICMP 应答报文。
答案：C
54. 以下协议中支持可变长子网掩码（VLSM）和路由汇聚功能（Route ummarization）的是（　　）。
A. IGRP；　　B. OSPF；　　C. VTP；　　D. RIPv1。
答案：B

55. 以下关于距离矢量路由协议描述中错误的是（　　）。

A. 简单、易管理；　　B. 收敛速度快；

C. 报文量大；　　D. 为避免路由环做特殊处理。

答案：B

56. 以下关于二层交换机的描述，不正确的是（　　）。

A. 解决了广播泛滥问题；　　B. 解决了冲突严重问题；

C. 基于源地址学习；　　D. 基于目的地址转发。

答案：A

57. 以下不属于组播路由协议的是（　　）。

A. PIM；　B. RIP；　C. MSDP；　D. DVMRP。

答案：B

58. 以下不属于故障检测技术的是（　　）。

A. OAM；　B. APS；　C. BFD；　D. FRR。

答案：D

59. 以下不属于动态路由协议的是（　　）。

A. RIP；　B. ICMP；　C. IGRP；　D. OSPF。

答案：B

60. 以下不属于应用层协议的是（　　）。

A. FTP；　B. Telnet；　C. HTTP；　D. ICMP。

答案：D

61. 以下是外部网关路由协议的是（　　）。

A. RIP；　B. OSPF；　C. igrp；　D. bgp。

答案：D

62. （　　）协议能提供一个方法在交换机共享 VLAN 配置信息。

A. VTP；　B. STP；　C. ISL；　D. 802.1Q。

答案：A

63. 推入一层 MPLS 标签的报文比原来 IP 报文多（　　）字节。

A. 4；　B. 8；　C. 16；　D. 32。

答案：A

64. 三层交换中的二层链路不能是（　　）。

A. 802.5；　B. 以太网；　C. ATM；　D. 帧中继。

答案：D

65. 如果以太网交换机中某个运行 STP 的端口不接收或转发数据，接收并发送 BPDU，不进行地址学习，那么该端口应该处于（　　）状态。

A. Blocking；　B. Listening；　C. Learning；　D. Forwarding。

答案：B

66. 如果节点的 IP 地址为 128.202.10.38，子网掩码为 255.255.255.0，那么该节点所在子网的网络地址为（　　）。

A. 128.0.0.0；　B. 128.202.0.0；

C. 128.202.10.0；　D. 128.202.10.38。

答案：C

67. 如果 IP 地址为 202.130.191.33，屏蔽码为 255.255.255.0，那么网络地址是（　　）。

A. 202.130.0.0；　B. 202.0.0.0；

C. 202.130.191.33；　D. 202.130.191.0。

答案：D

68. 如果 Ethernet 交换机一个端口的数据传输速度是 100Mbit/s，该端口支持全双工通信，那么这个端口的实际数据传输速率可以达到（　　）Mbit/s。

A. 50；　B. 100；　C. 200；　D. 400。

答案：C

69. 某公司网络的地址是 202.100.192.0/20，要把该网络分成 16 个子网，则对应的子网掩码应该是（　　）。

A. 255.255.240.0；　B. 255.255.224.0；

C. 255.255.254.0；　D. 255.255.255.0。

答案：D

70. 默认情况下，（　　）路由协议使用带宽和延迟作为度量值。

A. RIP；　B. BGP；　C. OSPF；　D. EIGRP。

答案：D

71. （　　）协议存在路由环路。

A. RIP；　B. BGP；　C. OSPF；　D. IS-IS。

答案：A

72. 路由器网络层的基本功能是（　　）。

A. 配置 IP 地址；　B. 寻找路由和转发报文；

C. 将 MAC 地址解释成 IP 地址；　D. 防病毒入侵。

答案：B

73. 利用交换机可以把网络划分成多个虚拟局域网（VLAN）。一般情况下，交换机默认的 VLAN 是（　　）。

A. vlan0；　　B. vlan1；　　C. vlan10；　　D. vlan1024。

答案：B

74. 快速以太网是由（　　）标准定义的。

A. IEEE 802.1Q；　　B. IEEE 802.3u；

C. IEEE 802.4；　　D. IEEE 802.3i。

答案：B

75. 很多协议使用 PPP 作为上层封装协议，如 L2TP、PPPoE 等，主要看中了 PPP 的（　　）方面优势。

A. 验证能力；　　B. 多协议支持；

C. 点到点特性；　　D. 良好的兼容性。

答案：A

76. TELNET 通过 TCP/IP 协议模块在客户机和远程登录服务器之间建立一个（　　）。

A. UDP；　　B. ARP；　　C. TCP；　　D. RARP。

答案：C

77. 关于配置 OSPF 协议中的 stub 区域，下列说法错误的是（　　）。

A. 骨干区域不能配置成 stub 区域，虚连接不能穿过 stub 区域；

B. 区域内的所有路由器不是必须配置该属性；

C. stub 区域中不能存在 ASBR；

D. 一个区域配置成 stub 区域后，其他区域的 type3LSA 可以在该区域中传播。

答案：B

78. 在配置命令 super password [simple | cipher] password 里，参数 cipher 表示（　　）。

A. 加密显示；　　B. 明文显示；

C. 不显示；　　D. 以上说法都不正确。

答案：A

79. OSPF 的 router-id 无法从（　　）获得。

A. 手工指定；　　B. Loopback 地址；

C. 接口地址；　　D. 随机产生。

答案：D

80. ARP 协议的作用是由 IP 地址请求 MAC 地址，ARP 响应时（　　）

发送。

A. 单播；　　B. 组播；　　C. 广播；　　D. 点播。

答案：A

81. 下列（　　）OSPF 报文中会出现完整的 LSA 信息。

A. HELLO 报文（Hello Packet）；

B. DD 报文（Database DescRIPtion Packet）；

C. LSR 报文（Link State Request Packet）；

D. LSU 报文（Link State Update Packet）。

答案：D

82. 一台 IP 地址为 10.110.9.113/21，主机在启动时发出的广播 IP 是（　　）。

A. 10.110.9.255；　　B. 10.110.15.255；

C. 10.110.255.255；　　D. 255.255.255.255。

答案：B

83. 以下属于内部网关协议的是（　　）。

A. ISIS；　　B. RIP；　　C. OSPF；　　D. BGP。

答案：D

84. 在 SNMP 术语中通常被称为管理信息库是（　　）。

A. MIB；　　B. SQL serve；

C. Information Base；　　D. Oracle。

答案：A

85. 下述论述中不正确的是（　　）。

A. IPV6 具有高效 IP 包头；　　B. IPV6 增强了安全性；

C. IPV6 地址采用 64 位；　　D. IPV6 采用主机地址自动配置。

答案：C

86. IS-IS 分为（　　）层拓扑结构。

A. 2；　　B. 3；　　C. 4；　　D. 5。

答案：A

87. VLAN tag 在 OSI 参考模型的（　　）实现。

A. 物理层；　　B. 数据链路层；

C. 网络层；　　D. 应用层。

答案：B

88. 一个 VLAN 可以看作是一个（　　）。

A. 冲突域；　　B. 广播域；　　C. 管理域；　　D. 阻塞域。

答案：B

89. 下列关于冲突域和广播域的说法中，正确的是（　　）。

A. 冲突域内的所有节点共用同一条传输介质；

B. 交换机可以隔离广播域；

C. 路由器可以隔离广播域，一个冲突域包含一个以上广播域；

D. 一个冲突域内不是所有节点都属于一个广播域。

答案：A

90. ARP 协议报文分为 ARPRequest 和 ARPResponse 两种类型，其中 ARPRequest 报文在网络中使用（　　）方式传送。

A. 多播；　　B. 单播；　　C. 组播；　　D. 广播。

答案：D

91. OSPF 协议中，NBMA 和 point-to-multipoint 网络类型的主要区别是（　　）。

A. NBMA 不支持广播，而 point-to-multipoim 可以；

B. NBMA 可以提供多点访问，而 point-to-multipoint 不可以；

C. NBMA 是基于帧中继协议的，而 point-to-mult 中 oint 只用在 PPP 协议中；

D. NBMA 要求网络是 full-meshed，而 point-to-multipoint 不要求。

答案：D

92. A、B 主机建立了一个 TCP 连接，A 发出对此连接的 FIN 请求，B 回应了 ACK，此时以下描述正确的是（　　）。

A. A 到 B 的 TCP 连接已经完全关闭；

B. A 到 B 的 TCP 连接处于半关闭状态，不能再通过这个 TCP 连接发送、接收数据；

C. A 到 B 的 TCP 连接处于半关闭状态，A 仍然能向 B 发送数据；

D. A 到 B 的 TCP 连接处于半关闭状态，B 仍然能向 A 发送数据。

答案：D

93. 在配置命令 super password [simple|cipher] password 里，参数 cipher 表示（　　）。

A. 加密显示；　　B. 明文显示；

C. 不显示；　　D. 以上说法都不正确。

答案：A

94. 802.11a 最高速率可达 54M，工作在（　　）GHz ISM 频段上。

A. 1；　　B. 2.4；　　C. 5；　　D. 10。

答案：C

95. 下列关于 OSPF 和 BGP 邻居状态机的说法，正确的是（　　）。

A. 当 OSPF 的邻居状态为 FULL 时，表示邻居路由器的 LSDB 中所有的 LSA 本路由器全都有了；

B. 当 OSPF 的邻居状态为 FULL 时，表示本路由器的 LSDB 中所有的 LSA 邻居路由器全都有了；

C. 当 BGP 的邻居状态为 Connect 时，表示已经成功建立了邻居关系；

D. 当 BGP 的邻居状态为 Established 时，表示本路由器已经和相应的邻居交换了 Update 报文。

答案：B

96. 配置访问控制列表，不是必须做的配置是（　　）。

A. 启动防火墙对数据包过滤；　　B. 定义访问控制列表；

C. 制定日志主机；　　D. 在接口上应用访问控制列表。

答案：C

97. 以下路由协议中，属于 IGP 的是（　　）。

A. OSPF、EGP、RIP；　　B. IS-IS、RIP-2、EIGRP、OSPF；

C. BGP、IGRP、RIP；　　D. PPP、RIP、OSPF、IGRP。

答案：B

98. 小于（　　）的端口号已保留与现有的服务一一对应，此数字以上的端口号可自由分配。

A. 199；　　B. 100；　　C. 1024；　　D. 2048。

答案：C

99. 作为一个网络维护人员，对于 OSPF 区域体系机构的原则必须有清楚的了解，下面的论述表达正确的是：（　　）。

A. 所有的 OSPF 区域必须通过域边界路由器与区域 0 相连，或采用 OSPF 虚链路；

B. 所有区域间通信必须通过骨干区域 0，因此所有区域路由器必须包含到区域 0 的路由；

C. 单个区域不能包含没有物理链路的两个区域边界路由器；

D. 虚链路可以穿越 stub 区域。

答案：A

100. DHCP 客户端是使用（　　）目的地址来申请一个新的 IP 地址的。

A. 0.0.0.0；　　B. 10.0.0.1；

C. 127.0.0.1；　　D. 255.255.255.255。

答案：D

101. (　　) 是 MAC 子层的功能。

A. 提供逻辑地址；　　B. 提供硬件地址；

C. 提供流控功能；　　D. 对上层屏蔽下层传输介质。

答案：B

102. 当一台主机从一个物理网络移到另一个物理网络时，以下说法正确的是 (　　)。

A. MAC 地址、IP 地址都不需改动；

B. 改变它的 IP 地址和 MAC 地址；

C. 改变它的 IP 地址，但不需改动 MAC 地址；

D. 改变它的 MAC 地址，但不需改动 IP 地址。

答案：D

103. OSI 七层参考模型的 (　　) 具有如下特性：①在终端网络设备间建立和维护连接；②提供可靠或者不可靠的数据传输；③实施流量控制；④多路复用。

A. 应用层；　　B. 传输层；　　C. 网络层；　　D. 数据链路层。

答案：B

104. (　　) 是一个网络层的协议，它提供了错误报告和其他回送给源点的关于 IP 数据包处理情况的消息。

A. TCP；　　B. UDP；　　C. ICMP；　　D. IGMP。

答案：C

105. 以下关于 TCP 滑动窗口说法正确的是 (　　)。

A. 在 TCP 的会话过程中，不允许动态协商窗口大小；

B. 滑动窗口机制的窗口大小是可变的，从而更有效地利用带宽；

C. 大的窗口尺寸可以一次发送更多的数据，从而更有效地利用带宽；

D. 限制进入的数据，因此必须逐段发送数据，但这不是对带宽的有效利用。

答案：B

106. 192.168.1.127 代表的是 (　　) 地址。

A. 主机；　　B. 网络；

C. 组播、广播；　　D. 以上说法都不完全正确。

答案：D

107. TCP 协议的协议号是（　　），UDP 协议的协议号是（　　）。

A. 23，53；　B. 53，23；　C. 6，17；　D. 17，6。

答案：C

108. 某公司申请到一个 C 类 IP 地址，需要分配给 8 个子公司，最大的一个子公司有 14 台计算机，每个子公司在一个网段中，则子网掩码应设为（　　）。

A. 255.255.255.0；　B. 255.255.255.128；

C. 255.255.255.240；　D. 255.255.255.224。

答案：C

109. 10.1.0.1/17 的广播地址是（　　）。

A. 10.1.128.255；　B. 10.1.63.255；

C. 10.1.127.255；　D. 10.1.126.255。

答案：C

110. （　　）不是 TCP 报文格式中的域。

A. 子网掩码；　B. 序列号；　C. 数据；　D. 目的端口。

答案：A

111. 为了区分各种不同的应用程序，传输层使用（　　）来进行标识。

A. IP 地址；　B. 端口号；

C. 服务接入点（SAP）；　D. 协议号。

答案：B

112. 划分子网是在 IP 地址的（　　）部分。

A. 网段地址；　B. 主机地址；

C. 子网网段；　D. 缺省子网掩码。

答案：B

113. 一个 A 类地址的子网掩码是 255.255.240.0，有（　　）位被用来划分子网。

A. 4；　B. 5；　C. 9；　D. 12。

答案：D

114. 某公司申请到一个 C 类 IP 地址，但要连接 6 个的子公司，最大的一个子公司有 26 台计算机，每个子公司在一个网段中，则子网掩码应设为（　　）。

A. 255.255.255.0；　B. 255.255.255.128；

C. 255.255.255.192；　D. 255.255.255.224。

答案：D

115. 在以太网中，工作站在发送数据之前，要检查网络是否空闲，只有在网络不阻塞时，工作站才能发送数据，是采用了（　　）机制。

A. IP；　　B. TCP；

C. ICMP；　　D. 载波侦听与冲突检测 CSMA/CD。

答案：D

116. 交换机如何知道将帧转发到哪个端口？（　　）

A. 用 MAC 地址表；　　B. 用 ARP 地址表；

C. 读取源 ARP 地址；　　D. 读取源 MAC 地址。

答案：A

117. IEEE 802.1Q 的标记报头镶嵌在以太网报文头部，按照 IEEE 802.1Q 标准，标记实际上嵌在（　　）。

A. 不固定；

B. 源 MAC 地址和目标 MAC 地址前；

C. 源 MAC 地址和目标 MAC 地址后；

D. 源 MAC 地址和目标 MAC 地址中间。

答案：C

118. 路由器是一种用于网络互连的计算机设备，但作为路由器，并不具备的是（　　）。

A. 路由功能；

B. 多层交换；

C. 支持两种以上的子网协议；

D. 具有存储、转发、寻径功能。

答案：B

119. 路由器中时刻维持着一张路由表，这张路由表可以是静态配置的，也可以是（　　）产生的。

A. 生成树协议；　　B. 链路控制协议；

C. 动态路由协议；　　D. 被承载网络层协议。

答案：C

120. 路由算法使用了许多不同的权决定最佳路由，通常采用的权不包括（　　）。

A. 带宽；　　B. 可靠性；　　C. 物理距离；　　D. 开销。

答案：C

121. 路由器作为网络互连设备，下列描述错误的有（　　）。

A. 支持路由协议；

B. 至少具备一个备份口；

C. 至少支持两个网络接口；

D. 协议至少要实现到网络层；

E. 具有存储、转发和寻径功能；

F. 至少支持两种以上的子网协议。

答案：B

122. 当路由器接收的 IP 报文的 MTU 大于该路由器的最大 MTU 时，采取的策略是（　　）。

A. 丢掉该分组；

B. 将该分组分片；

C. 直接转发该分组；

D. 向源路由器发出请求，减小其分组大小。

答案：B

123. （　　）是路由信息中所不包含的。

A. 源地址；　　B. 下一跳；　　C. 目标网络；　　D. 路由权值。

答案：A

124. IGP 的作用范围是（　　）。

A. 区域内；　　B. 局域网内；

C. 自治系统内；　　D. 自然子网范围内。

答案：C

125. 关于矢量距离算法，以下说法错误的是（　　）。

A. 矢量距离算法不会产生路由环路问题；

B. 矢量距离算法是靠传递路由信息来实现的；

C. 路由信息的矢量表示法是（目标网络，metric）；

D. 使用矢量距离算法的协议只从自己的邻居获得信息。

答案：A

126. （　　）表项要由网络管理员手动配置。

A. 静态路由；　　B. 直接路由；

C. 动态路由；　　D. 以上说法都不正确。

答案：A

127. 在 rip 中，metric 等于（　　）为不可达。

A. 8； B. 10； C. 15； D. 16。

答案：D

128. OSPF 使用 IP 报文直接封装协议报文，使用的协议号是（　　）。

A. 23； B. 89； C. 520； D. 170。

答案：B

129. 对 OSPF 协议计算路由的过程，下列排列顺序正确的是（　　）。

a. 每台路由器都根据自己周围的拓扑结构生成一条 LSA。

b. 根据收集的所有的 LSA 计算路由，生成网络的最小生成树。

c. 将 LSA 发送给网络中其他的所有路由器，同时收集所有的其他路由器生成的 LSA。

d. 生成链路状态数据库 LSDB。

A. a-b-c-d； B. a-c-b-d； C. a-c-d-b； D. d-a-c-b。

答案：C

130. OSPF 协议中 LSU 报文的作用是（　　）。

A. 发现并维持邻居关系；

B. 描述本地 LSDB 的情况；

C. 向对端请求本端没有的 LSA，或对端主动更新的 LSA；

D. 向对方更新 LSA。

答案：D

131. OSPF 使用 4 类不同的路由，下列哪种组合正确描述了它们之间的优先顺序？（　　）

a. 区域内路由

b. 自治系统外第一类路由

c. 区域间路由

d. 自治系统外第二类路由

A. a-b-c-d； B. a-b-d-c； C. a-c-b-d； D. b-d-c-a。

答案：C

132. 下面哪种接口的网络类型不能以组播方式发送报文？（　　）

A. Point-to-Point； B. Point-to-MultiPoint；

C. Broadcast； D. NBMA。

答案：D

133. BGP 协议和自治系统之间的正确关系是（　　）。

A. BGP 协议只能被应用在自治系统之间，不能被应用在自治系统内部；

B. BGP 协议是运行在自治系统之间的路由协议，而 OSPF、RIP 及 IS-IS 等协议应用在自治系统内部；

C. BGP 协议通过在自治系统之间传播链路信息的方式来构造网络拓扑结构；

D. BGP 协议不能跨多个自治系统而运行。

答案：B

134. 在 BGP 协议中，用来交换 BGP 版本号、自治系统号、保持时间以及 BGP 标识符等信息的报文是（　）。

A. Open 报文；　　B. Update 报文；

C. keepalive 报文；　　D. Notification 报文。

答案：A

135. BGP 路由器对路由处理过程的正确顺序是（　）。

a. 路由聚合，合并具体路由；

b. 决策过程，选择最佳路由；

c. 从对等体接收路由；

d. 输入策略机，根据属性过滤和设置属性；

e. 输出策略机，发送路由给其他对等体；

f. 加入路由表。

A. c-d-b-a-f-e；　B. c-d-b-f-a-e；　C. c-d-a-b-f-e；　D. c-d-a-f-b-e。

答案：C

136. BGP 在传输层采用 TCP 来传送路由信息，使用的端口号是（　）。

A. 520；　B. 89；　C. 179；　D. 180。

答案：C

137. 在 BGP 协议中，避免环路的方法有（　）。

A. 在路由的 origin 属性中记录路由的起源；

B. 在路由的 AS-Path 属性中记录所有途经的 AS；

C. 在路由的 Next-Hop 属性中记录路由的下一跳；

D. 在路由的 MED 属性中影响另一 AS 的出口选择。

答案：B

138. 以下关于 BGP 邻居说法正确的是（　）。

A. BGP 邻居是协议算法动态发现的；

B. BGP 邻居必须手工配置；

C. BGP 邻居必须在不同的自治系统内；

D. 以上说法都不对。

答案：B

139. 下列关于 VLAN 的描述中，错误选项为（　　）。

A. 一个 VLAN 形成一个小的广播域，同一个 VLAN 成员都在由所属 VLAN 确定的广播域内；

B. VLAN 技术被引入到网络解决方案中来，用于解决大型的二层网络面临的问题；

C. VLAN 的划分必须基于用户地理位置，受物理设备的限制；

D. VLAN 在网络中的应用增强了通讯的安全性。

答案：C

140. 站点 A 和站点 B 分别和交换机的两个端口相连，假设站点 B 没有发送任何报文，则站点 A 给站点 B 发送一个数据报文时，下面说法中正确的是（　　）。

A. 交换机在地址表中找不到 B 的出端口，所以将该报文丢弃；

B. 交换机学到 B 的地址，并将报文发送出去；

C. 交换机学到 A 的地址，并将报文从所有端口广播出去；

D. 交换机学到 A 的地址，并将报文从除接收端口外的其他所有端口广播出去。

答案：D

141. 关于生成树协议的原理描述，错误的是（　　）。

A. 从网络中的所有网桥中，选出一个作为根网桥（Root）；

B. 计算本网桥到根网桥的最短路径；

C. 对每个 LAN，选出离根桥最近的那个网桥作为指定网桥，负责所在 LAN 上的数据转发；

D. 网桥选择若干个根端口，该端口给出的路径是此网桥到根桥的最佳路径。

答案：D

142. 关于生成树根端口的描述，正确的是（　　）。

A. 根端口负责向其相连的网段转发报文；

B. 根端口是通向树根的唯一路径；

C. 根端口到根的距离有可能不是该网桥到根的最短路径；

D. 每个网桥可以有多个根端口，这样在一个根发生故障时，另一个根能够继续转发报文。

答案：B

143. 关于生成树指定端口的描述，正确的是（　　）。

A. 每个网桥只有一个指定端口；

B. 指定端口负责向与其相连的网段转发报文；

C. 指定端口也是通向根的一条路径；

D. 指定端口一般不转发数据报文。

答案：B

144. 生成树的优先级矢量（B，0，B，PortID）中的第四项是指（　　）。

A. 发送端口 ID；　　B. 接收端口 ID；

C. 根端口 ID；　　D. 没有任何实际意义。

答案：A

145. 关于生成树的 Blocking 状态（即 Discarding 状态），描述错误的为（　　）。

A. Blocking 状态可以接收 BPDU 报文；

B. Blocking 状态不接收任何报文；

C. Blocking 状态不学习 MAC 地址；

D. Blocking 状态不能转发数据报文。

答案：B

146. 对边缘端口描述错误的为（　　）。

A. 如果端口直接与终端相连，则该端口可以认为是边缘端口；

B. 如果将与交换机相连的端口配置为边缘端口，则 RSTP 协议会工作不正常；

C. 对于边缘端口，只要收到一个 BPDU 报文，则该端口就会迁移为非边缘端口；

D. 边缘端口在向转发状态迁移时，迁移时间只需要几毫秒。

答案：B

147. Martini 方式中，分配 VC 标签的协议是（　　）。

A. LDP；　　B. MP-BGP；

C. RSVP；　　D. 手工配置。

答案：A

148. STP 的基本原理是通过在交换机之间传递一种特殊的协议报文来确定网络的拓扑结构，（　　）协议将这种协议报文称为“配置报文”。

A、802.1B；　B. 802.1D；　C. 802.1P；　D. 802.1Q。

答案：B

二、多选题

1. 包过滤防火墙的缺点有（　　）。

A. 只根据数据包的来源、目标和端口信息进行判断；

B. 无法识别基于应用层的恶意侵入；

C. 鉴权、授权能力较弱；

D. 对用户的会话没有审计能力。

答案：ABCD

2. 局域网的安全技术包括（　　）。

A. 实行实体访问控制；　　B. 保护网络介质；

C. 数据访问控制；　　D. 计算机病毒防护。

答案：ABCD

3. 从 ISO/OSI 的分层体系结构观点看，X.25 是 OSI 哪三层同等层协议的组合？（　　）

A. 物理层；　　B. 数据链路层；

C. 网络层；　　D. 传输层。

答案：ABC

4. 下面有关 NAT 叙述，正确的是（　　）。

A. NAT 是英文“地址转换”的缩写，又称地址翻译；

B. NAT 用来实现私有地址与公用网络地址之间的转换；

C. 当内部网络的主机访问外部网络的时候，一定不需要 NAT；

D. 地址转换的提出为解决 IP 地址紧张的问题提供了一个有效途径。

答案：ABD

5. 在路由器中，如果去往同一目的地有多条路由，则决定最佳路由的因素有（　　）。

A. 路由的优先级；　　B. 路由的发布者；

C. 路由的 metric 值；　　D. 路由的生存时间。

答案：AC

6. 广域网常见的数据链路层标准有（　　）。

A. HDLC；　　B. PPP；　　C. ISDN；　　D. Frame Relay。

答案：ABDE

7. 若主机 A 需要知道主机 B 的 MAC 地址，则属于 ARP 的工作流程为（　　）。

A. 主机 A 在网络中广播 ARP 请求报文；

B. 主机 B 接收到请求报文后，将自己的 IP 地址到 MAC 地址的映射发送给主机 A；

C. 主机 B 接收到请求报文后，将主机 A 的 IP 地址和 MAC 地址映射存储到自己的 cache 中；

D. 主机 A 缓存主机 B 的 IP 地址到 MAC 地址的映射。

答案：ABCD

8. 国际上负责分配 IP 地址的专业组织划分了几个网段作为私有网段，可以供人们在私有网络上自由分配使用，以下属于私有地址的网段是（　　）。

A. 10.0.0.0/8；　　B. 172.16.0.0/12；

C. 192.168.0.0/16；　　D. 224.0.0.0/8。

答案：ABC

9. 在以太网中，（　　）可以将网络分成多个冲突域，但不能将网络分成多个广播域。

A. 中继器；　　B. 单一 VLAN 交换机；

C. 路由器；　　D. 集线器。

答案：AB

10. 以下关于 MAC 地址的说法，正确的是（　　）。

A. MAC 地址的一部分字节是各个厂家从 IEEE 得来的；

B. MAC 地址一共有 6 个字节，它们从出厂时就被固化在网卡中；

C. MAC 地址也称做物理地址，或通常所说的计算机的硬件地址；

D. 局域网中的计算机在判断所收到的广播帧是否为自己应该接收的方法时，判断帧的 MAC 地址是否与本机的硬件地址相同。

答案：ABC

11. 下面对全双工以太网的描述正确的是（　　）。

A. 可以在共享式以太网中实现全双工技术；

B. 可以在一对双绞线上同时接收和发送以太网帧；

C. 仅可以用于点对点连接；

D. 可用于点对点和点对多点连接。

答案：BC

12. 以下关于 TRUNK 功能的描述，正确的是（　　）。

A. 使用 TRUNK 功能是为了隔离广播；

B. 使用 TRUNK 功能可以方便地实现流量的负荷分担；

C. 使用 TRUNK 功能时，由于网络产生回路，可能会引发网络风暴；

D. 使用 TRUNK 功能可以成倍拓展交换机之间或者与服务器之间的通信带宽。

答案：BD

13. 以下关于以太网交换机的说法，正确的是（　　）。

A. 以太网交换机是一种工作在网络层的设备；

B. 以太网交换机最基本的工作原理就是 802.1d；

C. 生成树协议解决了以太网交换机组建虚拟局域网的需求；

D. 使用以太网交换机可以隔离冲突域。

答案：BD

14. 解决路由环问题的方法有（　　）。

A. 水平分割；　　B. 路由保持法；

C. 路由器重启；　　D. 定义路由权的最大值。

答案：ABD

15. 在路由器中，如果去往同一目的地有多条路由，则决定最佳路由的因素有（　　）。

A. 路由的优先级；　　B. 路由的发布者；

C. 路由的 metirc 值；　　D. 路由的生存时间。

答案：AC

16. 下列关于链路状态算法的说法，正确的是（　　）。

A. 链路状态是对路由的描述；

B. 链路状态是对网络拓扑结构的描述；

C. 链路状态算法本身不会产生自环路由；

D. OSPF 和 RIP 都使用链路状态算法。

答案：BC

17. 关于 RIP 协议，说法正确的有（　　）。

A. RIP 协议是一种 IGP；

B. RIP 协议是一种 EGP；

C. RIP 协议是一种距离矢量路由协议；

D. RIP 协议是一种链路状态路由协议。

答案：AC

18. 关于 RIP V1 和 RIP V2，下列说法正确的是（　　）。

A. RIP V1 报文支持子网掩码；

B. RIP V2 报文支持子网掩码；

C. RIP V2 缺省使用路由聚合功能；

D. RIP V1 只支持报文的简单口令认证，而 RIP V2 支持 MD5 认证。

答案：BC

19. 距离矢量路由协议使用水平分割（split horizon）技术的目的是（　　）。

A. 避免在毗邻路由器之间产生路由环路；

B. 确保路由更新数据报文沿着接收路线方向发送；

C. 与保持间隔（holddown）机制协同工作，为保持间隔的计算提供更多的可靠性；

D. 代替路由中毒（poison reverse）算法。

答案：AC

20. 当接口运行在 RIP-2 广播方式时，它可以接收的报文有（　　）。

A. RIP-1 广播报文；　　B. RIP-1 组播报文；

C. RIP-2 广播报文；　　D. RIP-2 组播报文。

答案：AC

21. 下列哪些类型是 OSPF 对网络拓扑的抽象？（　　）

A. 该接口所连的网段中只有本路由器自己；

B. 该接口通过点到点的网络与一台路由器相连；

C. 该接口通过广播或 NBMA 的网络与多台路由器相连；

D. 该接口通过点到多点的网络与多台路由器相连。

答案：ABCD

22. OSPF 协议中的 Hello 报文的作用是（　　）。

A. 发现并维持邻居关系；

B. 描述本地 LSDB 的情况；

C. 向对端请求本端没有的 LSA，或对端主动更新的 LSA；

D. 选举 DR、BDR；

E. 向对方更新 LSA；

F. 周期性地进行发送，监控链路状态。

答案：ADF

23. NBMA 与点到多点网络类型之间的区别是（　　）。

A. 在 OSPF 协议中，NBMA 是指那些全连通的非广播多点可达网络；而点到多点的网络并不需要一定是全连通的；

B. 点到多点是一种缺省的网络类型，而 NBMA 不是；

C. NBMA 用单播发送协议报文，因此要手工配置邻居，而点到多点是可选的，即可用单播发送，又可用多播发送报文；

D. 在 NBMA 上需要选举 DR、BDR，在点到多点上则不需要。

答案：ACD

24. 对于划分区域的必要性，下列描述正确的是（　　）。

A. 减小 LSDB 的规模；

B. 减轻运行 SPF 算法的复杂度；

C. 缩短路由器间 LSDB 的同步时间；

D. 有利于路由进行聚合。

答案：ABC

25. 对于自治系统边界路由器 ASBR，描述正确的是（　　）。

A. ASBR 是那些将其他路由协议（也包括静态路由和接口的直接路由）发现的路由引入（redistribute）到 OSPF 中的路由器；

B. ASBR 不一定要位于 AS 的边界，而是可以在自治系统中的任何位置（Stub 区除外）；

C. ASBR 为每一条引入的路由生成一条 Type3 类型的 LSA；

D. 若某个区域内有 ASBR，则这个区域的 ABR 在向其他区域生成路由信息时必须单独为这个 ASBR 生成一条 Type 4 类型的 LSA。

答案：ABD

26. 下列关于 Stub 区域的描述，正确的是（　　）。

A. Stub 区域是一种可选的配置属性，每个区域都可配置；

B. Stub 区域是指那些不传播 Type 5 类型（即引入的外部路由）的 LSA 的区域；

C. 该区域的 ABR 生成一条缺省路由（0.0.0.0）传播到区域内；

D. Stub 区域通常位于自治系统边界，是那些只有一个 ABR 的非骨干区域。

答案：BCD

27. 对于 OSPF 支持的报文认证，描述正确的是（　　）。

A. OSPF 支持在相邻路由器之间仅仅支持 MD5 密文验证，不支持明文验证；

B. OSPF 支持在相邻路由器之间支持明文验证（Simple）和 MD5 密文验证；

C. 缺省情况下，不对报文进行验证；

D. 缺省情况下，对报文进行 MD5 验证。

答案：BC

28. 关于 OSPF 协议中的 DR、BDR，下列说法中正确的是（　　）。

A. 在广播型的网络中，如果没有 DR，则协议无法正确运行，但如果没有 BDR，协议仍然可以正确运行；

B. 在一个广播型的网络中，即使只有一台路由器，仍旧需要选举 DR；

C. DR 和 BDR 与本网段内的所有运行 OSPF 协议的路由器建立邻接（adjacency）关系，但 DR 和 BDR 之间不再建立邻接关系；

D. DR 会生成本网段内的 Netwrok LSA（Type=2），但 BDR 不会。

答案：ABD

29. 对于 OSPF 协议中路由器之间的邻接关系（adjacency），下面说法正确的有（　　）。

A. 两台路由器，只要是双向的邻居关系（相互收到了对方的 Hello 报文），就自动成为邻接关系；

B. 两台路由器如果是互为邻接关系，则它们之间的承载网络（underlying network）类型有可能是 Point-to-Point；

C. 两台路由器如果是互为邻接关系，则它们之间的承载网络（underlying network）类型有可能是 Point-to-MultiPoint；

D. 两台路由器如果是互为邻接关系，而且它们之间的承载网络（underlying network）类型是 Broadcast，则必然有一台路由器是 DR 或者是 BDR；

E. 只有两台路由器是互为邻接关系，它们之间才交换 LSA 信息。

答案：BCDE

30. 对于 Network LSA（Type=2），下列描述正确的是（　　）。

A. 这种类型的 LSA 是由 ABR 生成的；

B. 这种类型的 LSA 仅在广播和 NBMA 类型的网络中才有；

C. DR 通过 Network LSA 来描述本网段中所有已经同其建立了邻接关系的路由器；

D. 这种类型的 LSA 传递范围是其所属的整个自治系统。

答案：BC

31. 以下说法中错误的是（　　）。

A. 在一个运行 OSPF 动态路由协议的网络中，一台路由器既可以是 ABR，也可以是 ASBR；

B. 在一个运行 OSPF 动态路由协议的网络中，一台路由器可以是 ABR，但不可以也是 ASBR；

C. 在一个运行 OSPF 动态路由协议的网络中，一台路由器可以是 ASBR，但不可以也是区域内路由器；

D. 在一个运行 OSPF 动态路由协议的网络中，一台路由器可以属于两个或两个以上的区域，但是最多只能作为一个区域的 DR。

答案：BCD

32. BGP 协议中规定了 BGP 的两个邻居：IBGP 对等体和 EBGP 对等体，有关对这些对等体路由的通告描述，正确的是（　　）。

A. BGP 把从 EBGP 获得的路由向 IBGP 对等体通告；

B. BGP 把从 EBGP 获得的路由向 EBGP 对等体通告；

C. BGP 把从 IBGP 获得的路由向 IBGP 对等体通告；

D. BGP 一定会把从 IBGP 获得的路由信息向 EBGP 对等体通告。

答案：AB

33. BGP 协议为了减少自治系统内部连接的复杂程度可以采用的方法有（　　）。

A. 路由聚合；　　B. 建立联盟；

C. 设置反射器；　　D. 提高衰减的惩罚值

答案：BC

34. 在 BGP 路由协议中，UPDATE 消息中必须包含的路径属性有（　　）。

A. ORIGIN；

B. AS _ PATH；

C. NEXT _ HOP；

D. LOCAL _ PREFERENCE；

E. MULTI _ EXIT _ DISC。

答案：ABC

35. 以下关于 BGP 路由反射器，客户机和非客户机关系的说法正确的是（　　）。

A. 如果路由是从非客户机对等体收到的，仅反射给客户机；

B. 如果路由是从客户机对等体收到的，仅反射给非客户机；

C. 如果路由是从客户机对等体收到的，既反射给非客户机，也反射给本群内的所有其他客户机；

D. 如果路由从 EBGP 对等体收到，将把此路由反射给所有的客户机和非客户机对等体。

答案：ACD

36. 下列关于 BGP“联盟”属性的描述，正确的是（　　）。

A. 它将一个自治系统划分为若干个子自治系统，每个子自治系统内部的 IBGP 同伴全连接，并同联盟中其他的子自治系统建立连接；

B. 联盟能很容易地检测到自治系统内部的路由环路；

C. 子自治系统之间及联盟本身与外部自治系统之间使用 EBGP；

D. 下一跳、MED 值和本地优先级等重要信息在穿越子自治系统时都不会丢失。

答案：ABCD

37. 以下关于下一跳属性说法，正确的是（　　）。

A. BGP 在向 IBGP 对等体通告从 EBGP 对等体得来的路由时，不改变下一跳属性；

B. BGP 在向 EBGP 对等体通告路由时，下一跳属性是与本地 BGP 路由器连接的对端路由器的端口地址应改为下一跳是本地路由器端口的地址；

C. 路由信息在同一共享子网上的 BGP 对等体之间传输不会改变下一跳属性；

D. 以上说法都不对。

答案：AC

38. 为了保证同属一个 VLAN 的所有主机都能接收到发往此 VLAN 的广播报文，交换机必须进行的转发操作有（　　）。

A. 将报文从本交换机的所有端口发送出去；

B. 将报文发送给本交换机中同一个 VLAN 中的其他端口；

C. 将报文发送给本交换机的包含这个 VLAN 的所有干道链路；

D. 将报文从本交换机的所有干道链路发送出去。

答案：BC

39. 下列关于 VLAN 标签头的描述，错误的是（　　）。

A. 对于连接到交换机上的用户计算机来说，是不需要知道 VLAN 信息的；

B. 当交换机确定了报文发送的端口后，无论报文是否含有标签头，都会把报文发送给用户，由收到此报文的计算机负责把标签头从以太网帧中删除，再作处理；

C. 连接到交换机上的用户计算机需要了解网络中的 VLAN；

D. 连接到交换机上的用户计算机发出的报文都是未打标签头的报文。

答案：BC

三、判断题

1. 以太网技术是一项应用广泛的技术，按照不同传输速率来分，有 10M、100M、1000M 三类，其中 10M 与 100M 以太网的常用传输介质为双绞线，但 1000M 以太网由于速度过高，传输介质必须用光纤。（×）

2. OSPF 协议采用 IP 协议封装自己的协议数据包，协议号是 89。（√）

3. MAC（Media Access Control）位于网络层和 LLC 子层之间，是上层和下一层的管理层。（×）

4. ASBR 并不一定位于 AS 的边界，它可能是区域内路由器，也可能是 ABR。（√）

5. 在使用无分类域间路由选择 CIDR 时，路由表由“网络前缀”和“下一跳地址”组成查找路由表，可能会得到不止一个匹配结果，这时，应选择具有最长网络前缀的路由。（√）

6. 在 BGP 协议中，避免环路的方法是在路由的 AS-Path 属性中记录所有途径的 AS。（√）

7. 为网络数据交换而制定的规则、约定与标准称之为网络体系结构。（×）

8. 由于 PE 设备众多，数据通信骨干网无法采取全互连方式，在数据通信骨干网内设置全局路由反射器，完成全网路由的发布。（√）

9. OSPF 路由协议使用 DD 报文（Database Description Packet）选举 DR、BDR。（×）

10. 从源主机传输用户发送报文开始，到目的主机传输用户接收到报文为止，经历的时间称之为连接建立延迟。（×）

11. STP 中，拓扑改变消息是从根网桥开始向下发送的。（√）

12. 因为在生成路由表的过程中，OSPF 协议需要进行复杂的 SPF 算法来计算网络拓扑结构，所以相对距离矢量路由选择协议来说，它需要更大的开销，更多的延迟，更高的 CPU 占用率。（×）

13. 交换机的 Trunk 端口在发送数据包时，无论数据包的 VLANID 是否等于 PVID，都会保留 tag 发送。（×）

14. 并发连接数的测试主要用来测试被测防火墙建立和维持 TCP 连接的性能，同时也能通过并发连接数的大小体现被测防火墙对来自于客户端的 TCP 连接请求的响应能力。（√）

15. 计算机端口有 65536 个，0 到 1023 的端口称为注册端口；从 1024 到 49151 称为公认端口；49152 到 65535 为动态和私有端口。（×）

16. 广播域是指本地广播包所能到达的一个网络范围。交换机的所有物理端口不在同一个冲突域，同一 VLAN 的物理端口也不在同一个广播域。(×)
17. 组播应用是基于 UDP 的，因此没有拥塞避免机制，有可能发生报文重复和报文失序的情况。(√)
18. ARP 是一个使用广播的地址解析协议，并且使用了 ARP 高速缓存，原因是使用广播会耗费大量带宽。(√)
19. 制定网络安全管理策略时，一般采用“没有明确表述为禁止的都被认为是允许的”原则来加强对网络安全的保护。(×)
20. 当路由器收到 ARP 请求，而且本路由器又不能解析时，它会转发 ARP 请求到其他路由器。(×)
21. 网络暂时失去连通性比网络中存在临时回路危害更大。(×)
22. 电力通信系统包括传输网、业务网和支撑网。(√)
23. IEEE 1394 目前可用的传输速率是 100Mbit/s。(×)
24. ISDN 是集语音电话、传真、视频会议、数据传输等通信业务于一体综合业务数字网。(√)
25. 不同的运营商，填写 ISP 是不一样的，但其 DNS 地址是一样的。(×)
26. 采用 telnet 进行远程登录维护时，所有发出的命令都是通过明文在网络上传输的。(√)
27. 在 BGP 协议中，对环路避免的方法是在路由的 AS-Path 属性中记录着所有途径的 AS。(√)
28. 交换机工作在 OSI 七层的网络层。(×)
29. 以太网交换机过滤功能所要实现的目的是，通过去掉某些特定的数据帧，提高网络的性能、增强网络的安全性。(√)
30. 由于网状结构具有较高的可靠性，而且资源共享方便，所以局域网大多数采用这种结构。(×)
31. 在 TCP/IP 协议中，TCP 提供可靠的面向连接服务 UDP 提供简单的无连接服务，而电子邮件、文件传送协议等应用层服务是分别建立在 TCP 协议、UDP 协议、TCP 或 UDP 协议之上的。(√)
32. tracert 是一种用来监测网络层连通性的路由跟踪工具。(√)
33. 两台运行 OSPF 协议的路由器正在进行链路状态数据库的同步，从其中一台查看邻居状态机，已经达到 FULL 状态，则可以推断出此时在另一台路由器查看邻居状态机，应该同样达到 FULL 状态。(×)

四、简答题

1. 根据对 VLAN 标签的识别情况，交换机端口可分为哪几种？

答：交换机端口可分为 Access 接口、Trunk 接口、Hybrid 接口和 QinQ 接口四种。

（1）Access 接口。用于连接主机，仅允许与自己 VLAN 标签相同的数据帧通过，与主机交换的数据总是不带 VLAN 标签的。

（2）Trunk 接口。用于连接其他交换机，允许多个 VLAN 的数据帧通过。

（3）Hybrid 接口（部分厂商支持此模式）。既可以连接主机，也可以连接交换机，允许多个 VLAN 的数据帧通过，并且在出接口上可以剥离多个 VLAN 标签。

（4）QinQ 接口。支持 QinQ 协议，允许添加双重标签，即在原有标签的基础上，再添加一层标签。

2. OSPF 协议是如何建立和维护邻居表的？

答：运行 OSPF 协议的路由器通过组播方式发送 Hello 报文来发现邻居。相邻 OSPF 路由器收到 Hello 报文后，查看报文内的参数，若双方一致，则建立邻居关系，形成邻居表，并在邻居表中添加有关该路由器的描述和邻居状态。OSPF 路由器定时向邻居路由器发送 Hello 报文，如果在一定时间内未收到对方的应答报文，则认为该邻居已失效，将其从邻居表中删除。

3. 当网络拓扑发生变化时，OSPF 路由器是如何更新 LSDB 的？

答：当网络拓扑发生变化时，发现变化的路由器会生成并发送链路状态更新报文（LSU 报文）。收到 LSU 报文的路由器会在 LSDB 中查找此条 LSA，如果没有找到，则把它添加到 LSDB 中；如果有，则用更新报文的序列号与本地报文比较，序列号大，则路由器更新 LSA 及其序列号，序列号小，则被丢弃。此外，LSDB 中的 LSA 都被设定了老化时间，如果在老化时间内未被更新，则 LSA 被老化并丢弃。

4. LSA3 类、LSA5 类能不能汇总？在哪里汇总？为什么？

答：LSA3 只能在 ABR 处，且是 LSA1/LSA2 转换为 LSA3 时，做汇总，即最初产生 LSA3 时做汇总，其他位置则不能做汇总。LSA5 只能够在产生 LSA5 的 ASBR 处做汇总。如果是在 NSSA 区域中，产生 LSA7 的 ASBR，则可以对 LSA7 汇总，也可以在发生 7/5 转换的位置对 LSA5 汇总。在区域内无法对 LSA3/LSA5 汇总，仅能够在边界上产生 LSA3/5 的位置做汇总。

5. IS-IS 邻居建立的条件有哪些？

答：IS-IS 邻居建立的条件有：①L1 路由器只能和同区域的 L1、L1/2 路由器建立邻居；②L2 路由器可以和 L2、L1/2 路由器建立邻居（同区域或不同区域都可以）；③两端接口掩码可以一致；④网络类型一致；⑤认证一致；⑥参数 mtu 一致；⑦参数 system id 不一致；⑧参数 cost-style 一致。

6. 简述 IS-IS 广播网络中，LSDB 同步的过程。

答：（1）新加入的路由器首先发送 Hello 报文，与该广播域中的路由器建立邻居关系。

（2）邻居关系建立起来，并在选举出 DIS 后，路由器等待 LSP 定时器超时然后将自己的 LSP 发送往组播地址：Level-1 是 01-80-C2-00-00-14，Level-2 是 01-80-C2-00-00-15，即网络上所有的邻居都将收到该 LSP。

（3）本网段中的 DIS 会把该路由器的 LSP 加入到 LSDB 中，等待 CSNP 报文定时器超时并发送 CSNP 报文，进行该网络内的 LSDB 同步。CSNP 报文的发送间隔缺省值为 10s。

（4）其他路由器收到 DIS 发来的 CSNP 报文，对比自己的 LSDB 数据库，发送 PSNP 报文请求自己没有的 LSP。

（5）DIS 收到该 PSNP 报文请求后发送对应的 LSP 进行 LSDB 的同步。

7. 什么是 BGP 同步？什么情况下可以关闭同步？

答：同步是指 IBGP 和 IGP 之间的同步，其目的是避免误导外部自治系统的路由器。如果设置了同步特性，在 IBGP 路由加入表并发布给 EBGP 对等体之前，会先检查 IGP 路由表。只有在 IGP 也知道这条 IBGP 路由时，它才会被加入到路由表，并发布给 EBGP 对等体。

在下面的情况中，可以安全地关闭同步特性：

（1）本自治系统不是过渡 AS。

（2）本自治系统内所有路由器建立 IBGP 全连接。

8. 什么是 BGP 团体属性？

答：团体属性（Community）是一组有相同特征的目的地址的集合。团体属性用一组以4字节为单位的列表来表示，设备中团体属性的格式是aa：nn或团体号。

（1）aa：nn：aa和nn的取值范围都是0～65535，管理员可根据实际情况设置具体数值。通常aa表示自治系统AS编号，nn是管理员定义的团体属性标识。例如，来自AS100的一条路由，管理员定义的团体属性标识是1，则该路由的团体属性格式是100：1。

（2）团体号：团体号是0～4294967295的整数。RFC1997中定义，0（0x00000000）～65535（0x0000FFFF）和4294901760（0xFFFF0000）～4294967295（0xFFFFFFFF）是预留的。团体属性用来简化路由策略的应用和降低维护管理的难度，利用团体可以使多个自治系统中的一组BGP设备共享相同的策略。团体是一个路由属性，在BGP对等体之间传播，且不受自治系统的限制。BGP设备在将带有团体属性的路由发布给其他对等体之前，可以先改变此路由原有的团体属性。

对等体组可以使一组对等体共享相同的策略，而团体可以使一组路由共享相同的策略。除了使用公认的团体属性外，用户还可以使用团体属性过滤器过滤自定义扩展团体属性，以便更为灵活的控制路由策略。

9. MPLS-VPN中的PE连接多个CE，每个CE对应一个实例，PE如何对实例进行区分？

答：使用Route Distinguisher（简称RD）对实例进行区分。RD用于区分使用相同地址空间的IPv4前缀，增加了RD前缀的IPv4地址称为VPN-IPv4（即VPNv4地址）。RD为64位长的数，加在32位IPv4路由前面。RD前缀为每个本地VPN实例定义时都不一样，以保证本地每个注入的VPN路由在VPNv4表中都唯一。RD或者是与自治系统号（ASN）相关的，在这种情况下，RD是由一个自治系统号和一个任意的数组成；或者是与IP地址相关的，在这种情况下，RD是由一个IP地址和一个任意的数组成。

10. MPLS可以使用哪几种标签发布协议？

答：（1）LDP（Label Distribution Protocol）是专为标签发布而制定的协议。LDP根据IGP（Interior Gateway Protocol）、BGP（Border Gateway Protocol）路由信息通过逐跳方式建立LSP。

（2）MP-BGP（Multiprotocol Border Gateway Protocol）是在BGP协议基础上扩展的协议。MP-BGP支持为MPLS VPN业务中私网路由和跨域VPN的标签路由分配标签。

（3）RSVP-TE（Resource Reservation Protocol Traffic Engineering）是对 RSVP 的扩展，用于建立基于约束的 LSP。它拥有普通 LDP LSP 没有的功能，如发布带宽预留请求、带宽约束、链路颜色和显式路径等。

11. 简述基本 MPLS L3VPN 的应用中报文的转发过程。

答：在基本 MPLS L3VPN 应用中（不包括跨域的情况），VPN 报文转发采用两层标签方式：

第一层（外层）标签在骨干网内部进行交换，指示从 PE 到对端 PE 的一条 LSP。VPN 报文利用这层标签，可以沿 LSP 到达对端 PE。

第二层（内层）标签在从对端 PE 到达 CE 时使用，指示报文应被送到哪一个 CE。这样，对端 PE 根据内层标签可以找到转发报文的接口。

五、综合分析题

1. 案例场景：在通信数据网 MPLS-VPN 承载网中，新增了两个站点 CE1、CE2，他们同在一个 VPNA 里；PE1、PE2 分别与 RR 建立 BGP 关系，拓扑图如下：

VPNA-CE1——ospf——PE1——P——RR——P——PE2——ospf——VPNA-CE2

故障现象：

PE1、PE2 的 VRF（路由实例），各自收到本端 CE1、CE2 的路由并且 ping 通；但是 CE1 与 CE2 之间业务无法互通。

（1）请分析故障原因。

（2）请描述处理过程。

（3）请描述通信数据网 MPLS-VPN 生产网中处理流程及注意事项。

答：（1）故障原因：

1）有可能两台 PE 没有把各自 CE 的路由注入 BGP。

2）有可能两台 PE 没有与 RR 建立的邻居，没有相应地址族。

3）有可能两台 PE 面向骨干的接口没有启用 mpls。

4）有可能两台 PE 面向骨干的 LSP 没有建立成功。

（2）处理过程：

1）检查 PE 的路由的操作，VRF 内 ospf import-route bgp ，bgp ip vpn-instance import ospf process id。

2）检查 PE 与 RR 的邻居，是否包含 vpn-v4 的地址，dis bgp peer vpnv4，来辅助检查，RR 侧是否配置 cluster-id。

3）两台 PE 面同骨干接口，逐一排查接口，是否包含 mpls。

4）两台 PE 面同骨干设备（PE-P-RR）是否已建立好 LDP 邻居。

（3）通信数据网 MPLS-VPN 生产网中处理流程及注意事项为：

1）RD、RT 值不要配置错误。

2）BGP 号不要配置错误。

3）OSPF 号不要错误。

4）IP 地址不要配置错误。

5）VPN 的 router-ID 应用 LOOPBCAK 地址。

2. 拓扑图及 IP 地址配置要求如下：

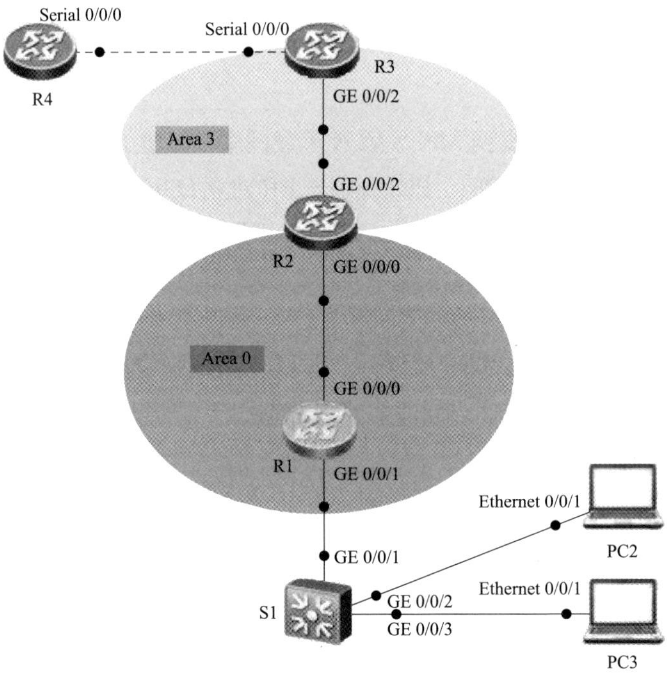

设备	接口	IP 地址	设备	接口	IP 地址
R1	Loopback0	1.1.1.1/32	R3	Loopback0	3.3.3.3/32
	Gi0/0/0	172.21.12.0/30		S 0/0/0	172.21.34.0/30
R2	Loopback0	2.2.2.2/32		Gi0/0/2	172.21.23.0/30
	Gi0/0/0	172.21.12.0/30	R4	Loopback10	202.96.199.133/30
	Gi0/0/2	172.21.23.0/30		S 0/0/0	172.21.34.0/30

PC2 配置：IP 地址 192.168.2.1/24，网关 192.168.2.254；

PC3 配置：IP 地址 192.168.3.1/24，网关 192.168.3.254。

请进行以下配置：

(1) S1 为一台二层交换机，Gi0/0/0/2 接口为 VLAN20，用于连接 PC2；Gi0/0/3 为 VLAN30，用于连接 PC3，要求 PC2 和 PC3 能够互相 ping 通。

(2) 对 OSPF 路由进行优化，减小 R3 路由表。

(3) R3 用于连接因特网路由器 R4，在 R3 上配置默认路由，R4 上配置 PC2 和 PC3 所在网段的静态路由，要求 PC2 和 PC3 能够 ping 通因特网地址 202.96.199.133。

(4) 对 R1 进行 SNMP 协议配置，要求只读密码为 huawei123，只有 PC2 可以通过 SNMP 对 R1 进行管理。

答：

<table>
<tr><th>设备</th><th>构成</th></tr>
<tr><td rowspan="4">基础配置</td><td>系统名称</td></tr>
<tr><td>接口配置</td></tr>
<tr><td>OSPF 的 area 配置</td></tr>
<tr><td>OSPF network 配置</td></tr>
<tr><td rowspan="2">SW1</td><td>interface GigabitEthernet0/0/2
port link-type access
port default vlan 20
interface GigabitEthernet0/0/3
port link-type access
port default vlan 30</td></tr>
<tr><td>interface GigabitEthernet0/0/1
port link-type trunk
port trunk allow-pass vlan 20 30</td></tr>
<tr><td>R1</td><td>interface GigabitEthernet0/0/1.20
dot1q termination vid 20
ip address 192.168.2.254 255.255.255.0
interface GigabitEthernet0/0/1.30
dot1q termination vid 30
ip address 192.168.3.254 255.255.255.0</td></tr>
<tr><td>R1</td><td>acl number 2000
rule 5 permit source 192.168.2.1 0
rule 10 deny
snmp-agent community read huawei123 acl 2000</td></tr>
<tr><td>R2</td><td>ospf 1
area 0.0.0.0
abr-summary 192.168.0.0 255.255.252.0</td></tr>
<tr><td rowspan="2">R3</td><td>ospf 1
default-route-advertise
import-route static</td></tr>
<tr><td>ip route-static 0.0.0.0 0.0.0.0 172.21.34.2</td></tr>
<tr><td>R4</td><td>ip route-static 192.168.0.0 255.255.252.0 172.21.34.1</td></tr>
</table>

3. OSPF 路由协议的各类型 LSA 是怎么防环的?

答：区域内 LSA1/LSA2 的防环机制是指，路由器根据 LSA1/LSA2 画出的区域内的网络结构，然后通过 dijkstra 算法构建出 SPF 树，即从当前节点到所有其他节点的最短路径成本树，建树的过程就消除了环路。LSA 3 是在区域间传递网络路由信息的，特定区域结构（非 0 区域围着区域 0）及区域边界处的水平分割规则限制从一个区域出来的 LSA3 不会流回到源区域，避免 LSA3 路由所致的环路。LSA4 的防环方式和 LSA3 基本一致。区别在于 LSA3 传达的是到目标网段的路径信息；而 LSA4 传达的是到目标路由器的路径开销信息。LSA5 是依赖于 LSA3 和 LSA4 来防止环路和选择最优路径。LSA5 在 OSPF 网络中传递时，没有区域边界的限制，所以 LSA3 的防环规则对 LSA5 不适用。LSA5 是否进入路由表，是否导致环路，依赖于 LSA3 或 LSA4。LSA5 有 forwarding-address 字域，非 0.0.0.0 值参看对应的 LSA3 的选路信息；0.0.0.0 值则根据 LSA4 来选路。只要 LSA3、LSA4 不出现环路，LSA5 就不会出现环路。

4. 加快 OSPF 收敛速度有哪些常用方式?

答：（1）配置 OSPF 路由的收敛优先级。配置 OSPF 路由的收敛优先级后，OSPF 路由可以按照优先级来计算和泛洪 LSA、同步 LSDB，从而提高路由收敛速度。当一个 LSA 满足多个策略优先级时，最高优先级生效。OSPF 依次按区域内路由、区域间路由、自治系统外部路由顺序进行 LSA 计算，该命令可以计算 OSPF 的收敛优先级。收敛优先级的优先级顺序为：critical＞high＞medium＞low。为了加速处理高优先级的 LSA，泛洪过程中，需要按照优先级将相应的 LSA 分别存放在对应的 critical、high、medium 和 low 的队列中。

（2）配置接口的 Smart-discover 功能。路由器的邻居状态或者多址网络（广播型或 NBMA）上的 DR、BDR 发生变化时，需要等到 Hello 定时器到时才会向邻居发送 Hello 报文，影响了设备间建立邻居的速度。配置 Smart-discover 后，一旦网络中邻居状态或者 DR、BDR 发生变化时，设备不必等到 Hello 定时器到就可以立刻主动地向邻居发送 Hello 报文。从而提高建立邻居的速度，达到网络快速收敛的目的。

（3）配置 LSA 更新时间间隔和 LSA 接收时间间隔。在网络相对稳定、对路由收敛时间要求较高的组网环境中，可以指定 LSA 更新时间间隔和 LSA 接收时间间隔为 0，使得拓扑或者路由的变化可以立即通过 LSA 发布到网络中并立即被接收，从而加快网络中路由的收敛速度。

（4）利用 STUB 或者 NSSA 等特殊区域可以减少 LSA 的条目，或者使用 3 类或者 5 类汇总命令，降低明细路由频繁变化带来的路由振荡。

5. 在 IS-IS 广播网络中，CSNP 是周期性发送吗？为什么？

答：在 IS-IS 广播网络中，CSNP 是周期性发送的。CSNP 由 DIS 每 10s 间隔发送，DIS 把其 LSDB 中所知 LSP 的头部信息用 CSNP 向外通告，保证网络上所有路由器和 DIS LSDB 同步。DIS 对收到的 LSP，将其放在自己 LSDB 中，并在间隔（10s）到期后，发送 CSNP（包含 LSDB 中所有 LSPID），其他路由器收到含该 LSP ID 的 CSNP，相当于收到确认消息。CSNP 周期发送能保证网络上所有路由器能在尽量短的时间和 DIS 数据库一致。每台路由器收到 DIS 发来的 CSNP 报文，对比自己的 LSDB 数据库，如果有没有的 LSP ID 出现，发送 PSNP 报文请求自己没有的 LSP。

此外，IS-IS 广播网络使用的是不同于 OSPF 的全互联的同步过程，每个路由器都和其他路由器形成邻接关系，如果每个路由器都要像 P2P 链路上使用 PSNP 确认，机制复杂且低效。所以 IS-IS 采用了不单独确认，而由 DIS 集中反复发送 LSDB LSP ID 列表的方式，让每个路由器每隔一段时间了解到要同步到的内容及状态。这种机制高效且快速。

6. OSPF 和 IS-IS 的区别有哪些？

答：（1）基本特性的比较。OSPF 只支持 IP 环境，IS—IS 支持 IP 环境和 CLNP 环境。OSPF 报文封装在 IP 报文中，协议号 89，IS—IS 报文直接封装在链路层数据帧中。OSPF 基于接口划分区域，多区域设计，是以 area0 为中心层次设计，IS—IS 基于路由器划分区域。OSPF 支持 P2P、广播、NBMA、P2MP、虚链路网络类型，IS—IS 支持广播和 P2P 网络类型。

（2）邻接关系的比较。OSPF 邻接关系只有一种，IS—IS 邻接关系分成 level-1 和 level-2 邻接关系。OSPF 的 DR 和 IS—IS 的 DIS 作用相似，但也有一定区别。DIS 支持抢占，优先级 0 也可以成为 DIS 且没有备份 DIS。OSPF 广播网络中的普通路由器之间不能形成邻接关系，IS—IS 广播网络中所有路由器之间都能形成邻接关系。

（3）链路状态数据库同步过程的比较。OSPF 的 LSA 种类很多，IS—IS 的 LSP 只有路由器 LSP 和伪节点 LSP。OSPF 的 LSA 的生存周期从 0 递增，IS—IS 从最大值递减。OSPF 的 LSA 种类很多，数据库结构复杂，定位故障困难；IS—IS 的 LSP 只有路由器 LSP 和伪节点 LSP，数据库结构简单，定位故障容易。

（4）路由计算过程的比较。OSPF 将前缀作为 SPF 的节点；IS—IS 将前缀作为叶子（叶子发生变化时可以用 PRC 来更新叶子而不需要进行 SPF 计算）。OSPF 的接口开销根据接口带宽变化（0～65535），IS—IS 的接口开销值缺省相同。

（5）性能及扩展能力的比较。OSPF 支持按需拨号链路，IS—IS 不支持。IS—IS 采用 TLV 结构，扩展性更好。

7. BGP 域内解决 iBGP 全互联的方法有哪些？

答：BGP 域内解决 iBGP 全互联的方法有路由反射器（RR）和联盟。

（1）路由反射器是指同一集群内的客户机只需要与该集群的 RR 直接交换路由信息，因此客户机只需要与 RR 之间建立 IBGP 连接，不需要与其他客户机建立 iBGP 连接，从而减少了 iBGP 连接数量。这不仅简化了设备的配置，也减轻了网络和 CPU 的负担。RR 突破了“从 iBGP 对等体获得的 BGP 路由，BGP 设备只发布给它的 EBGP 对等体”的限制，并采用独有的 Cluster _ List 属性和 Originator _ ID 属性防止路由环路。

RR 向 iBGP 邻居发布路由规则如下：从非客户机学到的路由，发布给所有客户机。从客户机学到的路由，发布给所有非客户机和客户机（发起此路由的客户机除外）。从 EBGP 对等体学到的路由，发布给所有的非客户机和客户机。

Cluster _ List 属性是指路由反射器和它的客户机组成一个集群（Cluster），使用 AS 内唯一的 Cluster ID 作为标识。为了防止集群间产生路由环路，路由反射器使用 Cluster _ List 属性，记录路由经过的所有集群的 Cluster ID。当一条路由第一次被 RR 反射的时候，RR 会把本地 Cluster ID 添加到 Cluster List 的前面。如果没有 Cluster _ List 属性，RR 就创建一个。当 RR 接收到一条更新路由时，RR 会检查 Cluster List。如果 Cluster List 中已经有本地 Cluster ID，丢弃该路由；如果没有本地 Cluster ID，将其加入 Cluster List，然后反射该更新路由。Originator _ ID 属性是由 RR 产生，使用的 Router ID 的值标识路由的始发者，用于防止集群内产生路由环路。当一条路由第一次被 RR 反射的时候，RR 将 Originator _ ID 属性加入这条路由，标识这条路由的发起设备。如果一条路由中已经存在了 Originator _ ID 属性，则 RR 将不会创建新的 Originator _ ID 属性。当设备接收到这条路由的时候，将比较收到的 Originator ID 和本地的 Router ID，如果两个 ID 相同，则不接收此路由。

（2）联盟（Confederation）是处理 AS 内部的 iBGP 网络连接激增的另一种方法，它将一个自治系统划分为若干个子自治系统，每个子自治系统内部建立 iBGP 全连接关系，子自治系统之间建立 EBGP 连接关系，从而减少了 iBGP 连接数量。

8. 请分析 MPLS VPN 的三种跨域方式。

答：RFC4364 中提出了三种跨域 VPN 解决方案，分别是跨域 VPN-OptionA 方式、跨域 VPN-OPtipmB、跨域 VPN-OptionC 方式。

跨域 VPN-OptionA（Inter-Provider Backbones Option A）方式：需要跨域的 VPN 在 ASBR 间通过专用的接口管理自己的 VPN 路由，也称为 VRF-to-VRF。

跨域 VPN-OptionB（Inter-Provider Backbones Option B）方式：ASBR 间通过 MP-EBGP 发布标签 VPN-IPv4 路由，也称为 EBGP redistribution of labeled VPN-IPv4 routes。

跨域 VPN-OptionC（Inter-Provider Backbones Option C）方式：PE 间通过 Multi-hop MP-EBGP 发布标签 VPN-IPv4 路由，也称为 Multihop EBGP redistribution of labeled VPN-IPv4 routes。

（1）跨域 VPN-OptionA 方式。跨域 VPN-OptionA 是基本 BGP/MPLS IP VPN 在跨域环境下的应用，ASBR 之间不需要运行 MPLS，也不需要为跨域进行特殊配置。这种方式下，两个 AS 的边界路由器 ASBR 直接相连，ASBR 同时也是各自所在自治系统的 PE。两个 ASBR 都把对端 ASBR 看作自己的 CE 设备，使用 EBGP 方式向对端发布 IPv4 路由。

（2）跨域 VPN-OptionB 方式。跨域 VPN-OptionB 中，两个 ASBR 通过 MP-EBGP 交换它们从各自 AS 的 PE 设备接收的标签 VPN-IPv4 路由。

跨域 VPN-OptionB 方案中，ASBR 接收本域内和域外传过来的所有跨域 VPN-IPv4 路由，再把 VPN-IPv4 路由发布出去。但 MPLS VPN 的基本实现中，PE 上只保存与本地 VPN 实例的 VPN Target 相匹配的 VPN 路由。因此，可以在 ASBR 上配置需要通过该 ASBR 传递路由的 VPN 实例，但不绑定任何接口。

如果 ASBR 上没有配置对应的 VPN 实例，可采取以下两种方法：

1）ASBR 对标签 VPN-IPv4 路由进行特殊处理，让 ASBR 把收到的 VPN

路由全部的保存下来，而不管本地是否有和它匹配的 VPN 实例。

采用该方案时，需要注意：

a. ASBR 之间不对接收的 VPN-IPv4 路由进行 VPN Target 过滤，因此，交换 VPN-IPv4 路由的各 AS 服务提供商之间需要就这种路由交换达成信任协议；

b. VPN-IPv4 路由交换仅发生在私网对等点之间，不能与公网交换 VPN-IPv4 路由，也不能与没有达成信任协议的 MP-EBGP 对等体交换 VPN-IPv4 路由。

这种方案的优点是所有的流量都经过 ASBR 转发，使流量具有良好的可控性，但 ASBR 的负担重。

2）使用 BGP 路由策略（如对 RT 的过滤）控制 VPN-IPv4 路由信息的收发。

（3）跨域 VPN-OptionC 方式。前面介绍的两种方式都能够满足跨域 VPN 的组网需求，但这两种方式也都需要 ASBR 参与 VPN-IPv4 路由的维护和发布。当每个 AS 都有大量的 VPN 路由需要交换时，ASBR 就很可能阻碍网络进一步的扩展。

解决上述问题的方案是：ASBR 不维护或发布 VPN-IPv4 路由，PE 之间直接交换 VPN-IPv4 路由。

1）ASBR 通过 MP-iBGP 向各自 AS 内的 PE 设备发布标签 IPv4 路由，并将到达本 AS 内 PE 的标签 IPv4 路由通告给它在对端 AS 的 ASBR 对等体，过渡自治系统中的 ASBR 也通告带标签的 IPv4 路由。这样，在入口 PE 和出口 PE 之间建立一条 BGP LSP。

2）不同 AS 的 PE 之间建立 Multihop 方式的 EBGP 连接，交换 VPN-IPv4 路由。

3）ASBR 上不保存 VPN-IPv4 路由，相互之间也不通告 VPN-IPv4 路由。

为提高可扩展性，可以在每个 AS 中指定一个路由反射器 RR，由 RR 保存所有 VPN-IPv4 路由，与 AS 的 PE 交换 VPN-IPv4 路由信息。两个 AS 的 RR 之间建立 MP-EBGP 连接，通告 VPN-IPv4 路由。

第六章　终端通信接入网技术

一、单选题

1. EPON 网络规划设计中，对光功率影响最大的器件是（　　）。

A. 光缆类型；　B. 法兰盘；　C. 分光器；　D. 接续盒。

答案：C

2. 无源光网络的双向传输技术中，采用（　　）方式实现上行信号和下行信号被调制为不同波长的光信号在同一根光纤上传输。

A. 空分复用；　B. 波分复用；　C. 码分复用；　D. 副载波复用。

答案：B

3.（　　）是一种可以将一路光信号分成多路光信号以及完成相反过程的无源器件。

A. POS（无源光分路器）；　B. OLT（光线路终端）；

C. ONU（光网络单元）；　D. ODN（光分配网络）。

答案：A

4. EPON 的国际标准是（　　）。

A. ITU-T G. 984；　B. IEEE 802. x；

C. IEEE 802. 3ah；　D. ITU-T G. 982。

答案：B

5. EPON 网络规划设计中，对光功率影响最大的器件是（　　）。

A. 光缆类型；　B. 法兰盘；　C. 分光器；　D. 接续盒。

答案：C

6. 在 EPON 中，ONU 是根据（　　）来判断并接受 OLT 发的数据。

A. MAC；　B. LLID；　C. Port ID；　D. Alloc-ID。

答案：B

7. EPON 系统采用的编码方式是（　　）。

A. NRZ 扰码；　B. 8B/10B 编码；

C. 卷积码；　　　　　　　　　　　D. Turbo 码。

答案：B

8. 在 EPON 系统中，解决 ONU 的注册冲突的方案是（　　）。

A. 配置 ONU 注册优先级；　　　　　B. TDMA；

C. 随机延迟时间法；　　　　　　　D. 测距。

答案：C

9. 下面关于 EPON 技术的论述，错误的是（　　）。

A. 应用了点对多点的传输和接入技术；

B. 下行采用时分多址方式，上行采用广播；

C. 动态带宽分配；

D. 组网拓扑，可以灵活组成星型、树型、总线型等。

答案：B

10. GPON 对于其他的 PON 标准而言，下行速率高达（　　），其非对称特性更能适应宽带数据业务市场。

A. 2.5Gbit/s；　　　　　　　　　B. 10Gbit/s；

C. 1Gbit/s；　　　　　　　　　　D. 622Mbit/s。

答案：A

11. GPON 中，无源光分路器目前的分支比最大可达到（　　）。

A. 1∶8；　　B. 1∶16；　　C. 1∶64；　　D. 1∶128。

答案：D

12. GPON 网络中，支持的最大逻辑距离为（　　）km，支持最大物理距离差为（　　）km。

A. 50，30；　　B. 30，20；　　C. 60，30；　　D. 60，20。

答案：D

13. GPON 网络中，同一个 PON 口下两个 ONU 设备的最大物理距离差为（　　）km。

A. 15；　　B. 20；　　C. 25；　　D. 30。

答案：B

14. OLT 在字段（　　）给每个 ONU 分配上行时隙，那么所有的 ONU 就可以按照一定的秩序发送自己的数据，不会因为争夺时隙而产生冲突。

A. upstream bandwidth map；　　　B. downstream bandwidth map；

C. Plend；　　　　　　　　　　　D. GTC。

答案：A

15. OMCI 消息是用于 OLT 和 ONT 之间的管理层的消息，消息格式固定为（　　）字节。

A. 48；　　B. 53；　　C. 64；　　D. 128。

答案：B

16. 以下关于 GPON 技术的说法中，错误的一项是（　　）。

A. GPON 下行采用广播方式；

B. GPON 上行采用 TDMA 的方式；

C. GPON 具有更高的带宽和分光比，但牺牲了其传输距离；

D. GPON 是一种 P2MP 技术。

答案：C

17. 在 OLT 设备中，风扇框中配置有风扇监控板，可以检测出风扇是否正常工作，并提供接口和主控板通信，定时将监测信息通过风扇监控班传送到主控板。这个是风扇的（　　）功能。

A. 监控；　　B. 散热；　　C. 调速；　　D. 冷却。

答案：A

18. 有关 OLT 的说法，正确的是（　　）。

A. 通常放置在中心机房；　　B. OLT 即光网络终端；

C. 通常放置在用户侧；　　D. 无源光分路器。

答案：A

19. 下列哪种情况下，ONU 设备的业务全部中断？（　　）

A. power 灯常亮；　　B. PON 灯常亮；

C. LOS 灯亮；　　D. LAN 灯常亮。

答案：C

20. ODN 馈线光缆为光分配网中从光线路终端 OLT 侧紧靠 S/R 接口外侧到（　　）的光纤链路。

A. 第二级分光器的入口；

B. 光网络单元 ONU 线路侧 R/S 接口间；

C. 第一级光分路器的支路口；

D. 第一个分光器主光口入口连接器前。

答案：D

21. OLT PON 口发送光功率范围为（　　）dBm。

A. －2.5～7；　　B. －1～4；

C. －2～9；　　D. －3～8。

答案：A

22. 如何解决同一 OLT 下，同一 VLAN 内，不同 ONU 下同网段业务互通的方法是（　　）。

A. 使用 standard 类型 VLAN；

B. 使用 ARP 代理功能；

C. 使用 super VLAN 做三层接口；

D. 关闭二层隔离开关。

答案：B

23. FTTx＋LAN 业务是一种利用（　　）接入技术，从城域网的节点经过网络交换机和集线器将网线直接接入用户家，形成大规模的高速局域网，通过宽带资源共享方式，为用户提供 FTTx，网线到用户的宽带接入业务。

A. 光纤；　　B. 光纤加五类线；

C. 普通电话线；　　D. 同轴电缆。

答案：B

24. 光接入网一般是由一个点到多个点的光传输系统，主要由光网络单位（ONU）、（　　）、光分配网络（ODN）和适配功能块等组成。

A. PON；　　B. AON；　　C. APON；　　D. OLT。

答案：D

25. 在光接入网中，根据（　　）放置位置不同，可分为光纤到路边、光纤到大楼、光纤到家庭、光纤到办公室四种基本应用类型。

A. ODN；　　B. AON；　　C. OLT；　　D. ONU。

答案：D

26. APON 是采用（　　）传输方式的 PON。

A. 电路交换；　　B. 分组交换；

C. 帧中继；　　D. 异步转移模式。

答案：D

27. 以智能天线为基础的多址方式是（　　）。

A. 频分多址（FDMA）；　　B. 时分多址（TDMA）；

C. 码分多址（CDMA）；　　D. 空分方式（SDMA）。

答案：D

28. 以下多址技术中，相同频率、相同时间，以不同码片分割用户地址的多址方式是（　　）。

A. FDMA；　　B. TDMA；　　C. CDMA；　　D. SDMA。

答案：C

29. 无线电波传播特性中，由于多径传播，会产生（　　）而造成接收信号的随机起伏。

A. 掉话；　　B. 盲区；　　C. 损耗；　　D. 衰落。

答案：D

30. GPON 系统中，OLT 通过（　　）维护通道对终端设备进行配置和维护。

A. OMCI；　　B. OAM；　　C. TR069；　　D. SNMP。

答案：A

31. 无线信号在自由空间的衰落情况是：传播距离每增大一倍，信号强度减小（　　）dB。

A. 2；　　B. 3；　　C. 6；　　D. 9。

答案：C

32. 宽带移动无线接入技术主要有第 3 代移动通信（3G）和（　　）。

A. GSM；　　B. CDMA；　　C. AMPS；　　D. WLAN。

答案：D

33. 一发射机发射功率为 10W，天线增益 10dB，馈线损耗 5dB，则有效辐射功率为（　　）dBW。

A. 45；　　B. 25；　　C. 15；　　D. 5。

答案：C

34. 天线主瓣最大功率与后瓣最大功率的比值称为天线的（　　）。

A. 前后比；　　B. 最大增益；　　C. 额定功率；　　D. 等效功率。

答案：A

35. WLAN 中采用的 UNII 频段是指（　　）频段。

A. 900MHz；　　B. 2.5GHz；　　C. 4GHz；　　D. 5.2GHz。

答案：D

36. WLAN 采用的 IEEE 802.11g 标准工作在（　　）频段上。

A. 900MHz；　　B. 2.5GHz；　　C. 4GHz；　　D. 5.2GHz。

答案：B

37. 无线局域网的 MAC 协议是（　　）。

A. CSMA/CD；　　B. TDMA；　　C. CSMA/CA；　　D. CSMA/CS。

答案：C

38. 关于 WLAN 主要工作过程的描述，不正确的是（　　）。

A. 扫频就是无线工作站发现可用的无线访问点的过程；

B. 关联过程用于建立无线工作站与访问点之间的映射关系；

C. 当无线工作站从一个服务区移动到领一个服务区时，需要重新扫频；

D. 无线工作站在一组 AP 之间移动并保持无缝连接的过程叫做漫游。

答案：C

39. LMDS 业务是一种以（　　）方式提供的宽带接入业务。

A. 点到点；　　B. 网状型；　　C. 广播；　　D. 总线型。

答案：C

40. “最后一公里”可理解为（　　）。

A. 局端到用户端之间的接入部分；

B. 局端到用户端之间的距离为 1 公里；

C. 数字用户线为 1 公里；

D. 数字用户线为 1 公里。

答案：A

41. 线径为 0.5mm 的电缆芯线，其每千米单线电阻为（　　）Ω。

A. 75；　　B. 95；　　C. 160；　　D. 220。

答案：B

42. G.902 定义的接入网是传统意义上的接入网，区别于（　　）定义的 IP 接入网。

A. CCITT；　　B. ITU-T；　　C. Y.1231；　　D. TMN。

答案：C

43. IP 接入网位于 IP 核心网和用户驻地网之间，它由（　　）来定界的。

A. RP；　　B. Q3；　　C. UNI；　　D. SNI。

答案：A

44. IP 接入方式可分为直接接入方式、隧道方式、路由方式和（　　）方式。

A. LMDS；　　B. Bluetooth；　　C. GPRS；　　D. MPLS。

答案：D

45. IP 接入网按接入速率分为窄带 IP 接入和宽带 IP 接入，根据接入技术不同，宽带 IP 接入分为 xDSL、FTTx＋LAN 和（　　）等有线接入方式。

A. 双绞铜线；　　B. Bluetooth；　　C. GPRS；　　D. Cable Modem。

答案：D

46. 局域网需要 MPLS VPN 的主要原因是（　　）。

A. 为提高交换速度；

B. 实现基于网络层的访问控制隔离；

C. 实现 VPN 加密；

D. 降低网络管理复杂度。

答案：B

47. GPON 的（　　）协议定义了其网络中传输的指针结构、ONU 注册、DBA 实现。

A. G. 984. 1；　　B. G. 984. 2；　　C. G. 984. 13；　　D. G. 984. 4。

答案：C

48. OLT 在（　　）字段来给每个 ONU 分配上行时隙。

A. upstream bandwidth map；　　B. downstream bandwidth map；

C. DBRU；　　D. GTC。

答案：A

二、多选题

1. 目前基于 PON 的实用技术主要有（　　）。

A. APON；　　B. DPON；

C. EPON/GEPON；　　D. GPON。

答案：ACD

2. PON 系统中多点 MAC 控制层功能有（　　）。

A. 协调数据的有效发送和接收 ONU；

B. 自动注册；

C. DBA；

D. 测距和定时。

答案：ABCD

3. 点到多点的光接入方式有（　　）。

A. EPON；　　B. GPON；　　C. APON；　　D. FPON。

答案：AB

4. ONU 主要完成的系统功能有（　　）。

A. 选择接收 OLT 发送的广播数据；

B. 响应 OLT 发出的测距及功率控制命令，并作相应的调整；

C. 对用户的以太网数据进行缓存，并在 OLT 分配的发送窗口中向上行方向发送；

D. 其他相关的以太网功能。

答案：ABCD

5. OLT 主要完成的系统功能有（　　）。

A. 向 ONU 以广播方式发送以太网数据发起并控制测距过程，并记录测距信息；

B. 发起并控制 ONU 功率控制；

C. 为 ONU 分配带宽，即控制 ONU；

D. 发送数据的起始时间和发送窗口大小。

答案：ABCD

6. EPON 系统的动态带宽分配技术（DBA）实现的功能有（　　）。

A. OLT 和/或 ONU 检测带宽需求和拥塞情况；

B. 报告带宽需求/拥塞情况给 OLT；

C. OLT 根据带宽请求和合约情况更新带宽分配；

D. OLT 根据更新后的带宽发布授权。

答案：ABCD

7. EPON 系统中常见的分光器有熔锥型和平面波导型，以下描述正确的是（　　）。

A. 平面波导型分光均匀，熔锥型分光均匀性较差；

B. 平面波导型对传输波长不敏感，熔锥型较敏感；

C. 分路数少时，平面波导型比熔锥型成本高；

D. 平面波导型比熔锥型插损低。

答案：ABCD

三、判断题

1. DBA 是 OLT 和 ONU 之间的动态分配协议，它可以起到提高系统上行带宽利用率以及保证业务公平性和 QoS 的作用。（√）

2. EPON 的上行帧是个复合帧，包含多个变长数据包和同步标签。（×）

3. EPON 技术中下行采用的是广播的方式，每个 ONU 都会接收 OLT 发送的所有数据。（×）

4. EPON 技术中下行数据采用广播技术、上行数据采用 TDMA 技术。（√）

5. EPON 系统上下行数据分别在一对光纤上传输，互不干扰。（×）

6. ODN、ONU 都是无源设备。（×）

7. OLT 接收到 ONU 发出的注册请求帧后，响应注册请求，OLT 根据 ONU 注册请求中包含的 ONU MAC 地址进行认证，如果认证通过就分配 LLID。（√）

8. 在 EPON 系统中采用光纤保护倒换机制，光纤保护倒换可分为半自动倒换和强制倒换。（×）

9. ONU PON 口的发送光功率可以使用传统的光功率计直接连接测量。（×）

10. PON、OLT、ONU 分别是无源光网络、光线路终端、光网络单元的简称。（√）

11. 在 1∶32 的分光比条件下，现有 EPON 系统支持最大传输距离是 10km。（×）

四、简答题

1. 若 EPON 语音不通，从哪几个方面进行检查？

答：若 EPON 语音不通，应从以下几方面进行检查：查 ONU 上的 H248 或 MGCP 注册状态；查看语音端口的服务状态；查看软交换和 EPON 设备两端的 TID 配置是否一致，在软交换上面跟踪信令分析。

2. 什么是 DBA？作用是什么？

答：DBA 全称为 Dynamically Bandwidth Assignment，即动态带宽分配，是一种能在微秒或毫秒级的时间间隔内完成对上行带宽的动态分配机制。其作用为：①提高 PON 端口的上行线路的带宽利用率；②可以在 PON 上增加更多的用户；③用户可以享受更高带宽的服务特别是突变带宽。

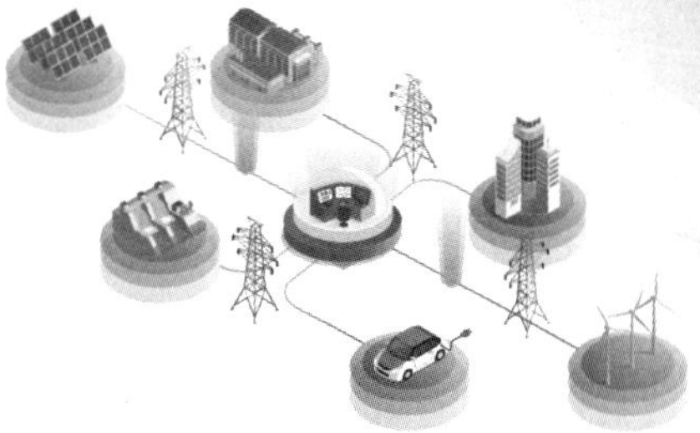

第七章 高清视频会议系统

一、单选题

1. QCIF 的像素是（　　）。

A. 352×288；　　B. 704×576；

C. 176×144；　　D. 1080P（1920×1080）。

答案：C

2. H.323 是个协议集，（　　）属于该协议集的视频协议。

A. H.261/H.263/H.264；

B. G.711/G.722/G.723；

C. T.120/H.239；

D. H.245/H.225RAS/H.225。

答案：A

3.（　　）音频技术所需带宽小于 8kHz。

A. G.719、G.722.1C、G.722；　　B. G.728；

C. G.723.1、G.729；　　D. G.711。

答案：C

4.（　　）是超级双流技术。

A. H.239；　　B. H.235；　　C. PONC；　　D. LPR。

答案：C

5. 720p 以上：分辨率达到（　　）以上，逐行扫描 25～60 帧/s，为国际高清视频标准。

A. 352×288；　　B. 704×576；

C. 720P（1080×720）；　　D. 1080P（1920×1080）。

答案：C

6. 下面各图中，（　　）是 DVI 端子。

A

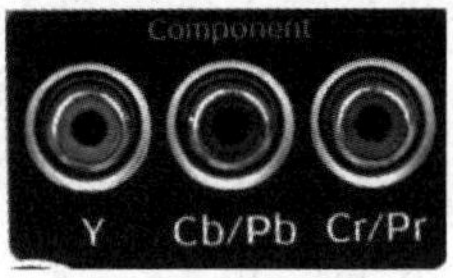

B

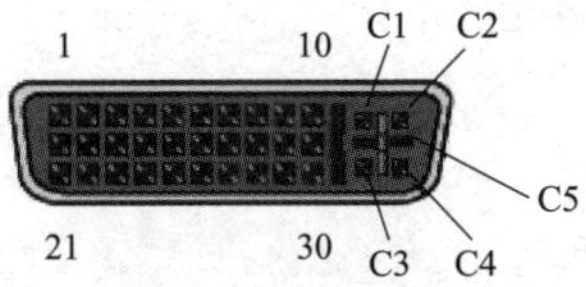

C

D

答案：C

7. 严格落实电视电话会议系统（　　）的技术措施，制订切实可行的应急预案，并进行突发情况下的应急操作演练，提高值机人员应对突发事件的保障能力。

A. 一主一备；　B. 一主两备；　C. 两主一备；　D. 两主两备。

答案：B

8. 会议电视系统支持的最高视频格式为（　　）。

A. 1080P60；　B. 720P；　C. 4CIF；　D. 1080I。

答案：A

9.（　　）接口可以同时传送视音频信号。

A. RGB；　B. VGA；　C. YUV；　D. HDMI。

答案：D

10. 6. H. 264 编码的视频帧有（　　）三种。

A. A、Q、P；　B. B、I、P；　C. C、Q、B；　D. T、C、B。

答案：B

11. 单个 4E1 端口最大支持带宽为（　　）M。

A. 2；　B. 4；　C. 6；　D. 8。

答案：D

12. H. 323 Gatekeeper 的基本功能不包括（　　）。

A. 地址解析；　B. 网段限制；　C. 带宽管理；　D. 区域管理。

答案：B

13. 如果需要使用同一接口输出主、辅流图像，则该接口视频输出配置应勾选（　　）配置项。

A. 显示本端主流；

B. 显示本端主流、显示远端主流；

C. 显示本端主流、显示远端主流、显示 H. 239；

D. 显示 H. 239。

答案：C

14. 会议电视终端 9039S 的 LAN2 口的作用不包含（　　）。

A. 用于主业务；

B. 本地登录终端配置，抓包；

C. 用于和 LAN1 口作主备倒换；

D. 用于做 LAN1 口的负载分担。

答案：D

15. 会议电视终端 9039S 视频输出口使用的是 DVI 转 HDMI 接线，则其输出模式应配置为（　　）。

A. DVI；　　B. DVI＋YPbPr；

C. DVI（AUDIO）；　　D. DVI＋VGA。

答案：C

16. 使用会议电视终端 9039S 诊断功能中“色条测试”时输出的图像是（　　）。

A. 本地图像；　　B. 华为 LOGO；

C. 彩条纹；　　D. 调色板。

答案：C

17. 会议电视终端不支持的呼叫方式有（　　）。

A. IP 地址呼叫；　　B. MAC 地址呼叫；

C. 会场名呼叫；　　D. 会场号码呼叫。

答案：B

18. 会议电视终端 9039A 不支持的音频协议有（　　）。

A. G. 711；　　B. G. 722；

C. MP3；　　D. AAC-LD。

答案：C

19. 下面关于终端无法发送辅流的说法，不正确的是（　　）。

A. 终端和摄像机间视频线故障；

B. PC 分辨率不适合；

C. PC 与终端之间 VGA 线损坏；

D. 没有按发送辅流键。

答案：A

20. 终端与 GK 之间进行通信使用的是（ ）协议。

A. SIP； B. H. 323； C. TIP； D. EIGRP。

答案：B

21. 以下描述正确的是（ ）。

A. 高清会议电视终端无法与标清会议电视终端通信；

B. 高清会议电视终端必须注册到 GK 上才能进行通信；

C. 高清会议电视终端支持远程控制摄像头；

D. 高清会议电视终端 Web 页面密码不能为空。

答案：C

22. 下面关于会议电视终端 9039S 说法，不正确的是（ ）。

A. 会议电视终端支持 IP、E1、4E1 以及 3G 网络接入；

B. 发送的辅流只能是电脑桌面，不能是活动的图像；

C. 终端支持媒体和信令加密；

D. 1 个会议最多支持 24 组多画面，会场可观看不同的多画面。

答案：B

23. 双流会议设置中会议电视终端要在会议参数中勾选（ ）。

A. h. 323； B. h. 235； C. h. 239； D. h. 264。

答案：C

24. 典型会议电视终端初始 IP 是（ ）。

A. 192. 168. 1. 1； B. 192. 168. 2. 1；

C. 172. 16. 21. 114； D. 172. 16. 21. 110。

答案：A

25. RTP 协议的作用是（ ）。

A. 会议控制； B. 实时传输；

C. 呼叫信令； D. 媒体控制。

答案：B

26. RTCP 协议的作用是（ ）。

A. 码流传输； B. 呼叫信令；

C. 能力集； D. 传输控制。

答案：D

27. 可以实现视频编解码的协议是（ ）。

A. H. 225； B. H. 245； C. H. 281； D. H. 264。

答案：D

28. GK 向受理终端发送注册请求的确认消息是（　　）。

A. GCF；　　B. RCF；

C. ACF；　　D. UCF。

答案：B

29. 视频会议中，为降低回声，建议选择下列哪种类型的麦克风？（　　）

A. 全向型；　　B. 单指向型；

C. 双指向型；　　D. 与麦克风类型无关。

答案：B

30. VPC620 摄像机支持的 SDI 接口标准为（　　）。

A. SD-SDI；　　B. HD-SDI；　　C. 3G-SDI；　　D. 以上都不对。

答案：C

31. 本地终端或远端终端无法通过 IP 地址相互呼叫，下列说法错误的是（　　）。

A. 本地在私网内，远端在公网或另一个私网内，未正确设置 NAT 参数；

B. 本地或远端注册 GK 失败；

C. 本地或远端网络断开；

D. 本地或远端所注册的 GK 不允许通过 IP 地址呼叫。

答案：B

32. 在视频会议中，（　　）音频协议效果最好。

A. G. 711；　　B. G. 722；　　C. G. 728；　　D. AAC _ LD。

答案：D

33. 在 H. 323 体系中，节点注册 GK 使用的通信端口为（　　）。

A. 1719；　　B. 1720；　　C. 5060；　　D. 5000。

答案：A

34. 关于辅流和音视频之间的关系，描述错误的是（　　）。

A. 一般来说，辅流使用的编解码协议和普通的视频相同；

B. 一般来说，辅流的效果要比主流的效果差；

C. 辅流也可以在主流通道上传输；

D. 在多点视频会议中，主流可以和辅流组成多画面。

答案：C

35. 使用会议电视终端 9039S 诊断功能中的音频自环测试项时，音频信号的流向是（　　）。

A. 麦克风→音频输出→音频输入→扬声器；

B. 麦克风→音频输入→音频输出→扬声器；

C. 扬声器→音频输入→音频输出→麦克风；

D. 音频输出→音频输入→扬声器→麦克风。

答案：B

36. 使用会议电视终端 9039S 诊断功能中的视频自环测试项时，视频信号的流向是（　　）。

A. 摄像机→视频输入→视频输出→TV；

B. 摄像机→视频输出→视频输入→TV；

C. TV→视频输入→视频输出→摄像机；

D. 无固定顺序。

答案：A

37. 使用会议电视终端 9039S 诊断功能中的视频远端环回测试项时，视频信号的流向是（　　）。

A. 摄像机→视频输入→视频输出→编码→解码→TV；

B. 摄像机→视频输入→编码→网络→解码→视频输出→TV；

C. 摄像机→视频输入→网络→编码→解码→视频输出→TV；

D. 无固定顺序。

答案：B

38. 使用会议电视终端 9039S 诊断功能中的音频远端环回测试项时，音频信号的流向是（　　）。

A. 麦克风→音频输出→编码→解码→网络→音频输入→扬声器；

B. 麦克风→音频输入→编码→网络→解码→音频输出→扬声器；

C. 扬声器→音频输入→编码→解码→网络→音频输出→麦克风；

D. 音频输出→音频输入→编码→解码→网络→扬声器→麦克风。

答案：B

39. 关于会议电视终端 9039S 的远端视频环回测试项主要作用，描述错误的是（　　）。

A. 确认视频数据在网络上是否正常传输；

B. 判断远端编码是否正常；

C. 判断本地解码是否正常；

D. 判断本地解码是否正常。

答案：B

40. 视频会议室照明灯光设计三要素不包含（　　）。

A. 色温；　　B. 色彩；　　C. 显色系数；　　D. 照度。

答案：B

41. 为保证视频会议室的图像效果，会议室光源建议选用（　　）。

A. 日光灯；　　B. 三基色冷光灯；C. 使用自然光；　　D. 以上都不对。

答案：B

42. 会议电视终端 9039A 具有（　　）个音频输入口。

A. 1；　　B. 2；　　C. 3；　　D. 4。

答案：D

43. 会议电视终端 9039S 具有（　　）个音频输出口。

A. 1；　　B. 2；　　C. 3；　　D. 4。

答案：D

44. 会议电视终端 9039S 的音频输出口的接口类型为（　　）。

A. 莲花；　　B. 卡农；　　C. 大三芯；　　D. BNC。

答案：A

45. 会议电视终端 9039A 的网络支持的格式为（　　）。

A. 10M 半双工；　　B. 100M 半双工；

C. 10M/100M 全双工；　　D. 1000M 全双工。

答案：C

46. 不是高清视频接口的是（　　）。

A. DVI；　　B. HD-SDI；　　C. HDMI；　　D. SD-SDI。

答案：D

47. 测试电视会议终端 9039A 网络连通性的测试功能为（　　）。

A. 网络诊断；　　B. 音频自环；　　C. 视频自环；　　D. 色条测试。

答案：A

48. 测试电视会议终端 9039A 图像输出是否正常的测试功能为（　　）。

A. 网络诊断；　　B. 音频自环；　　C. 视频自环；　　D. 色条测试。

答案：D

49. 可以通过会议电视终端 9039A 维护状态中的（　　）查看摄像机输入图像格式。

A. 线路状态；　　B. 会议状态；　　C. 输入口状态；　　D. 呼叫状态。

答案：B

50. 可以通过会议电视终端 9039A 维护状态中的（　　）查看丢包率信息。

A. 线路状态；　　B. 会议参数；　　C. 输入口状态；　　D. 呼叫统计。

答案：D

51. 华为高端一体机的 PAD 通过无线路由器与核心编解码器的（　　）接口连接。

A. LAN1；　　B. LA. N2；　　C. COM1；　　D. COM2。

答案：B

52. 华为高端一体机的辅流视频源应设置为（　　）。

A. HD DVI/SXGA/YpbPr IN 1；　　B. HD DVI/SXGA/YpbPr IN 2；

C. HD-SDI；　　D. SD IN 1。

答案：B

53. 华为高端一体机的高清摄像头连接至核心编解码器的（　　）接口。

A. HD DVI/SXGA/YpbPr IN 1；　　B. HD DVI/SXGA/YpbPr IN 2；

C. HD-SDI；　　D. SD IN 1。

答案：A

54. 华为高端一体机的主流视频源应设置为（　　）。

A. HD DVI/SXGA/YpbPr IN 1；　　B. HD DVI/SXGA/YpbPr IN 2；

C. HD-SDI；　　D. SD IN 1。

答案：A

55. 无法通过 PAD 对高端一体机进行的操作是（　　）。

A. 发送辅流；　　B. 调整输出音量；

C. 更改显示模式；　　D. 调整输入音量。

答案：D

56. 高端一体机使用的核心编解码器的型号为（　　）。

A. 9039A；　　B. 9039S；　　C. TE30；　　D. TE50。

答案：A

57. 低端一体机使用的核心编解码器的型号为（　　）。

A. 9039A；　　B. 9039S；　　C. TE30；　　D. TE50。

答案：C

58. 会议电视终端 9039A 的面板指示灯绿色快闪表示终端处于（　　）状态。

A. 待机；　　B. 级或者启动；

C. 响应遥控器按键操作；　　D. 出现故障。

答案：B

59. 会议电视终端 9039S 在机柜内安装时，要求终端上下至少保留（　　）以便终端散热。

A. 1cm；　　B. 2cm；　　C. 3cm；　　D. 1U。

答案：D

60. 如果想提高 VPC620 摄像机拍摄图像的清晰度，以下方式错误的是（　　）。

A. 提高图像锐度；　　B. 降低图像锐度；

C. 提高降噪等级；　　D. 提高分辨率。

答案：B

61. 会议电视终端进行点对点呼叫时，不需要设置（　　）。

A. 对端的 IP 地址或者 GK 号码；　　B. 线路类型；

C. 呼叫速率；　　D. GK 名称。

答案：D

62. H.245 是（　　）协议的一部分。

A. H.225；　　B. H.239；　　C. H.323；　　D. H.281。

答案：C

63. 常规会议应在公司（　　）中发起，经审批通过后，由（　　）调配资源，组织会议。

A. 协同办公系统，会管系统；　　B. 会管系统，协同办公系统；

C. 会管系统，专线平台；　　D. 会管系统，资源池平台。

答案：A

64. 公司重大活动保障筹备期间，（　　）负责组织各相关单位和部门召开启动会，明确活动时间、主会场和分会场地点、相关单位职责以及活动需求。

A. 活动主办方；　　B. 会议系统运维单位；

C. 运维管理单位；　　D. 会议承办单位。

答案：A

65. 召开国网行政电视电话会议时，会场为课桌式布置，会场不设主席台，主要领导在听众席第 1 排就座，安排（　　）位领导进入画面。

A. 5；　　B. 6；　　C. 7；　　D. 不超过 5。

答案：D

66. 会议时间变更，应（　　）。

A. 在会议室预订系统中更改会议时间；

B. 通知保障人员会议时间变更；

C. 取消原会议，重新履行会议室申请和审批程序；

D. 通知会议室预订系统更改数据库中的时间。

答案：C

67. 理想会议室噪声水平是（　　）dBA。

A. 30；　B. 40；　C. 50；　D. 60。

答案：A

68. 通常麦克风的阻抗是（　　）ohm。

A. 75；　B. 100；　C. 125；　D. 150。

答案：D

69. 不是视频会议对于网络的要求是（　　）。

A. 延迟：小于300ms；　B. 抖动：小于25ms；

C. 丢包率：小于1%；　D. 必须为专线网络。

答案：D

70. 作为高清图像分辨率的单位720P，其具体分辨率为（　　）。

A. 176×144；　B. 352×288；　C. 352×576；　D. 1280×720。

答案：D

71. H.323协议是由国际组织（　　）发布的。

A. ITU-T；　B. CCITT；　C. IMTC；　D. IETF。

答案：A

72. 推出MEPG系列协议是国际组织（　　）。

A. ITU；　B. ISO；　C. IETF；　D. 不清楚。

答案：B

73. 视频会议室灯光最好是（　　）光源。

A. 白炽灯；　B. 三基色灯；　C. 碘钨灯；　D. 氖灯。

答案：B

74. 传输距离最长的高清视频电缆是（　　）。

A. VGA；　B. RGB；　C. DVI；　D. HDMI。

答案：B

75. ITU规定的音频压缩算法是（　　）。

A. G.系列；　B. AAC；　C. MP3；　D. H.232。

答案：A

76. 现阶段视频会议行业最先进的音频协议为（　　）。

A. G.719；　B. G.729；　C. G.722；　D. G.722.1.C。

答案：A

二、多选题

1. 会议电视终端能通过（　　）协议实现视频会议通信。

A. H.245；　　B. H.320；　　C. H.323；　　D. Q.931。

答案：BC

2. 视频会议系统支持的抗丢包算法有（　　）。

A. SEC1.0；　　B. SEC2.0；　　C. ARQ；　　D. SEC 3.0。

答案：ABCD

3. 会议电视终端 9039S 视频输出可设置（　　）显示模式。

A. 一分屏；　　B. 二分屏；　　C. 三分屏；　　D. 四分屏。

答案：ABC

4. 会议电视终端 9039A 系统信息里可查看（　　）。

A. 版本号；　　B. 序列号；

C. 出厂日期；　　D. IP、E1 等端口状态。

答案：ABD

5. 会议电视终端 9039A 输出可显示本端图像，但不能显示菜单画面，解决的方法有（　　）。

A. Web 登录终端检查图形界面输出接口选择；

B. Web 登录终端检查视频输出模式；

C. 长按 MENU 键切换菜单输出接口；

D. 以上都不对。

答案：AC

6. 下面关于会议电视终端 9039S 的正确说法有（　　）。

A. 会议电视终端支持 IP、E1、4E1 以及 3G 网络接入；

B. 发送的辅流只能是电脑桌面，不能是活动的图像；

C. 终端支持媒体和信令加密；

D. 1 个会议最多支持 24 组多画面，会场可观看不同的多画面。

答案：ACD

7. 会议电视终端的诊断方式有（　　）。

A. 音频自环；　　B. 视频自环；

C. 摄像机诊断；　　D. 终端温度诊断。

答案：AB

8. 摄像头参数设置包括（　　）。

A. 曝光模式；　　B. 白平衡；　　C. 广角；　　D. 快门延迟。

答案：ABD

9. 会议电视终端 9039S 的高清输出有（　　）三种显示模式。

A. 拉伸；　B. 不拉伸；　C. 智能拉伸；　D. 平铺。

答案：ABC

10. 会议电视终端 9039S 的 HD OUT2 口输出格式有（　　）。

A. DVI；　B. VGA；　C. CVBS；　D. YprPb。

答案：ABD

11. 属于视频编解码协议的有（　　）。

A. H. 261；　B. H. 263；　C. H. 264；　D. H. 245。

答案：ABC

12. 会议电视终端本端视频输入蓝屏的可能原因有（　　）。

A. 视频输入参数配置错误；　B. 视频线缆故障；

C. 终端视频接口故障；　D. 图像分辨率或者刷新率不匹配。

答案：ABCD

13. 远端图像蓝屏的可能原因有（　　）。

A. 输出配置错误；　B. 外围设备故障；

C. 网络丢包；　D. 终端解码异常。

答案：ABD

14. 发送辅流失败的可能原因有（　　）。

A. 会议无辅流能力；　B. 没有辅流源接入视频会议终端；

C. 辅流源分辨率与终端不匹配；　D. 会议中存在被锁定的辅流源。

答案：ABCD

15. 会场出现回声的可能原因有（　　）。

A. 终端音频输出口使用了 AUX　OUT 口；

B. 麦克风与扬声器距离过近；

C. 调音台设置错误导致环路；

D. 终端音频设置中启用了音频本地输出。

答案：ABCD

16. 会场音频存在电流声的可能原因有（　　）。

A. 麦克风故障；

B. 音频线缆或者音频接头破损；

C. 强弱电走线未分开，导致存在强电干扰；

D. 视频会议终端与调音台使用的电源不共地。

答案：ABCD

17. 避免视频会议啸叫的常用方法有（　　）。

A. 控制麦克风与扬声器的距离；　　B. 调节本端扬声器的音量；
C. 调节麦克风的拾音灵敏度；　　D. 关闭扬声器和麦克风。
答案：ABC

18. 国网资源池平台中，会议电视终端由于网络原因异常离会后，重新加入会议的方式有（　　）。
A. 呼叫 168 特服号入会；
B. 呼叫会议接入号入会；
C. 终端通过主叫呼集方式加入会议；
D. 从 SMC 侧的活动会议界面中呼叫会场入会。
答案：ABD

19. 会议电视终端注册 GK 失败的原因有（　　）。
A. 终端向 GK 注册的参数设置不正确；
B. 网络中已有相同的会场号码且已经注册到 GK；
C. 终端的时区设置不正确；
D. 网络防火墙限制 GK 监听连接端口。
答案：ABD

20. H.323 协议族是由（　　）等一系列协议组成。
A. 呼叫控制；　B. 媒体编码；　C. 管理控制；　D. 网络安全。
答案：ABCD

21. H.323 协议的作用是（　　）。
A. 建立点对点的媒体会话；　　B. 建立多点间的媒体会议；
C. 规定 IP 网络的媒体路由；　　D. 建立设备间的安全通信隧道。
答案：AB

22. 视频会议室的集成设计主要包括（　　）。
A. 会议室装修设计；　　B. 会议室灯光设计；
C. 会议室音响设计；　　D. 会议室智能控制设计。
答案：ABCD

23. 视频会议室的相关设备主要包括（　　）。
A. 视频输入输出设备；　　B. 音频输入输出设备；
C. 视音频切换设备；　　D. 智能集中控制设备。
答案：ABCD

24. 以下关于会议电视终端 9039S 音频输出 MAIN 口和 AUX 口说法，正确的是（　　）。

A. MAIN 口和 AUX 口都没有回声抵消功能；

B. MAIN 接口有回声抵消功能，听不到自己的声音；

C. AUX 接口没有回声抵消功能，可以听见自己的声音；

D. 两个接口都有回声体抵消功能。

答案：BC

25. 声学三要素包括（　　）。

A. 音色；　　B. 音调；　　C. 响度；　　D. 音域。

答案：ABC

26. 视频会议室对光源的要求包括（　　）。

A. 摄影区人脸照度达到 500 lux；　　B. 同一会议室内色温一致为 4000K；

C. 显色指数大于 90；　　D. 采用漫反射灯具。

答案：ABCD

27. 会议电视终端 9039A 的 HD OUT1 口可以显示的图像包括（　　）。

A. 本端主流；　　B. 远端主流；　　C. 本地辅流；　　D. 远端主流。

答案：ABCD

28. 会议电视终端无法通过 IP 地址呼叫远端会场的原因有（　　）。

A. 网络终端；

B. 远端会场设置免打扰；

C. 本端或者远端会场注册的 GK 不允许通过 IP 地址直接呼叫；

D. MCU 故障。

答案：ABC

29. 高端一体机的 PAD 无法进入终端控制界面原因包括（　　）。

A. 无线路由器故障或者设置错误；

B. PAD 无线参数设置错误；

C. PAD 连接参数设置错误；

D. 以上都不对。

答案：ABC

30. 高端一体机无法听到远端声音的原因可能为（　　）。

A. 电视机音量过小；

B. 终端视频输出口输出格式未设置为 DVI（audio）；

C. 终端输出音量过小；

D. 网络丢包严重。

答案：ABCD

31. 高端一体机无法看到远端图像的原因可能为（　　）。

A. 电视机故障或者视频源选择错误；

B. 终端视频输出格式配置错误；

C. 终端解码错误；

D. 网络丢包严重。

答案：ABCD

32. 终端的日常巡检项主要包括（　　）。

A. 安装环境检查；

B. 检查日志确认是否存在告警；

C. 网络情况检查；

D. 视音频检查。

答案：ABCD

33. 网络数据流抓包主要可以通过（　　）方式实现。

A. 点对点，在监测计算机上直接获取；

B. 通过利用 hub 集线器将被检测端口的数据复制多路进行捕获；

C. 利用交换机的端口镜像功能进行捕获；

D. 利用无线进行捕获。

答案：ABC

34. 会议中会议电视终端观看远端图像卡顿的可能原因有（　　）。

A. 网络丢包；

B. 终端码流被流控导致帧率降低；

C. 终端输出帧率设置与实际编码格式帧率不一致；

D. 终端收到网络攻击导致 CPU 占用过高，出现解码异常。

答案：ABCD

35. 终端入会后无法收到视频码流的可能原因为（　　）。

A. 网络中的防火墙未开放端口；

B. 会议参数配置错误媒体协商失败；

C. 设备版本不一致导致解码异常；

D. 终端网口故障。

答案：ABC

36. 会议电视终端无法加入会议的可能原因为（　　）。

A. 终端注册 GK 失败；

B. 网络不通；

C. 会议中未包含该会场；

D. 终端开启的免打扰功能，拒绝接受呼叫。

答案：ABCD

37. 会议中会议终端接收到的远端辅流图像模糊的可能原因为（　　）。

A. 辅流带宽过低；

B. 辅流输出线缆过长，信号衰减过大；

C. 终端辅流输出模式与矩阵等外设不兼容；

D. 以上都不对。

答案：ABC

38. 无法通过会议电视终端 9039A 的 Web 界面控制高清摄像头 VPC620 的原因为（　　）。

A. 终端视频输入设置中未配置正确的连接 COM 口；

B. 摄像机控制线连接错误；

C. 未选择正确摄像机；

D. 摄像机类型选择错误。

答案：ABCD

39. 会议呼叫流程中，H. 245 能力协商部分的任务有（　　）。

A. 协商会议带宽；

B. 协商采用 H. 323 协议还是 SIP 协议；

C. 协商视频编解码协议；

D. 协商视频分辨率。

答案：ACD

40. 国网行政电视电话会议设备调试至少包括（　　）。

A. 电视会议系统专线平台图像及声音质量；

B. 电视会议系统网络平台图像及声音质量；

C. 电话会议系统声音质量；

D. 电视电话会议应急平台图像及声音质量。

答案：ABC

三、判断题

1. 在视频会议成功召开后，视频终端不会再发送 I 帧。（×）

2. 终端的应答方式包括自动应答、人工应答、免打扰三种模式。（√）

3. H. 323 协议仅适用于 IP 网络。（√）

4. RP200-46 配置 2 台 55 寸高清显示器。(×)
5. 终端“诊断”界面中的“色条测试”项用于检测该终端视频输出功能是否正常。(√)
6. 会议电视终端进行点对点号码呼叫时，GK 接收两次 ARQ 请求。(√)
7. 终端辅助 IP 既用于局域网内配置或调试，又用于主业务。(×)
8. 远端视频环回用于确认视频数据网络传输是否正常，判断远端视频模块工作是否正常。(√)
9. 终端只能通过 HD out1 接口输出字幕。(×)
10. 在 4E1 组网方式下，会议电视终端时钟应设置为主时钟。(×)
11. 终端 4E1 线路的“同步”状态表示该条 E1 线路正常。(√)
12. 在进行点名发言操作时，除被点名会场外，其他所有会场均被静音。(×)
13. MCU 资源池系统可以实现 MCU 的异地备份。(√)
14. MCU 资源池系统根据会议终端的 GK 号码来分配 MCU 资源。(√)
15. 国网 MCU 资源池系统采用整体备份的策略进行 MCU 资源调配。(×)
16. 在低照度下高清摄像机采集的图像出现较大的雪花噪声。(√)
17. 视频会议室灯光设计时优先选用射灯。(×)
18. 在 MCU 资源池系统的会议中，会议使用的 MCU 发生故障引起 MCU 资源倒换，此时会议不会中断。(×)
19. 低端一体机具有两个麦克风。(×)
20. 低端一体机具备 20%的抗丢包能力。(√)
21. 低端一体机的辅流视频源应设置为 VGA IN。(√)
22. 低端一体机的主流视频源应设置为 CAM IN。(√)
23. 低端一体机应保持内置麦克风为打开状态。(×)
24. 会议电视终端 9039S 与调音台对接时应将音频设置中的“line in 本地输出”配置为打开。(×)
25. 国网 MCU 资源池系统的 GK 的业务地址为 29.1.2.19。(√)
26. 多点会议中，高端一体机发送双流给其他终端，右侧电视上显示的双流图像没有经过编解码处理。(√)
27. 公司总部一、二类会议及重大活动可采用单平台式进行现场保障。(×)
28. 各级单位保障人员信息发生变更，须及时上报上级单位。(√)
29. 无远程发言的分会场应全程上传会场全景；有远程发言的分会场自会议开始前上传会场全景，发言时上传发言人特写画面。(√)
30. 在参加系统联合调试前，各单位应先对本单位及所属单位电视电话会议设

备进行调试，确保系统正常。(√)

31. 各单位应在电视电话会议操作控制室配备联络指挥专用的电话会议终端设备。(√)

四、简答题

1. 简述 H.320、H.323、SIP 的区别。

答：H.320：电路交换网络（ISDN）。优点：面向连接传输速率和时延稳定时延小、误码率低通信质量容易得到保证；缺点：固定连接线路利用率低、开放性差、单机和线路成本高。

H.323：分组交换网络（IP 网络）。优点：连接灵活带宽利用率高、业务扩展性好、系统性价比高、兼容性强；缺点：易受网络影响、需要网络提供 QoS 保障或采用丢包恢复技术。

SIP：分组交换网络（IP 网络）。优点：带宽利用率高连接灵活、业务扩展性好、系统性价比高、与 IMS 及 UC 融合性好；缺点：易受网络影响、需要网络提供 QoS 保障或采用丢包恢复技术方案。

2. 视频会议系统的基本组成有哪些？系统构成结构的分类有哪些？

答：视频会议系统的基本组成有：MCU、视频终端（编解码器、摄像机、麦克风）、录播服务器、辅助（GK、网关）、外围（显示器、音箱等）。系统构成结构分为星型、树形。

3. 当部分会场出现画面质量下降的情况时，如何检查、判断？

答：在 MCU 上查看终端的音视频协议是否匹配为 H.264、720P。如果不匹配，重新邀请一次会场，同时检查会场地址簿中是否强制了带宽或者视频协议。如果匹配正常，再检查丢包率，丢包率较高情况下检查网络情况：①查看终端网络端口属性（100M 全双工），通过检查交换机端口是否连接正常；②检查实际带宽占用。通过 ping 包的方式 ping3000～5000 的包，看是否丢包，可通过一段地址之间的 ping 包确定故障环节。确定故障位置后通过替换法一步步解决问题。

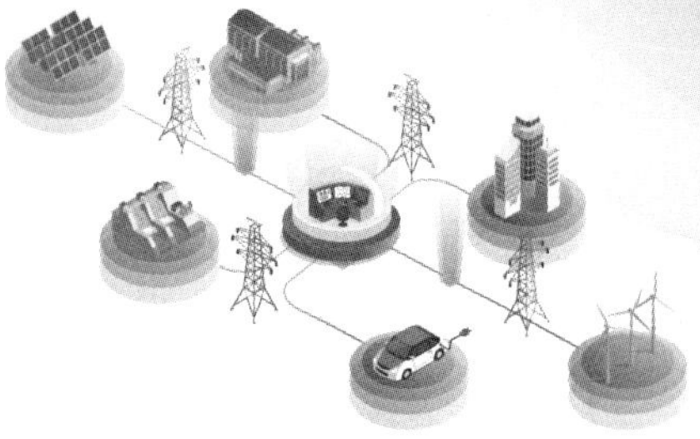

第八章　通信电源及防雷接地

一、单选题

1. UPS 主路输入市电断电时，（　　）。

A. 由电池逆变供电；　　B. 切换到旁路供电；

C. 电池和旁路一起供电；　　D. UPS 停机。

答案：A

2. UPS 对设备提供的电压是（　　）。

A. 交流电；　　B. 直流电；　　C. 低电压；　　D. 高电压。

答案：A

3. 在后备式 UPS 中，只有当市电出现故障时，（　　）才启动进行工作。

A. 逆变器；　　B. 电池充电电路；

C. 静态开关；　　D. 滤波器。

答案：D

4. 在市电正常时，在线式 UPS 负载是由（　　）提供的。

A. 充电器；　　B. 整流器；　　C. 稳压器；　　D. 逆变器。

答案：D

5. 通信行业一般采用（　　）V 作为直流基础电压。

A. 48；　　B. 36；　　C. －48；　　D. －36。

答案：C

6. DC/AC 变换器是（　　）。

A. 直流/直流变换器；　　B. 整流器；

C. 逆变器；　　D. 变压器。

答案：C

7. 交流电的电压波形正弦畸变率应小于（　　）。

A. 3%；　　B. 4%；　　C. 5%；　　D. 6%。

答案：C

8. 交流用电设备采用三相四线制引入时，零线（　　）。

A. 不准安装熔断器；　　B. 必须安装熔断器；

C. 装与不装熔断器均可；　　D. 经批准可以安装熔断器。

答案：A

9. 电流互感器在运行过程中，二次绕组回路不能（　　）。

A. 断路和短路；　　B. 断路；

C. 短路；　　D. 开路。

答案：D

10. 密封铅酸蓄电池在环境温度为 25℃条件下，浮充工作单体端电压范围为（　　）V。

A. 2.15～2.20；　　B. 2.15～2.25；

C. 2.23～2.27；　　D. 2.25～2.30。

答案：C

11. 测量通信直流供电系统全程压降使用的仪表是（　　）。

A. 万用表；　　B. 绝缘电阻表；

C. 毫伏表；　　D. 毫安表。

答案：A

12. 核对性容量测试只放出电池容量的（　　）。

A. 30%～40%；　　B. 40%～50%；

C. 50%～60%；　　D. 60%～70%。

答案：A

13. 蓄电池的使用寿命是指（　　）。

A. 蓄电池实际使用时间；

B. 输出一定容量情况下进行充放电循环总次数；

C. 只是充放电的循环总次数；

D. 厂家估测的使用时间。

答案：B

14. 电池间连接极柱电压降是按（　　）h 电流放电率时进行测量的。

A. 5；　　B. 3；　　C. 1；　　D. 0.5。

答案：C

15. 阀控式蓄电池在日常使用中，浮充电压的调整应随环境温度升高而（　　）。

A. 升高；　　B. 不变；　　C. 降低；　　D. 以上都不对。

答案：C

16. “GFM500”中的“500”表示（　　）。

A. 蓄电池 3 小时率的容量是 500Ah；

B. 蓄电池 1 小时率的容量是 500Ah；

C. 蓄电池 10 小时率的容量是 500Ah；

D. 蓄电池 5 小时率的容量是 500Ah。

答案：C

17. 10h 蓄电池放电单体终止电压为（　　）V。

A. 1.6；　　B. 1.7；　　C. 1.8；　　D. 1.9。

答案：C

18. 某阀控电池的额定容量为 500Ah，在环境温度 25℃时以 3 小时率进行放电，放出的容量最大为（　　）Ah。

A. 500；　　B. 275；　　C. 375；　　D. 400。

答案：C

19. 1000Ah 的蓄电池，10 小时率电流放电时，电流是（　　）A。

A. 50；　　B. 100；　　C. 150；　　D. 200。

答案：B

20. 1000Ah 容量的蓄电池，以 500A 电流放电，放电率是（　　）h。

A. 1；　　B. 2；　　C. 3；　　D. 10。

答案：A

21. 25℃，2000Ah 容量的蓄电池，以 500A 电流放电，放电率是（　　）h。

A. 4h；　　B. 3；　　C. 2；　　D. 1。

答案：A

22. 整流设备配置容量在模块 $n-1$ 情况下，应大于负载容量与（　　）的蓄电池容量之和。

A. 0.1；　　B. 0.15；　　C. 0.2；　　D. 0.3。

答案：C

23. 通信设备应采用独立的空气开关或直流熔断器供电，禁止多台设备共用一支分路开关或熔断器。各级开关或熔断器（　　）应逐级配合，避免出现分路开关或熔断器与总开关或熔断器同时跳开或熔断，导致故障范围扩大的情况发生。

A. 开断时间；　　B. 规格型号；

C. 脱扣特性；　　D. 保护范围。

答案：D

24. 不同厂家、不同容量、不同型号的蓄电池组严禁并联使用，不同时期的蓄电池并联使用时，其投产使用年限相差应不大于（　　）年。

A. 1；　　B. 2；　　C. 3；　　D. 5。

答案：B

25. 不影响网络布线中数据信号的传递质量的是（　　）。

A. 远端窜扰；　　B. 信号衰减；

C. 结构返回损耗；　　D. 近端窜扰。

答案：A

26. 防酸蓄电池和大容量的阀控蓄电池应安装在（　　）。

A. 专用蓄电池室内、柜内、控制室内、专用电源室内；

B. 专用蓄电池室内、控制室内、柜内、专用电源室内；

C. 控制室内、专用电源室内、专用蓄电池室内、柜内；

D. 专用蓄电池室内、专用电源室内、柜内、控制室内。

答案：A

27. 检查性试验放电容量为（　　）的额定容量，深度放电的放电容量为80%以上的额定容量。

A. 10%～15%；　　B. 15%～20%；

C. 20%～30%；　　D. 30%～40%。

答案：D

28. 以下关于蓄电池说法，正确的是（　　）。

A. 免维护铅蓄电池不需要每年做核对性容量试验；

B. 在对蓄电池进行工作时，扭矩扳手等金属工具要用绝缘胶布进行绝缘处理后再使用；

C. 在对蓄电池进行清洁时，要用干布或掸子进行清扫；

D. 蓄电池浮动充电电压长时间偏离指定值，不会缩短蓄电池的寿命。

答案：B

29. 每年雷雨季节前应对（　　）和防雷元件进行检查和维护。雷雨季节中要加强外观巡视，发现异常应及时处理。

A. 接地网的接地电阻；　　B. 接地系统；

C. 绝缘装置；　　D. 供电电源。

答案：B

30. 屏体内侧面设置（　　）及以上规格的镀锡扁铜排作为屏内接地母排。

A. 30mm×4mm；　　B. 25mm×4mm；

C. 30mm×5mm； D. 25mm×5mm。

答案：A

31. 通信屏内接地母排至机房地母的接地线规格不应小于（　　）mm^2。

A. 25～95； B. 30～95；

C. 25～90； D. 30～90。

答案：A

32. 扁钢与扁钢或扁钢与地体连接处至少有（　　）满焊，焊接牢固，焊缝处涂沥青。

A. 两面； B. 一面； C. 三面； D. 四面。

答案：C

33. 架空地线复合光缆（OPGW）在进站门型架处应可靠接地，防止一次线路发生短路时，光缆被（　　）而中断。

A. 一次电压击穿； B. 二次电压击穿；

C. 感应电压击穿； D. 工频电压击穿。

答案：C

34. 机房的地板是静电产生的主要来源，对于各种类型的机房地板，都要保证从地板表面到接地系统的电阻为（　　）Ω，下限值是为了保证人身防静电的电阻值，上限值则是为了防止因电阻值过大而产生静电。

A. 102～105； B. 108～1010；

C. 105～108； D. 108～110。

答案：C

35. 交流变送器主要作用是（　　）。

A. 检测交流电压/电流；

B. 给监控箱提供工作电流；

C. 提供检测信号到单体；

D. 为控制单元提供信号，来保护交流接触器。

答案：A

36. 开关电源中必须用缓启动电路，下面哪个电路是正确的？（　　）

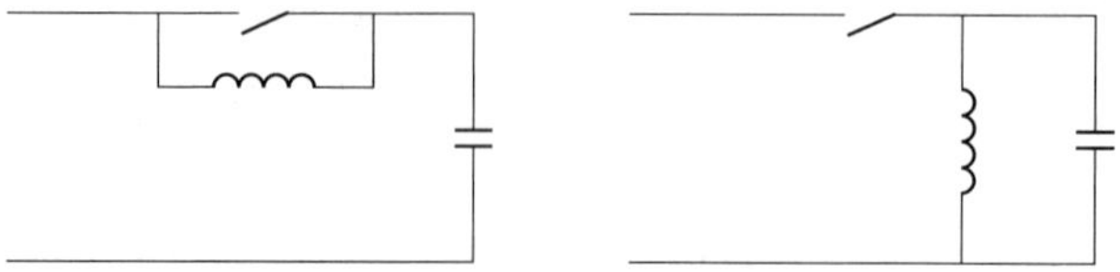

A　　　　B

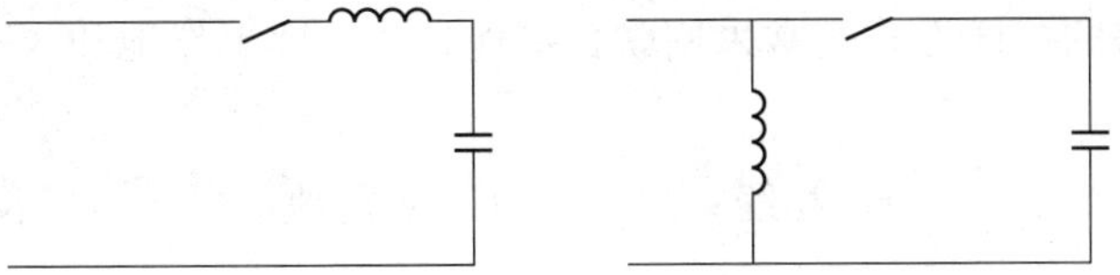

答案：A

37. 具有蓄电池温度补偿功能的组合电源系统，系统的输出电压会（　　）。

A. 随着蓄电池温度的升高而升高，降低而降低（按照设定的温度补偿系数进行补偿）；

B. 随着蓄电池温度的升高而降低，降低而升高（按照设定的温度补偿系数进行补偿）；

C. 在一定的温度范围内，随着蓄电池温度的升高而降低，降低而升高（按照设定的温度补偿系数进行补偿）；

D. 在一定的温度范围内，随着蓄电池温度的升高而升高，降低而降低（按照设定的温度补偿系数进行补偿）。

答案：C

38. 在安装组合电源系统的交流输入线时，特别要注意保证整个线路中零线的可靠连接和零线的可靠良好接地；任何时候零线（　　）、零线中不得串接空气开关。

A. 不可断路、不可浮地；　　B. 可断路、不可浮地；

C. 可断路、可浮地；　　D. 不可断路、可浮地。

答案：A

39. 通信组合电源系统具备很强的防雷能力，交流配电部分所用的 OBO 防雷器有显示窗口，窗口采用机械标贴板，标贴板绿色时表示防雷器工作正常，（　　）时表示故障。

A. 黄色；　　B. 绿色；　　C. 红色；　　D. 蓝色。

答案：C

40. 使用蓄电池时，（　　）是保证电池正常寿命的关键。环境温度过高，蓄电池中的化学反应加剧，在充电过程中蓄电池的减压阀会频繁开启加速失水速度，从而降低蓄电池寿命；放电深度以及放电电流和终止电压与蓄电池寿命之间的关系也是非常密切的。

A. 环境温度、放电深度；　　B. 充放电电流；

C. 电池容量的合理配置；　　D. 定期维护。

答案：A

41. 通信机房的接地方式通常采用联合接地方式，即工作地和（　　）共用一组接地体。

A. 零线；　　B. 相线；　　C. 防雷地；　　D. 保护地。

答案：D

42. UPS 负载设备的启动应遵循如下顺序进行：（　　）。

A. 由大到小；　　B. 由小到大；

C. 因设备而异；　　D. 无顺序要求。

答案：A

43. 高频开关整流模块额定输入电压为三相 380V 时，允许波动范围是（　　）V。

A. 320～420；　　B. 323～418；

C. 318～418；　　D. 325～420。

答案：B

44. 功率开关器件可以说是开关电源的心脏，（　　）不是开关电源所采用的开关器件。

A. MOSFET 功率场效应管；　　B. IGBT 绝缘栅双极晶体管；

C. GTR 晶闸管；　　D. BJT 双极型晶体管。

答案：C

45. 铅酸蓄电池在放电过程中，正负极板上的活性物质都不断地转化为（　　）。

A. 二氧化铅；　　B. 硫酸铅；　　C. 硫酸；　　D. 铅。

答案：B

46. 下面对电池额定容量表述正确的是：（　　）。

A. 电池在 25℃环境下以 10 小时放电率至终了电压所达能到的容量；

B. 电池在 25℃环境下以 3 小时放电率至终了电压所达能到的容量；

C. 电池在 25℃环境下以 1 小时放电率至终了电压所达能到的容量；

D. 假设电池内活性物质全部反应所放出的电量。

答案：A

47. 通信行业标准规定：阀控式铅酸蓄电池在环境温度为（　　）℃条件下使用。

A. －15～＋45；　　B. －5～＋45；

C. 5～＋30；　　D. 5～＋25。

答案：A

二、多选题

1. 蓄电池的日常维护工作中应做的记录，至少要包括以下内容：（　　）。

A. 每个单体电池的浮充电压；

B. 电池组浮充总电压；

C. 环境温度及电池外表的温度；

D. 测量日期及记录人。

答案：ABCD

2. 对于需要接地的设备安装、拆除时应注意：（　　）。

A. 安装时应先接地；

B. 拆除设备时，先拆地线；

C. 拆除设备时，最后再拆地线；

D. 禁止破坏接地导体。

答案：ACD

3. 接地装置中接地电阻主要由（　　）决定。

A. 接地引线电阻；

B. 接地体本身电阻；

C. 接地体与土壤的接触电阻；

D. 接地体周围的散流电阻。

答案：CD

4. 电源系统的不可用度是指电源系统的故障时间和（　　）的比值。

A. 系统应运行时间；

B. 非正常供电时间；

C. 故障时间和正常供电时间之和；

D. 非故障时间。

答案：AC

5. UPS 电源的保护功能有（　　）。

A. 输入欠压保护；　　B. 输出短路保护；

C. 输出过载保护；　　D. 过温保护。

答案：BCD

6. 监控单元用户下“模块信息”菜单，可显示直流电源系统中整流模块的信息是（　　）。

A. 整流模块交流输入电压；　　B. 输出电压；

C. 输出电流；　　D. 内部温度。

答案：ABCD

7. 通信电源高频开关整流模块的组成包括（　　）。

A. 输入滤波器；　　B. 整流与滤波；

C. 电路天线；　　D. 逆变器。

答案：ABD

8. 主机房和辅助区的地板或地面应有静电泄放措施和接地构造，防静电地板或地面的表面电阻或体积电阻应为 $2.5\times10^{4}\sim1.0\times10^{9}\Omega$，其导电性能应长期稳定，且应具有（　　）性能。

A. 防火；　　B. 环保；　　C. 耐污；　　D. 耐磨。

答案 ABCD

9. UPS的后台监控可以通过（　　）方式接入。

A. RS232；　　B. RS485；　　C. SNMP；　　D. Modem。

答案：ABCD

10. 密封阀控式铅酸蓄电池主要由（　　）组成。

A. 正极板、负极板；　　B. 内部线缆；

C. 隔板，电解液，安全阀；　　D. 外壳，端子。

答案：ACD

11. 防雷措施一般有（　　）。

A. 接地与均压；　　B. 屏蔽；

C. 限幅；　　D. 隔离。

答案：ABCD

12. UPS电源按工作原理不同，主要分为（　　）两种。

A. 后备式UPS；　　B. 在线式UPS；

C. 后背互动式UPS；　　D. 在线互动式UPS。

答案：AB

13. 按输出容量，UPS可分为（　　）。

A. 微型UPS；　　B. 小型UPS；

C. 中型UPS；　　D. 大型UPS。

答案：ABCD

14. 钳形电流表可以用来测（　　）。

A. 交流电流；　　B. 直流电流；

C. 交流电压；　　D. 电阻。

答案：ACD

15. 蓄电池隔板的主要作用包括（　　）。

A. 防止正负极板短路；

B. 使电解液中正负离子顺利通过；

C. 对电池起密封作用，阻止空气进入，防止极板氧化；

D. 阻缓正负极板活性物质的脱落，防止正负极板因震动而损伤。

答案：ABD

16. 高频开关整流器主电路的主要作用有（　　）。

A. 交流滤波，整流；　　B. 功率因数校正；

C. 直流—直流变换电路；　　D. 直流滤波输出。

答案：ABCD

17. 保护性接地分为（　　）。

A. 保护接地；　　B. 防雷接地；

C. 防静电接地；　　D. 防电蚀接地。

答案：ABCD

18. 胸外按压的正确做法包括（　　）。

A. 按压深度：4～5cm；

B. 按压频路：100 次/min；

C. 双肩正对患者胸骨垂直按压；

D. 人工呼吸与胸外按压必须交替进行。

答案：ABCD

19. 按照供电体质，UPS 分为（　　）。

A. 单进三出；　　B. 单进单出；

C. 三进单出；　　D. 三进三出。

答案：BCD

20. 防雷减灾是防御和减轻雷电的活动，包括对雷电灾害的（　　）。

A. 研究；　　B. 检测；　　C. 预警；　　D. 防御。

答案：ABCD

21. 影响铅酸蓄电池自放电的因素有（　　）。

A. 电解液内杂质；　　B. 温度；

C. 电解液浓度；　　D. 电池密封情况。

答案：ABCD

22. 进入室内前应水平直埋 10m 以上且埋深应大于 0.6m 的有（　　）。

A. 屏蔽通信电缆；

B. 架空电力线由站内终端杆引下更换为屏蔽电缆后；

C. 金属管道；

D. 微波塔上的航标灯电源线（金属外皮电缆）。

答案：ABCD

23. 在蓄电池中，关于对电池容量与极板尺寸的描述中，正确的是（　　）。

A. 极板越薄，活性物质利用率越高，电池容量就大；

B. 极板面积越大，有效物质越能充分利用，容量就越大；

C. 极板越薄，活性物质利用率越低，电池容量就小；

D. 极板面积越大，有效物质就不能充分利用，容量就越小。

答案：AB

24. 蓄电池的内阻包括（　　）。

A. 正负极板的内阻；　　B. 电解液的电阻；

C. 隔离物的电阻；　　D. 连接体的电阻。

答案：ABCD

25. 信息机房内的信息设备应进行等电位联结，等电位联结方式应根据信息设备干扰的频率及信息机房的等级和规模确定，可采用（　　）。

A. S 型；　　B. M 型；

C. SM 混合型；　　D. T 型。

答案：ABC

26. 蓄电池室应使用防爆型（　　）。

A. 通风电动机；　　B. 照明灯具；

C. 空调；　　D. 开关。

答案：ABC

27. 阀控式铅酸蓄电池又称为“免维护蓄电池”，其免维护的内容是指（　　）。

A. 不需任何维护；

B. 不需加水；

C. 不需加酸；

D. 不需测量电池内部的温度和比重。

答案：BCD

三、判断题

1. 将同型号的蓄电池并联使用可以提高电压，串联使用的可以增加容量。（×）

2. 组合电源系统平常工作在均充状态，在给蓄电池组充电时处于浮充状态。（×）

3. 当组合电源系统不是满配置时，应尽量将整流模块均匀挂接在交流三相上，以保证三相平衡，否则会引起零线电流过大，系统发生故障。(√)
4. 蓄电池组的放电电流越大，放电时间越短，实际放出的容量越小；放电电流越小，放电时间越长，实际放出的容量就越大（即放电深度越深）。(√)
5. 现代通信机房各系统的保护地、工作地应分散连接，集中接地。(√)
6. 一般所说的高频开关电源系统是指具有交流配电模块、直流配电模块、高频开关整流模块和监控模块等组成的直流供电电源系统。(√)
7. 高频开关整流模块中，输入滤波器是接在交流电网与模块输入之间的滤波装置，其唯一的作用是抑制交流电网中的高频干扰串入模块。(×)
8. 由于阀控式铅酸蓄电池在使用寿命期间无需添加水及调整酸比重等维护工作，因此可以免维护。(×)
9. 对于给定的铅酸蓄电池，在不同放电率下放电，将有不同的容量。(√)
10. 环境温度对电池的容量影响很大。在一定的环境温度范围，电池使用容量随温度的升高而增加，随温度的降低而减小。(√)
11. 铅酸蓄电池容量是电池储存电量多少的标志，电池的额定容量是指假设电池内活性物质全部反应放出的电量。(×)

四、计算题

1. 在开关电源系统中，某路负载所用的采样分流器的规格为 75mV/500A，用万用表测得此分流器两端电压为 5mV，则此路负载电流是多大?

答：负载电流：$I=500\times5/75=33.3$（A）

2. 组合电源系统配置 200Ah 蓄电池，蓄电池离设备 30m，要求导线压降不大于 0.5V，请选择蓄电池线缆（电池充电系数按照 0.15 计算，铜电导率为 57S，铝电导率为 34S）。

答：流过线缆的电流：$200\times0.15=30$（A）

由直流电缆计算公式可得：$S=IL/RU=(30\times30)/(57\times0.5)=31.57$（$mm^2$）所以选择 35$mm^2$ 的铜芯软电缆。

3. 某通信站现有一套 48/50 开关电源，配有 3 个整流模块，400Ah 电池两组，负载电流约 40A，是否需要扩容？写出理由。

答：因为 $I_c+I_f\leqslant(N-1)\times0.9I_m$

所以 $N\geqslant(I_c+I_f)/0.9I_m+1=(40+80)/45+1=3.7$

$N=4$

因此需扩一个整流模块。

4. 系统三相供电，配 9 台 DZY-48/40 整流器。计算该系统所需交流输入功率。

答：(1) 单台整流器所需输入的交流率：$P_1=56.4\times40/0.9=2500$（VA）

(2) 按每相上三个整流器计算单相所需输入功率：$P_z=3P_1=2500\times3=7500$（VA）

(3) 系统所需交流输入总功率：$P=3P_z=3\times7500=22500$（VA）

5. 某通信站需要购买一套站用电源，站内的配置及用电情况如下：通信设备所需的负载电流 20A，蓄电池配置为 400Ah×2 组。蓄电池最大充电电流按 0.12C（C 为蓄电池额定容量）考虑。

(1) 如果采用单体输出为 30A 的电源模块，最少应需要几个？

(2) 如果按 $N+1$ 考虑，需要几个模块？

答：蓄电池最大充电电流为 0.12C，即 $0.12\times800=96$（A），加上 20A 负载电流，则电源总输出电流需 $96+20=116$（A）。

(1) $116/30=3.87$，向上取整数，需要 4 个 30A 模块。

(2) 为了增加可靠性，电源模块按 $N+1$ 考虑，则该站电源需要配置 5 个 30A 模块。

6. 已知一组额定容量为 500Ah 的阀控式铅酸蓄电池组，以 50A 电流作放电实验，放电时间为 9.5h。

(1) 求该组电池的测试容量 C_t。

(2) 假设放电实验中环境温度为 20℃，求标准温度的实际容量 C_e。

答：(1) 测试容量：$C_t=50\times9.5=47.5$（Ah）

(2) 实际容量：$C_e=475/[1+0.006(20-25)]=475/0.97=489.7$（Ah）

五、简答题

1. 现代通信组合电源系统一般由哪五部分组成？

答：现代通信组合电源系统一般由交流配电单元、直流配电单元、整流模块、监控单元和蓄电池组五部分组成。

2. 请解释下列常用电源名词英文缩写的含义：PWM、APFC、ZVZCS、AC/

DC、DC/DC。

答：PWM—脉宽调制；APFC—有源功率因素校正；ZVZCS—零压零流开关；AC/DC—交流/直流变换；DC/DC—直流/直流变换。

3. 简述电源系统二次下电的实现过程及其保护功能。

答：二次下电的实现过程：交流市电停电后，由蓄电池给负载供电，当蓄电池低于用户所设置的一次下电电压值时，监控单元发出控制信号，控制直流断路器切断一次下电的一组负载，当蓄电池电压低于用户所设置的二次下电电压时，监控单元再次发出控制信号，控制另一路直流断路器切断二次下电的一组负载。

二次下电的保护功能：①延长重要负载的供电时间；②保护蓄电池不至过放而损坏。

4. 蓄电池连接螺栓未拧紧会造成什么危害？

答：蓄电池松散的连接造成连接处的内阻增大，充放电过程中极易引起打火，严重时导致发热、起火，发生事故。这一点在安装和投运后的日常维护过程中都要特别注意。

5. 简述避雷器的作用及工作原理。

答：避雷器是用来防护雷电产生过电压波沿线路侵入变电站或其他建筑物内，以免危及被保护设备的绝缘。避雷器应与被保护设备并联，在被保护设备的电源侧。当线路上出现危及设备绝缘的过电压时，避雷器的火花间隙就被击穿，或由高阻变为低阻，使过电压对地放电，从而保护了设备的绝缘。

6. 阀控密封式铅酸蓄电池通常为浮充使用，浮充电压的选择对电池的寿命有无影响？影响如何？

答：浮充电压的选择对电池的寿命有很大影响，应根据各厂家说明书的规定正确选择浮充电压。浮充电压大，会使电池过充，造成失水，加大电池板栅的腐蚀，严重者甚至电池整组鼓胀，使寿命缩短；浮充电压低，会使电池欠充，内部极板硫酸盐化，造成电池容量降低，寿命缩短。

7. 采用高频变换技术减小变压器体积可以认为是高频开关整流器的核心技术，

请简述高频变换减小变压器体积的原理。

答：高频开关整流器将 50Hz 工频交流首先转换成直流，然后利用功率转换电路再将直流转换为高频交流，对于降压用的变压器，在其功率一定时，工作频率与变压器铁芯截面积成反比，因此提高变压器的工作频率，必然降低铁芯截面，从而缩小了变压器的体积。

8. 开关整流器稳压的原理是时间比例控制（TRC）原理，请说明时间比例控制的含义是什么？具体方式有哪几种？

答：所谓时间比例控制原理，就是通过改变开关接通时间和工作周期的比例，来调整输出电压。具体方式有：脉冲宽度调制方式、脉冲频率调制方式、混合调制方式。

9. 阀控式铅酸蓄电池失水的主要原因是什么？

答：主要原因有：气体再化合的效率低；从电池壳体中渗出水；板栅腐蚀消耗水；自放电损失水；安全阀失效或频繁开启。

10. 简单的通信用太阳能电池电源供电系统的构成及各部分的作用是什么？

答：简单的通信用太阳能电池电源供电系统一般由太阳能电池方阵、储能装置、配电装置组成，个别的还有电压变换装置。其中太阳能电池方阵汲取光能并进行光电转换；储能装置一般为蓄电池组，用来储存电能；配电装置即所谓的太阳能控制器，用来控制太阳能对蓄电池组的充电和蓄电池组对通信设备的放电；电压变换装置只在同时供给不同电压的通信设备时才用。

第九章 业 务 接 入

一、单选题

1. 电力通信网承载的业务中，2Mbit/s 通道必须配置为 1+0 运行方式的为（　　）。

A. 电视电话会议；　　　　B. 安全自动装置；

C. 纵联电流差动保护；　　D. 通信监控。

答案：A

2. 继电保护装置显示某线路光纤复用 2M 保护通道异常，网管显示该通道站端光传输设备 2M 端口 LOS 告警，不可能的故障原因是（　　）。

A. 保护接口装置故障；

B. 2M 线断；

C. 光传输设备故障；

D. 数配端子接触不良。

答案：C

3. 数字数据网（DDN）是利用（　　）信道传输数据信号的数据传输网。

A. 模拟；　　　　B. 数字；

C. 数字交叉连接；　　D. DDN 节点机。

答案：B

4. DDN 是为用户提供数据专线服务的网络，基于（　　）多路复用技术，向用户提供永久性和半永久性连接的数字数据传输信道。

A. FDM；　　B. TDM；　　C. SDM；　　D. CDMA。

答案：B

5. V5 接口是本地数字交换机与接入网之间开放的、标准的数字接口，包括（　　）接口。

A. V5.1；

B. V5.2；

C. V5.1 和 V5.2；

D. V5.1、V5.2 和 VB5.1、VB5.2。

答案：D

6. 同一条线路的两套继电保护和同一系统的两套安全自动装置应配置两套独立的通信设备，并分别由两套独立的电源供电，两套通信设备和电源（　　）。

A. 在物理上完全隔离；　　B. 在电气上隔离；

C. 安装位置完全隔离；　　D. 使用不同厂商的设备。

答案：A

7. 继电保护及安全自动装置专用光纤宜采用（　　），进入变电站或发电企业控制楼的光缆必须采用（　　）。

A. 单模光纤非金属光缆；　　B. 多模光纤金属光缆；

C. 单模光纤金属光缆；　　D. 多模光纤非金属光缆。

答案：A

8. 在电厂或变电站新增通信设备接入电力通信网时，设备选型应与现有网络使用的设备类型（　　），保持网络的完整性，这样才能充分发挥现代通信技术的智能化水平，为电网的安全、经济运行做好支撑。

A. 一致；　　B. 相通；　　C. 相容；　　D. 相似。

答案：A

9. 电网调度机构与直调发电厂及重要变电站调度自动化实时业务信息的传输，应具有（　　）不同路由的通信通道（主/备双通道）。

A. 一路；　　B. 一路及以上；

C. 两路；　　D. 两路及以上。

答案：C

10. 同一条 220kV 及以上线路的两套继电保护和同一系统的有主/备关系的两套安全自动装置通道，应由两套独立的通信传输设备分别提供，并分别由两套独立的通信电源供电，重要线路保护及安全自动装置通道应具备两条独立的路由，满足（　　）的要求。

A. 双设备；　　B. 双路由；

C. 双电源；　　D. 以上都是。

答案：D

11. 网、省调度大楼应具备（　　）完全独立的光缆通道。

A. 一条；　　B. 一条及以上；

C. 两条；　　D. 两条及以上。

答案：D

12. 电网调度机构与其调度范围内的下级调度机构、集控中心（站）、重要变电站、直调发电厂和重要风电场之间应具有（　　）独立通信路由。

A. 一个；　　B. 一个及以上；

C. 两个；　　D. 两个及以上。

答案：D

13. （　　）保护使用复用接口设备传输允许命令信号时，不应带有附加延时展宽。

A. 线路纵联；　　B. 母线差动；

C. 线路后备；　　D. 主变差动。

答案：A

二、多选题

1. 传输线路分相电流差动保护的通信通道应满足（　　）相同的要求。

A. 收、发路径；　　B. 频率；

C. 时延；　　D. 阻抗。

答案：AC

2. 电网调度机构与（　　）的实时业务信息的传输，应具有两路不同路由的通信通道。

A. 直调发电厂；　　B. 枢纽变电站；

C. 重要变电站；　　D. 以上皆是。

答案：AC

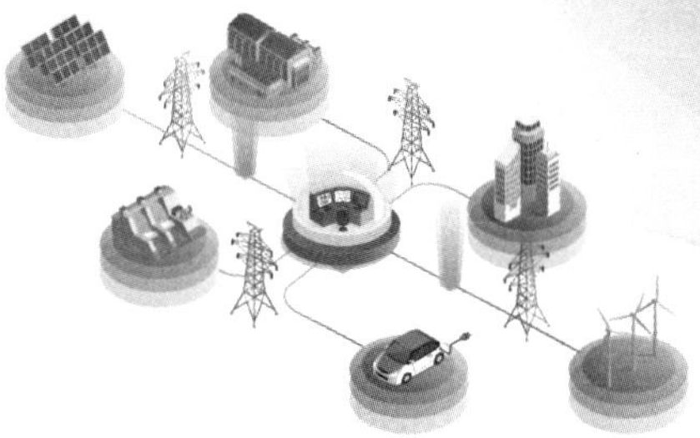

第十章　工　程　建　设

一、单选题

1. 单独立项的新建和改、扩建光纤通信工程的随工验收由（　　）组织相关单位在施工现场进行。

   A. 建设单位；　　B. 监理单位；

   C. 施工单位；　　D. 运行单位。

   答案：B

2. 在超长站距传输中，系统的富裕度应该与跨度距离成线性比例。衰减受限系统的再生段距离计算方法公式为 $L \leqslant (P_{s} + \sum G - P_{r} - P_{p} - \sum A_{c})/(A_{f} + A_{s} + \alpha)$，式中 A_{f} 指（　　）

   A. 活动连接器损耗；

   B. 光纤熔接头每千米衰耗系数；

   C. 光纤平均衰减常数；

   D. 富裕度比例系数。

   答案：C

3. 单通道光传输系统接收端的信噪比（OSNR）应满足系统误码率（　　）的要求。

   A. $BER \leqslant 10^{-11}$；　　B. $BER \leqslant 10^{-12}$；

   C. $BER \leqslant 10^{-13}$；　　D. $BER \leqslant 10^{-15}$。

   答案：B

4. 强电线路对通信线的影响分为（　　）。

   A. 危险影响和干扰影响；

   B. 平行影响和交叉影响；

   C. 近距离影响和远距离影响；

   D. 电波干扰和电磁干扰。

   答案：A

5. 光缆线路工程区段光路全程指标的检测应在（　　）阶段完成。

A. 随工验收；

B. 阶段性（预）验收；

C. 竣工验收；

D. 阶段性（预）验收或竣工验收。

答案：A

6. 电缆施放完毕后，无论电缆是接到配线架上，还是电缆与电缆接续，都必须在接续前先将电缆芯线进行（　　）。

A. 绝缘电阻测量；　　B. 环路电阻测量；

C. 编号、编线；　　D. 编号、编线和对号。

答案：D

7. ADSS 光缆架设（　　）采用张力放线。

A. 宜；　　B. 不宜；

C. 不必；　　D. 必须。

答案：D

8. 施工验收应按工程实施顺序对（　　）、工程施工进度、施工质量、施工文件进行检查和验收。

A. 设备；　　B. 材料；

C. 设备和材料；　　D. 以上都不是。

答案：C

9. 通信工程的隐蔽工程和特殊工程项目（　　）时，应留有影像资料。

A. 随工验收；

B. 阶段性（预）验收；

C. 竣工验收；

D. 随工验收或竣工验收。

答案：A

10. OPGW 和 ADSS 光缆长度检查项目的工厂验收应按照（　　）盘的抽样比例进行，不足一盘的抽检一盘。

A. 0.05；　　B. 0.1；　　C. 0.15；　　D. 0.2。

答案：A

11. 在工程文件验收时，（　　）负责编制、收集整理在试运行中形成的文件。

A. 建设单位；　　B. 监理单位；

C. 施工单位；　　D. 运行单位。

答案：D

12. 在工程文件验收时，（　　）负责收集和整理工程前期文件、竣工文件。

A. 建设单位；　　　　B. 监理单位；

C. 施工单位；　　　　D. 运行单位。

答案：A

13. 工程竣工验收后（　　）个月内，建设单位向运行单位及其他有关单位办理工程文件移交。有尾工的应在尾工完成后及时移交。

A. 1；　　B. 3；　　C. 6；　　D. 12。

答案：B

14. 电缆沟道、竖井内的金属支架的接地点之间的距离不应大于（　　）m。

A. 10；　　B. 20；　　C. 30；　　D. 40。

答案：C

二、多选题

1. 在基建或技改工程中，若电网建设改造工作改变原有通信系统的（　　），建设单位应委托设计单位对通信系统进行设计，深度应达到初步设计要求，并要按照基建和技改工程建设程序开展相关工作。

A. 网络结构；　　　　B. 传输业务；

C. 技术参数；　　　　D. 设备配置。

答案：ACD

2. 电力光纤通信网的建设应符合电力系统通信网的总体规划，优先采用（　　）光缆等电力特种光缆。

A. OPGW；　　　　B. 管道光缆；

C. ADSS；　　　　D. 架空光缆。

答案：AC

3. 电网调度机构与其调度范围内的下级调度机构（　　）等应具有两个及以上独立通信路由。

A. 集控站；　　　　B. 重要变电站；

C. 直调发电厂；　　　　D. 重要风电场。

答案：ABCD

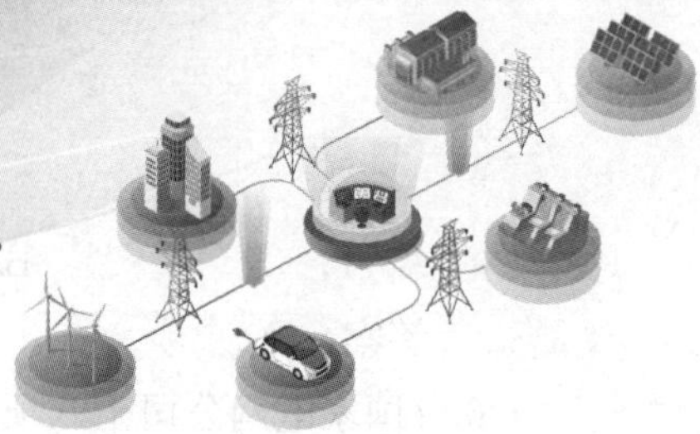

第十一章 电网通信运行

一、单选题

1. 通信运行管理类应用从通信运行的值班调度、方式、检修、故障、备件等方面的（　　）管理角度定义相关功能。

A. 流程化；　　　　B. 标准化；

C. 信息化；　　　　D. 规范化。

答案：A

2. 不属于通信统计指标的是（　　）。

A. 月度计划检修完成率；　　　　B. 月度临时检修率；

C. 通信检修申请票正确率；　　　　D. 月度检修归档率。

答案：D

3. 下列关于骨干通信网说法，错误的是（　　）。

A. 骨干通信网覆盖 10kV 及以上电网；

B. 由跨区、区域、省、地市（含县）共四级通信网络组成；

C. 一级通信网是指公司总部至各区域，各区域之间，国调调度范围各电厂；

D. 四级通信网是指地市公司至所辖各县，地市内县之间地调（及区县调）调度范围 35kV 及以上各站点。

答案：A

4. 设备的通电顺序为（　　），观察各单板指示灯是否正常。

A. 先机柜通电，再风扇通电，最后子架通电；

B. 先子架通电，再机柜通电，最后风扇通电；

C. 先子架通电，再风扇通电，最后机柜通电；

D. 先机柜通电，再子架通电，最后风扇通电。

答案：A

5. 地市供电公司级以上单位所辖通信站点单台传输设备、数据网设备，因故障全停，且时间超过（　　）h。属于八级设备事件。

A. 1；　　B. 2；　　C. 4；　　D. 8。

答案：D

6.《国家电网公司十八项电网重大反事故措施（试行）》规定电网调度机构与其调度范围内（　　）之间必须设立两个及以上独立的通信传输通道。

A. 下一级调度机构、变电站；

B. 变电站及大（中）型发电厂；

C. 下一级调度机构、变电站及大（中）型发电厂；

D. 所有厂站。

答案：A

7.《国家电网公司通信系统突发事件处置应急预案》为国家电网公司（　　）。

A. 突发事件应急处置现场预案；

B. 突发事件应急总体预案中的一部分；

C. 突发事件应急预案体系中的专项预案；

D. 突发事件应急处置管理规定。

答案：C

8. 地市级以上电力调度控制中心通信中心站的调度交换录音系统故障，造成（　　）天以上数据丢失或影响电网事故调查处理认定为七级事件。

A. 7；　　B. 1；　　C. 3；　　D. 5。

答案：A

9. 电力生产与电网运行应遵循（　　）原则。

A. 安全、优质、经济；　　B. 安全、稳定、经济；

C. 连续、优质、稳定；　　D. 连续、优质、可靠。

答案：A

10. 电力系统通信电路运行率的计算公式为（　　）。

A. {1－[∑中断路数（路）×电路故障时间（mim）]/[实际路数（路）×全月日历时间（mim）]}×100%；

B. {1－[∑中断路数（路）×电路故障时间（mim）]/[实际路数（路）×全月日历时间（mim）]}；

C. {[∑中断路数（路）×电路故障时间（mim）]/[实际路数（路）×全月日历时间（mim）]}×100%；

D. {[∑中断路数（路）×电路故障时间（mim）]/[实际路数（路）×全月日历时间（mim）]}。

答案：A

11. 电力线载波通信用的结合滤波器、高频电缆的维护、接地开关的操作，应由（　　）负责。

A. 通信人员；　　B. 调度人员；

C. 高压人员；　　D. 变电站人员。

答案：A

12. 电网通信设备统计分析中电网管理通信业务不含（　　）。

A. 行政电话业务；　　B. 调度电话业务；

C. 电视电话会议业务；　　D. 综合数据网业务。

答案：B

13. 对于进入通信机房的又有铠带又有屏蔽层的电缆，其接地方式是（　　）。

A. 机房内铠带和屏蔽层同时接地，另一端铠带和屏蔽层也同时接地；

B. 机房内铠带和屏蔽层同时接地，另一端只将屏蔽层接地；

C. 机房内铠带和屏蔽层同时接地，另一端只将铠带接地。

D. 机房内只将屏蔽层接地，另一端铠带和屏蔽层同时接地。

答案：B

14. 二次设备统计分析中通信光缆统计不包含（　　）。

A. OPGW 光缆；　　B. ADSS 光缆；

C. OPLC 光缆；　　D. 普通光缆。

答案：C

15. 各级通信机构应在收到申请单后的（　　）个工作日之内下发相应的方式单。

A. 2；　　B. 3；　　C. 4；　　D. 5。

答案：D

16. 各级信息通信调度机构每年应举行不少于（　　）次的应急演练。

A. 1；　　B. 2；　　C. 3；　　D. 4。

答案：B

17. 根据《电力系统通信管理规程》，由于通信电路和设备的故障引起（　　），不被评价为事故。

A. 继电保护不正确动作；

B. 继电保护不正确动作造成电力系统事故；

C. 使电力系统事故延长；

D. 造成人身伤亡。

答案：A

18. 国家电网公司电网调度的三项分析制度不包括（　　）。

A. 电网运行安全分析制度；

B. 电网运行分析制度；

C. 电网运行方式分析制度；

D. 电网二次设备分析制度。

答案：C

19. 行政电话的业务通道统计口径，是按照传输网中每占用一个（　　）通道，算作一个调度电话业务通道。

A. 8K；　　B. 56K；　　C. 64K；　　D. 2M。

答案：C

20. 计划检修应提前（　　）个工作日提交通信检修申请票，于工作前 2 个工作日上午 9：00 前上报至最终检修审批单位。

A. 2；　　B. 3；　　C. 4；　　D. 5。

答案：D

21. 继电保护及安全自动装置专用光纤宜采用（　　），进入变电站或发电企业控制楼的光缆必须采用（　　）。

A. 单模光纤、非金属光缆；　　B. 多模光纤、金属光缆；

C. 单模光纤、金属光缆；　　D. 多模光纤、非金属光缆。

答案：A

22. 检修申请单位填写通信检修申请票需向（　　）提出检修申请。

A. 所属通信运维单位；　　B. 通信设备资产所属单位；

C. 所属通信调度；　　D. 设备现场运行人员。

答案：A

23. 检修审批应按照通信调度管辖范围及下级服从上级的原则进行，以（　　）机构批复为准。

A. 电网调度；　　B. 本级通信调度；

C. 上级通信调度；　　D. 最高级通信调度。

答案：D

24. 金属管道引入室内前应水平直埋（　　）m 以上，埋深应大于 0.6m，并在入口处接入接地网。

A. 10；　　B. 8；　　C. 5；　　D. 3。

答案：A

25. 六级电网事件是指（　　）系统中，开关失灵、继电保护或自动装置不正确动作致使越级跳闸。

A. 110kV（含 66kV）以下；

B. 110kV（含 66kV）以上、220kV 以下；

C. 220kV 以上、500kV 以下；

D. 500kV 以上、800kV 以下。

答案：C

26. 每年雷雨季节前应对（　　）和防雷元件进行检查和维护。雷雨季节中要加强外观巡视，发现异常应及时处理。

A. 接地网的接地电阻；　　B. 接地系统；

C. 绝缘装置；　　D. 供电电源。

答案：B

27. 如因故未能按时开、竣工，检修责任单位应以电话方式向所属通信调度提出延期申请，经逐级申报批准后，相关通信调度视情况予以批复。检修票最多可以延期（　）次。

A. 0；　　B. 1；　　C. 2；　　D. 3。

答案：B

28. 设在调度局（所）、变电站、开关站内的通信站，当交流电源中断时，由通信专用蓄电池组单独供电的时间为（　　）h。

A. 1；　　B. 1～2；　　C. 1～3；　　D. 1～4。

答案：C

29. 独立通信站、综合大楼接地网的接地电阻应每（　　）进行一次测量，变电站通信接地网应列入变电站接地网测量内容和周期。

A. 日；　　B. 月；　　C. 季度；　　D. 年。

答案：D

30. 通信设备检修或故障处理中，应严格按照通信设备和仪表使用手册进行操作，避免误操作或对通信设备及人员造成损伤，特别是采用光时域反射仪测试光纤时，必须断开（　　）通信设备。

A. 本端；　　B. 邻侧；　　C. 对端；　　D. 同侧。

答案：C

31. 因一次线路施工或检修对通信光缆造成影响时，一次线路建设、运行维护部门应提前 5 个工作日通知通信运行部门，并按照电力通信检修管理规定办理相关手续，如影响上级通信电路，必须报上级（　　）审批后，方可批准办理开工手续。

A. 通信调度；　　　　　　　B. 电力调度；
C. 变电运行；　　　　　　　D. 调控中心。
答案：A

32. 通信检修工作应严格遵守电力通信检修管理规定相关要求，对影响一次电网生产业务的检修工作，应按（　　）检修管理办法办理相关手续。
A. 通信；　　B. 一次电网；　　C. 变电；　　D. 线路。
答案：B

33. 电网调度机构与直调发电厂及重要变电站调度自动化实时业务信息的传输，应具有两路不同路由的通信通道（主/备双通道），确保不因通信网发生（　　）故障造成两路调度自动化信息传送同时失效。
A. $N+1$；　　B. $N+2$；　　C. $N-1$；　　D. $N-2$。
答案：C

34. OPGW 光缆管理由（　　）部门负责。
A. 通信；　　　　　　　B. 输电线路和通信；
C. 输电线路；　　　　　D. 以上都是。
答案：B

35. 简单定位系统故障的方法，按优先级从先到后顺序是（　　）：①使用网管进行故障定位；②单站自环测试；③逐段环回方法，注意单双向业务；④替换单板方法。
A. ①②③④；　　B. ④①②③；　　C. ③②④①；　　D. ③②①④。
答案：A

36. 做通信电源系统的任何试验时，必须了解所在电网当时的运行情况，在确认不影响电网安全运行的情况下，经（　　）批准后，方可实施。
A. 电网调度；　　　　　　B. 通信调度；
C. 部门领导；　　　　　　D. 电源专工。
答案：B

二、多选题

1. 光纤通信电路应根据各类用户业务的（　　）收发路径、保护方式的技术要求，合理安排运行方式。
A. 接口；　　B. 带宽；　　C. 时延；　　D. 流量。
答案：ABC

2. 用于传输继电保护和安全稳定控制装置业务的通信通道投运前应进行测试

验收，其（　　）等技术指标应满足 DL/T 364《光纤通道传输保护信息通用技术条件》的要求。

A. 传输时间；　　B. 传输电平；

C. 可靠性；　　D. 传输频率。

答案：AC

3. 通信站内主要设备的告警信号（声、光）及装置应真实可靠。（　　）内主要设备的告警信号应接到有人值班的地方或接入通信综合监测系统。

A. 通信动力环境；　　B. 无人值班机房；

C. 通信机房；　　D. 其他通信屏。

答案：AB

4. 安全等级是国家信息安全监督管理部门对计算机信息系统（　　）的确认。

A. 规模；　　B. 重要性；

C. 安全保护能力；　　D. 网络结构。

答案：ABD

5. 通信运行方式的编制，应综合考虑（　　）等情况，合理调配各种通信资源，确保各类业务电路的安全。

A. 业务需求特性；　　B. 网络建设发展；

C. 通信设备健康状况；　　D. 各级通信资源共享。

答案：ABCD

6. 年度运行方式编制应遵循原则包括（　　）。

A. 通信网年度运行方式应与通信网规划以及电网年度运行方式相结合；

B. 通信网年度运行方式应与通信网年度检修计划和技改/大修相结合；

C. 下级单位的通信网年度运行方式原则上应服从上级单位的通信网年度运行方式；

D. 下级单位的通信网年度运行方式不需服从上级单位的通信网年度运行方式。

答案：ABC

7. 年度运行方式应包含（　　）。

A. 上一年度新（改、扩）建及退役通信系统情况；

B. 本年度通信年度运行方式编制的依据和需求预测；

C. 通信系统网络图；

D. 各类通信通道电路配置表。

答案：ABCD

8. 运行方式申请单除包含通信主管部门意见外，还应包含（　　）。

A. 申请类型、编号、时间、单位/部门、原因；

B. 业务要求（包括业务用途、起始和终止站点、带宽、数量、接口、使用期限等）；

C. 申请开通时间、申请人及联系电话；

D. 受理单位/受理人意见。

答案：ABCD

9. 方式单应包含（　　）。

A. 方式单类型、方式单编号、申请单编号；

B. 业务电路的名称及用途；

C. 业务电路带宽、端口、路由；

D. 要求完成时间。

答案：ABCD

10. 电力通信年度运行方式应包含（　　）。

A. 上一年度新（改、扩）建及退役通信系统情况和通信网现状；

B. 上一年度通信运行情况及分析、通信系统运行存在问题、提出改进措施和建议；

C. 通信系统网络图；

D. 本年度通信检修工作计划和通信系统运行方式安排。

答案：ABCD

11. 下列说法错误的是（　　）。

A. 业务“$N-1$”原则是指在正常运行方式下，通信系统内任何站点的单一设备故障或线路上的单点设施故障，不会造成系统内任一站点的某种电力生产业务中断；

B. 各级通信机构负责所辖通信网年度运行方式和日常运行方式的编制、实施；

C. 电力系统通信设备平均运行率的计算公式为{1－[∑中断路数（路）×设备故障时间（min）]/[配置路数（路）×全月日历时间（min）]}×100％；

D. 各级通信机构应为上、下级通信机构提供编制年度运行方式所需的基础资料。

答案：ABC

12. 不属于光缆线路现场检查的内容是（　　）。

A. 光缆备用纤芯是否有空闲纤芯长度、全程衰减和熔接点插损测试记录；

B. 光缆线路路由走廊范围内是否有影响光缆安全的危险物；

C. ADSS 光缆弧垂变化是否超过正常范围，光预绞丝端部、防震器与光缆结合部附近是否有电腐蚀现象；

D. OPGW 光缆进站后是否在门型架与变电站地网之间采用专用接地线连接。

答案：BC

13. 公司应急预案管理工作应当遵循的原则是（　　）。

A. 统一管理；　B. 分级负责；　C. 条块结合；　D. 协调衔接。

答案：BCD

14. 应急预案演练分为（　　）。

A. 综合演练；　B. 实战演练；　C. 专项演练；　D. 其他演练。

答案：AC

15. 应急管理是指信息通信专业紧急应对突发事件，包括（　　）等的应急管理工作。

A. 地震、雨雪和冰冻等自然灾害事件；

B. 信息通信运行事件；

C. 信息通信安全事件；

D. 例行检查。

答案：ABC

16. 信息通信应急管理遵循的原则是（　　）。

A. 统一领导；　B. 分级负责；

C. 预防为主；　D. 常备不懈。

答案：ABCD

17. 二次设备统计分析中通信光缆统计包含（　　）。

A. OPGW 光缆；　B. ADSS 光缆；

C. OPLC 光缆；　D. 普通光缆。

答案：ABD

18. 电网通信设备统计分析中，电网管理通信业务包含的项目是：（　　）。

A. 行政电话业务；　B. 调度电话业务；

C. 电视电话会议业务；　D. 综合数据网业务。

答案：ACD

19. 属于通信设备运行统计指标的项目是（　　）。

A. 设备运行率；　B. 业务保障率；

C. 告警确认率；　　　　　　　　D. 电路运行率。

答案：ABD

20. 通信检修作业是指对运行中的通信线路、通信设备等进行（　　）等，需要进行设备软件、硬件操作和业务数据配置操作，通常会改变设备、网络运行状态。

A. 修理；　　B. 测试；　　C. 试验；　　D. 数据上载。

答案：ABC

21. 利用网管系统对通信网络和设备进行周期巡视的作业文本包括（　　）。

A. 通信设备巡视卡；　　　　　　B. 通信工作票；

C. 通信操作票；　　　　　　　　D. 作业指导卡。

答案：AB

22. 通信设备日常巡视作业终结要求包含：（　　）。

A. 办理工作终结手续；

B. 检查巡视作业项目，防止遗漏项目；

C. 完整填写通信设备巡视卡并归档；

D. 对巡检中发现的故障或异常，应进行分析，及时上报通信主管部门，并提出整改方案。

答案：ACD

23. 通信系统的检修作业分为（　　）检修。

A. 通信光缆；　　　　　　　　B. 通信设备；

C. 通信电源；　　　　　　　　D. 辅助设施。

答案：ABC

24. 关于通信运行与检修工作的说法，正确的是（　　）。

A. 建立健全通信事故及紧急突发事件时的组织措施和技术措施，制定各项切实可行的反事故预案，并经常开展反事故演习；

B. 为确保电力通信网的安全稳定运行，各级电网调度机构必须设立相应的通信调度部门，根据情况可不必实行 24h 有人值班；

C. 应建立健全通信设备缺陷处理规定，明确缺陷处理的工作流程和处理时限，并建立消缺记录和消缺率统计；

D. 在故障处理期间，涉及故障处理的有关单位和人员，不得随意离开工作现场。

答案：ACD

25. 电力生产与电网运行应遵循的原则是（　　）。

A. 安全；　B. 优质；　C. 经济；　D. 稳定。

答案：ABC

26. 属于通信检修原则的是（　）。

A. 分级调度；　B. 逐级审批；

C. 规范操作；　D. 分级管理。

答案：ABC

27. 一般人身事故（四级人身事件）是指一次事故造成（　）人以下死亡，或者（　）人以下重伤者。

A. 3；　B. 5；　C. 10；　D. 30。

答案：AC

28. 业务网络包括（　）。

A. 调度交换网；　B. 行政交换网；

C. 调度数据网；　D. 电视电话会议系统。

答案：ABCD

29. 7 号信令网的部件由（　）组成。

A. 信令点；　B. 信令控制点；

C. 信令转接点；　D. 信令链路。

答案：ACD

30. NGN 应用中，No.7 信令功能结构属于用户部分的是（　）

A. TUP；　B. SCCP；　C. ISUP；　D. TCAP。

答案：ACD

31. 支撑网络包括（　）。

A. 电源系统；　B. 时钟系统；

C. 网管系统；　D. 光传输。

答案：ABC

32. 关于过电压防护管理的说法，正确的是（　）。

A. 电力系统通信站过电压防护工作实行统一、属地化管理方式；

B. 各级通信机构应设过电压防护安全负责人；

C. 各级通信机构应设过电压防护专责人；

D. 过电压防护主管部门负有监管所辖范围通信站过电压防护、防雷减灾职责。

答案：BCD

33. 通信网运行方式的编制，应综合考虑（　）。

A. 电网和通信网建设情况；

B. 现有通信网结构变化；

C. 通信设备健康状况；

D. 各级通信资源共享。

答案：ABCD

34. 电力通信网运行管理应以服务于电力系统（　　）运行为基本准则。

A. 安全；　　B. 优质；　　C. 经济；　　D. 高效。

答案：ABC

35. 电网通信机构由（　　）组成，下级通信机构接受上级通信机构管理。

A. 总部通信机构；

B. 网、省公司通信机构；

C. 地（市）、县公司通信机构；

D. 各级电网运行维护单位的通信机构。

答案：ABCD

36. 下列关于网管系统的描述，正确的是（　　）。

A. 传输网管系统由于和办公内网在物理上隔离，可以不采取二次安全防护措施；

B. 严禁无关人员进入网管系统；

C. 网管系统外存储设备应专用，其他外存储设备不应接入网管系统；

D. 网管系统的计算机和维护终端为专用设备，未经许可，不应挪作他用。

答案：BC

37. 下列说法正确的是（　　）。

A. 室外通信电缆应采用屏蔽电缆，屏蔽层应等电位接地；

B. 既有铠带又有屏蔽层的电缆，在机房内应将屏蔽层接地，另一端将铠带和屏蔽层同时接地；

C. 微波塔上一般不得架设或搭挂除本站以外的通信装置；

D. 通信机房的环形地母线应采用截面不小于 $90mm^2$ 的镀锌扁钢或 $120mm^2$ 的铜排。

答案：AC

38. 通信站应具备的制度有（　　）。

A. 机房管理制度；　　B. 现场工作规范；

C. 应急管理制度；　　D. 设备专责制度。

答案：ABCD

三、判断题

1. 监视主面中有显示业务的实时状态。(√)
2. 监视主页业务分类监视可直观显示业务状态。(√)
3. 检修、缺陷工单的纵向流转和各单位“纵向互联配置表”中配置的应用服务器的 IP 有关。(√)
4. 检修单不必与检修计划一一对应。(√)
5. 检修单不可以按检修执行情况统计。(×)
6. 检修管理模块，不能根据模糊查询检索出相应工单。(×)
7. 检修计划管理包括年度计划检修和季度计划检修。(×)
8. 检修计划申报在方式管理子模块中。(×)
9. 检修流程不可以由调度员发起。(×)
10. 检修流程中检修专责只有填写检修单的权限。(×)
11. 检修流程中填写检修单的“影响单位最高等级”可以判断是否进入上级单位审批流程。(√)
12. 检修上级通信设备时，需要上级通信调度的审批；对本级单位设备检修时涉及上级业务，不需要上级单位的审批。(×)
13. 检修与方式的全部未未完成工单在系统中可以明确看到下一步执行角色。(√)
14. 检修专责与调度通信值班人员都可以填报检修计划。(×)
15. 交接班时只要当值人员在场，不需要下一班人员在场就可以交接班。(×)
16. 交接班时只有安排了在当前时间段上的值班员才能接班。(√)
17. 进行空间资源清查数据导入过程中，导入顺序为区域、站点、机房、机柜。(√)
18. 进行历史告警的快速查询只能查询近 3 个月的告警数据。(√)
19. 进行业务资源数据导入后，添加的业务会自动关联通道，不需要手动关联通道。(×)
20. 进入某个网元的资源影响业务分析界面可以查看到业务列表但查看不到影响程度。(×)
21. 全局名称命名规范的电压等级单位要求为小写 k，大写 V。(√)
22. 全局名称是通信管理系统中通信资源的唯一标识。(√)
23. 缺陷单中故障的等级分四级。(×)
24. 缺陷故障单中的缺陷等级分为严重、重要和一般三个等级。(√)

25. 任何人都可以发起检修申请流程。(×)
26. 任何人都可以在系统内发布消息。(×)
27. 任何一个检修单都可以上报分部或者国网信通。(×)
28. 任何一个调度值班员都可进行值班排班操作。(×)
29. 如果设备发生告警，在机房平面图中该设备所属机柜上会呈现告警。(√)
30. 若地市没有检修计划则可以不处理月计划工单。(×)
31. 部分操作不用填写调度指令票，可由值班调度员下达口头调度指令，但应做好记录。(√)
32. 调度指令票是上级调度部门向下级调度部门下达的工作指令，受令单位必须严格按照调度指令票内容进行操作。(√)
33. 信息通信调度简报中，运行情况中事件的根本原因尚未查明的，可放到日后的问题分析部分说明。(√)
34. 完结状态的信息通信调度值班日志可以修改为执行中。(√)
35. 交接班过程中如发生突然问题，应立即停止交接班，并由交班值主值班员负责指挥处理问题，接班值班员应积极配合。(√)
36. 巡检记录中，要对巡检中出现的异常做详细的记录，对正常情况不需要进行记录。(×)
37. 当值值班员收到调度联系单后，应第一时间按调度联系单的要求处理。(√)
38. 调度报表数据需核查统计得出各单位周、月度、季度、年度评价结果。(×)
39. 当发现数据有异常时，应遵循谁提供数据谁负责准确性的原则，第一时间与数据相关的。负责人联系，保证在最短的时间内提供最准确的数据。(√)
40. 当值调度值班员掌握调度指令的填写、记录、执行等联络机制和操作流程的执行规范。(√)
41. 接令对象根据调度值班员下达的调度指令票，按有关要求拟写两票。(√)
42. 各级信通调度负责组织调管范围内的信息通信系统运行方式编制工作。(√)
43. 如出现危及信息系统安全、稳定运行的紧急情况，调度值班员可以主动调整运行方式。(√)
44. 如月度运行方式影响上级调度调管范围的系统，须报上级运行方式管理部门批准。(√)
45. 如运行方式变更影响上级调度调管范围的系统，须报上级运行方式管理部门批准后发布。(√)
46. 各级信通调度须3月底前完成调管范围内年度运行方式审批和下达。(×)
47. 网络系统现状及运行情况分析中，对网络的性能、检修、缺陷、故障、负

载等内容进行描述和分析。其中局域网包括核心层、汇聚层和接入层，不用分别进行描述。(×)

48. 每年例行开展的年度检修计划和根据缺陷排查情况制定的消缺计划要明确列出内容、原因、计划时间、影响范围以及检修消缺后的网络与信息系统运行方式的变化。(√)

49. 应急演练计划包括应急预案的制定或修订、应急培训、应急演练等，列出应急演练的内容、计划时间、影响范围和演练后的运行方式变化。业务的定期切换、数据的定期备份和恢复等方面也可作为应急演练一部分。(√)

50. 资源需求：主要是新增业务需求，包括新上变电站、新增网络节点、新建系统等网络流量需求、数据存储空间需求和系统配置需求等。(√)

51. 各级信息通信调度机构应根据信息通信系统运行方式、检修计划安排、信息通信资源运行状况及优化应用方案统筹调度信息通信资源。(√)

52. 各级信息通信调度机构应定期组织对调管范围内的信息通信资源进行核查，掌握调管范围内信息通信资源的利用情况，对资源进行统筹调配。(√)

53. 各级信息通信调度机构负责调管范围内信息通信资源。(√)

54. 在信息通信系统应急情况下，各级信息通信调度机构可根据资源分级调配机制协调信息通信资源进行跨级别、跨区域调配。(√)

55. 为保障信息系统的安全稳定运行，各级信息通信调度机构可对调管范围内的信息运行、检修、客户、安全督查人员及三线运维支持人员进行调配。(√)

56. 各级调度应在年度方式正式下发后，做好年度方式宣贯和执行跟踪工作，确保年度方式得到准确、有效的执行。(√)

57. 重要业务现状内容包括继电保护和安全稳定控制装置等重要业务现状。(√)

58. 编制涉及通信专业的各类基建工程的运行方式和项目可不预案。(×)

59. 传输网络拓扑图所含信息可包括设备容量、设备名称、光路信息等。(√)

60. 年度运行方式报告格式的图片文字清晰、大小合适，图表标题说明准确。(√)

61. 光缆运行情况内容包括光缆故障次数、原因、与上年度比较故障率增减。(√)

62. 通信运行方式编制工作应在电网运行方式审核下发后进一步修改完善。(√)

63. 业务网络拓扑图所含信息可包括站点信息、业务通道带宽等。(√)

64. 年度运行方式报告格式的编号不需要分级。(×)

65. 传输网设备运行情况内容包括光传输、微波、载波等设备典型故障的简单描述以及故障原因分析、与上年度比较故障率增减。(√)

66. 通信运行方式编制工作应与电网运行方式编制同步开展。（√）
67. 设备运行情况分析包括设备缺陷次数、缺陷原因、故障历时、与前一年度情况比较、影响业务通道情况等。（√）
68. 年度运行方式报告格式的目录与正文内容可以不一致。（×）
69. 业务网设备运行情况内容包括 PCM、交换机、会议电视系统等设备典型故障的简单描述以及故障原因分析、与上年度比较故障率增减。（√）
70. 通信技改、大修项目的实施，要尽量安排在春、秋检期间进行。（√）
71. 从通信网络组网方式、可靠性、安全性等方面寻找通信网络、通信设备的薄弱环节。（√）
72. 电网调度电话、自动化信息、继电保护及安全稳定控制装置等重要业务电路的运行方式编制应满足 $N-1$ 正确原则。（√）
73. 信息系统运行方式编制内容介绍了信息系统运行方式编制的内容，通过对信息系统上年度运行情况、存在问题及改进措施、本年度运行方式的介绍，掌握信息系统运行方式所需要编制的内容。（√）
74. 保障时期运行方式：要描述在春节、国庆和迎峰度夏等重要时期，网络与信息系统应以何种方式运行，以及具体措施和安全保障工作部署，以确保全系统零缺陷的运行方式，原则上可以安排计划检修。（×）
75. 信息系统运行方式编制包括主要设备统计表、网络与信息系统拓扑结构图等主要基础性资料，覆盖所属各级单位。（√）
76. 信息系统运行方式编制重点突出对上年度计划检修、运行故障、存在缺陷和隐患的汇总统计，分析产生的原因和存在的主要矛盾，并提出解决措施，明确本年度例行检修计划、应急演练计划和新（改、扩）建计划。（√）
77. 特殊运行方式是指针对特殊时段、特殊事件而制定的运行方式。（√）
78. 信息系统运行方式编制涵盖的其他包含计划检修、新（改、扩）建信息化项目、应急演练、信息系统上下线等。（√）
79. 支撑网设备运行情况内容包括各设备典型故障的简单描述以及故障原因分析、与上年度比较故障率增减。（√）
80. 各级通信网的年度运行方式要相互协调，下级单位的通信网年度运行方式可不服从上级单位的通信网年度运行方式。（×）
81. 薄弱环节一定以缺陷的形式表现出来。（×）
82. 下级单位通信年度运行方式原则上应服从上级单位通信网年度运行方式。（√）
83. 公司通信系统调度运行工作遵循“统一调度、分级管理”的原则，下级调

度必须服从上级调度。（√）

84. 公司各级通信调度人员的准入条件原则上应参加国网公司组织开展的相关培训，经考试合格后取得上岗资格证，进行持证上岗。（√）

85. 各级通信调度负责所辖电力通信网运行监视、电路调度、协调指挥故障处理等工作，下级通信调度应服从上级通信调度的指挥，并根据实际情况灵活执行通信调度指令。（×）

86. 承担通信光缆线路运行维护的单位，不论行政隶属关系，应接受同级和上级通信运行管理机构的业务指导和运行管理，服从通信调度指挥。（√）

87. 并入电力通信网的各类通信设备、设施，不论产权或隶属关系，均应纳入所辖通信调度管辖范围。任何情况下，上级通信调度都无权调用下级通信的资源。（×）

88. 通信调度是电力通信网故障处理的指挥和协调中心，各级通信和电网运行维护单位应在本级和上级通信调度的统一指挥下开展故障抢修工作。（√）

89. 通信检修是电网检修的重要组成部分，应严格按照电力通信设备检修工作有关规程、规定的要求执行，实施闭环管理。涉及通信业务的电网基建、检修工作不应纳入通信检修管理范围。（×）

90. 各级通信机构应建立健全安全检查，安全监督及安全内控监督机制，实现安全生产闭环管理。（√）

91. 维护检修人员在对运行中的传输设备进行操作前，应戴上防静电护套后才能对设备进行操作。（√）

92. 在复用有保护、安控电路的网管系统上工作时，必须实行许可制度和现场监护人制度。（√）

93. 为了提高通信质量，确保设备和人身安全，通信电源必须良好接地，交流接地只包括工作接地和保护接地。（×）

四、简答题

1. 通信网运行概况主要包括哪几个方面？

答：通信网运行概况主要包括：通信系统覆盖范围、通信设备运行指标、通信通道及业务保障情况、电路开通情况、通信设备缺陷及影响业务通道情况、通信检修工作完成情况等。

2. 请简述通信检修申请时间。

答：（1）计划检修：提前 5 个工作日提交通信检修申请单，于工作前 2

个工作日上午 9：00 前上报至最终检修审批单位。

（2）临时检修：提前 2 个工作日（节日期间临时检修应提前 3 个工作日）提交通信检修申请单，于工作前 1 个工作日上午 9：00 前上报至最终检修审批单位。

（3）其他：重大检修或影响重要电网调度通信业务时再提前 1 个工作日提交上报。影响电网调度通信业务的通信检修申请单至少提前 1 个工作日提交电力调控中心会签。

3. 请简述中断光缆的检修工作应包含的安全措施。

答：对中断光缆的检修工作，必须在光缆开断前在两侧变电站光配上依次断开该光缆所有跳纤；在光缆熔接完成后进行全程纤芯衰耗测试，确保纤芯接续正确、性能符合要求。

4. 各级信息通信调度机构需组织开展运行方式的流程是什么？

答：①各级信息通信调度机构需组织开展运行方式的后评估工作；②及时评估运行方式的实施效果；③对存在的问题进行分析总结；④形成运行方式后评估报告。

5. 请简述通信检修开工必备条件。

答：（1）现场确认相关组织、技术和安全措施到位。

（2）依据通信检修申请单，填写现场工作票，现场开工许可办理完毕（在变电站检修必备）。

（3）确认电网通信业务保障措施已落实。

（4）确认受影响的继电保护及安全自动装置业务已退出。

（5）确认有关用户同意中断受影响的电网通信业务。

（6）确认通信网运行中无其他影响本次检修的情况。

（7）相关通信调度已逐级许可开工。

（8）所属通信调度下达开工令。

6. 调度指令票应经过哪四个环节？

答：（1）调度指令票由当值调度值班员拟写。

（2）调度指令票由主值调度值班员或当值信息系统调度负责人审核，但与拟写人不得是同一人。

（3）调度指令票应提前预发给受令人。

（4）根据调度值班员下达的调度指令票，受令人按有关规定办理工作票和操作票手续。受令人执行调度指令完毕后，应立即调度值班员报告，由调度值班员确认调度指令执行完毕。

7. 信息通信设备的命名由哪几部分组成？

答：第一部分为总部、各单位的规范缩写；第二部分为设备分类或厂站的名称（用于通信类设备或基础设施，厂站名称由厂站归属地遵循电力生产要求命名）；第三部分为由 0～9 组成的两位流水号；第四部分为设备分类中具体的设备或系统名称。

五、综合分析题

某网省公司计划于 2013 年 3 月 13 日 18：30～20：30 执行“ERP 系统 3.1.234 版本升级”检修。检修当日 18：25 当值调度员在接到检修负责人的电话执行申请后，批准其准时开始执行，并向国网总调进行电话汇报。20：15，在接到检修负责人的电话汇报后，向国网总调电话汇报检修结束，并进行日志记录。请指出上述检修执行过程中的问题，并结合上述案例简述信息系统一级计划检修的调度管控过程。

答：（1）当值调度员未对检修的执行过程进行全过程管控。

（2）检修工作实施前，信息通信调度应与信息系统检修机构确认检修工作准备是否完整。

（3）检修工作开始前，信息通信调度需确认两票流程是否已完成，并明确检修执行内容。

（4）检修工作实施期间，信息通信调度应做好检修影响范围的监控工作，检查各系统启停过程及时间与检修计划是否一致。

（5）检修工作实施期间，在检修计划制定的回退时间之前，当值调度需与检修执行人员确认检修执行是否正常，是否需要回退。

（6）检修完成后，当值调度员需通过监控及各种检查手段确认。

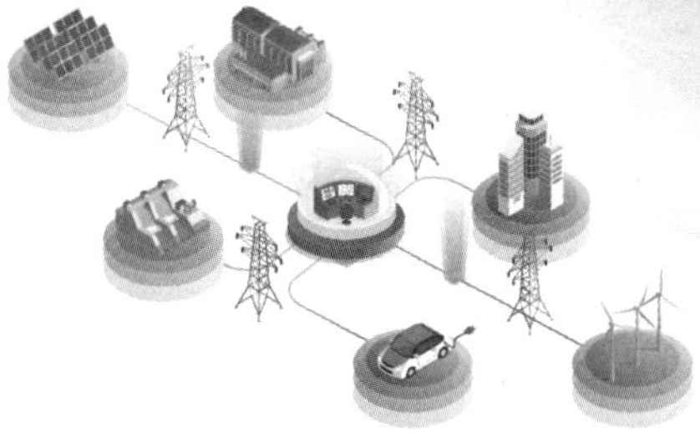

第十二章　通信支撑网技术

一、单选题

1. 描述同步网性能的三个重要指标是（　　）。

A. 漂动、抖动、位移；　　B. 漂动、抖动、滑动；

C. 漂移、抖动、位移；　　D. 漂动、振动、滑动。

答案：B

2. 基准时钟一般采用（　　）。

A. GPS；　　B. 铯原子钟；

C. 铷原子钟；　　D. 晶体钟。

答案：B

3. 基准主时钟（PRC），由 G.811 建议规范，频率准确度达到（　　）。

A. 1×10^{-11}；　　B. 1×10^{-10}；

C. 1×10^{-9}；　　D. 1×10^{-8}。

答案：A

4. 2.048kbit/s 复帧结构中的（　　）时隙作为传递 SSM 的信息通道。

A. TS0；　　B. TS1；　　C. TS16；　　D. TS30。

答案：A

5. 在 SDH 中，SSM 是通过 MSOH 中（　　）字节来传递的。

A. S1；　　B. A1；　　C. B2；　　D. C2。

答案：A

6. 如果没有稳定的基准时钟信号源，光同步传送网无法进行（　　）传输指标的测量。

A. 误码；　　B. 抖动；　　C. 漂移；　　D. 保护切换。

答案：C

7. 在 SDH 网络中传送定时，要通过的接口种类有：2048kHz 接口、2048kbit/s 接口和（　　）接口三种。

A. 34Mbit/s；　　B. 8Mbit/s；　　C. STM-N；　　D. STM-0。

答案：C

8. 通信网中，从时钟的正常工作状态不应包括（　　）。

A. 自由运行（Free Running）；

B. 保持（Hold Over）；

C. 锁定（Locked）；

D. 跟踪（Trace）。

答案：D

9. 在 SDH 网络中，其全程漂动总量不超过（　　）μs。

A. 10；　　B. 18；　　C. 20；　　D. 25。

答案：B

10. SDH 同步网定时基准传输链上，SDH 设备时钟总个数不能超过（　　）个。

A. 10；　　B. 20；　　C. 60；　　D. 99。

答案：C

11. SDH 同步网定时基准传输链上，在两个转接局 SSU 之间的 SDH 设备时钟数目不宜超过（　　）个。

A. 10；　　B. 20；　　C. 60；　　D. 99。

答案：B

12. 由于时钟内部操作而引起的基准时钟输出接口（2048kHz 或 2048kbit/s）相位不连续性都不应超过（　　）。

A. 1UI；　　B. 1/2UI；　　C. 1/4UI；　　D. 1/8UI。

答案：D

13. 对输入定时信号的规定：当以电缆连接 BITS 输出至业务设备的同步输入时，BITS 输出至业务设备输入间的传输衰减为：对 2048kbit/s 信号，在 1024kHz 频率点不应大于（　　）dB；对 2048kHz 信号，在 2048kHz 频率点不应大于（　　）dB。

A. 5、5；　　B. 6、6；　　C. 7、7；　　D. 8、8。

答案：B

二、 多选题

1. 以下关于时钟源说法，正确的是（　　）。

A. PRC. LPR 都是一级基准时钟；

B. PRC 包括 Cs 原子钟；

C. BITS 只能配置 Rb 钟；

D. SDH 的外部定时输出信号可作为 BITS 的参考信号源。

答案：ABD

2. 定时基准的局间分配可以对相互连接的各同步网节点提供同步。在一个同步区内，定时基准局间分配采用分缀树状结构，传送定时基准的方式是（　　）。

A. 利用 PDH 2048kbit/s 专线；

B. 利用 SDH STM-N 线路信号；

C. 利用 PDH 2048kbit/s 业务电路；

D. 利用 SDH 2048kbit/s 业务电路。

答案：ABC

3. 符合基准时钟源指标的基准时钟源可以是（　　）。

A. 铯原子钟；

B. 卫星全球定位系统（GPS）；

C. 铷原子钟；

D. PDH 2M 支路信号。

答案：AB

4. 我国的网同步方式包括（　　）。

A. 主从同步方式；

B. 互同步方式；

C. 准同步方式；

D. 交叉同步方式。

答案：ABC

5. SDH 网同步方式中，属于正常同步工作方式的是（　　）。

A. 同步方式；

B. 伪同步方式；

C. 准同步方式；

D. 异步方式。

答案：AB

6. 抖动产生的原因有（　　）。

A. 设备内部噪声引起的信号过零点随机变化；

B. 由于昼夜温差产生；

C. 时钟自身产生；

D. 传输系统产生。

答案：ACD

7. 以下关于指针调整作用的描述，正确的是（　　）。

A. 当网络处于同步工作状态时，指针用于进行同步信号之间的相位校准；

B. 当网络失去同步时，指针用作频率和相位的校准；

C. 当网络处于异步工作时，指针用作频率跟踪校准；

D. 指针可以容纳网络中的抖动和漂移。

答案：ABCD

三、判断题

1. 外同步接口（包括输入和输出）可有两种选择，即 2048kHz 和 2048kbit/s，但应优先选用 2048kHz。(×)

2. 在制定本地 BITS 设备输出端口分配方案时，应避免出现定时环路，包括主、备用定时基准链路倒换时不应构成定时环路。(√)

3. 各网络节点同步输入接口应接受来自局内 BITS 设备不同输出模块的两路定时信号，采用一主一备外定时信号方式。(√)

4. 一般同步时钟的精度：外时钟≥线路提取时钟≥内部自由钟。(√)

5. 同步网由同步网节点设备（各种级别高精度的时钟）和定时链路组成。(√)

6. 2 级节点时钟（G. 812）应优于$\pm 1.6\times 10^{-8}$。(√)

7. 3 级级节点时钟（G. 813）应优于$\pm 4.6\times 10^{-6}$。(√)

8. PRC 和 LPR 都是二级基准时钟。(×)

9. PRC（基准时钟源）由 Cs 原子钟组成。(√)

10. LPR（区域基准时钟源）由卫星定位系统＋Rb 原子钟组成的。(√)

11. BITS 是指大楼综合定时供给系统，其内部配置的振荡器为二级时钟，即 Rb 或晶体钟。(√)

12. 从时钟的锁定状态是从时钟的非正常工作状态。(×)

13. 双星接收系统，其中“双星”是指美国的 GPS 和俄罗斯的 GLONASS 卫星系统。(√)

14. 因 SDH 电路会使定时信号的漂移不断积累故利用 SDH 网络传送定时信号会有距离限制。(√)

15. 当 SDH 系统内不支持 SSM 功能时，不能采用该系统传递定时。(√)

四、 简答题

1. 什么叫定时环？如何产生的？

答：定时环是指时钟直接或经过网络间接跟踪自身输出信号的现象。当从钟输出直接或经过网络间接环回到输入时，发生定时环，定时环会使业务中断。定时环的产生有两个原因：

(1) 不合理的网络规划造成定时环。由于网络规模越来越复杂，对同步网的要求越来越高，同步网的设计越来越复杂，这样，规划设计不慎会造成定时环。

（2）当同步网发生故障和定时恢复时造成定时环。或者在日常维护中的误操作造成定时环。

网络设计时要注意避免定时环。

2. 说明 PRC、LPR、BITS 的概念及其关系。

答：PRC 和 LPR 都是一级基准时钟。PRC（基准时钟源）由 Cs 原子钟组成。LPR（区域基准时钟源）由卫星定位系统＋Rb 原子钟组成的。BITS 是指大楼综合定时供给系统，其内部配置的振荡器为二级时钟，即 Rb 或晶体钟。

3. 什么是同步?

答：两个或多个信号之间在频率和相位上具有相同的长期频率准确度，最简单的关系是频率相等。

4. 什么是时钟的保持模式?

答：时钟通道被断开时，时钟通道以刚一断开之前的频率偏差开始自由振荡，与振荡器的频率偏移率相对应，频率偏差增加的状态，时钟提供设备所请求的就是保持模式。

5. 解释 BITS 的含义和基本功能。

答：BITS 称为通信楼综合定时供给系统。基本功能是：①跟踪上一级定时参考信号；②过虑输入抖动和漂动；③为通信楼内设备提供定时信号；④向下一级同步设备传递定时信号。

6. 解释有关时钟性能的参数的含义：频率准确度、频率稳定度、牵引范围。

答：频率准确度：在规定的时间周期内，时钟频率偏离的最大幅度。

频率稳定度：在给定的时间间隔内，由于时钟的内在因素或环境影响而导致的频率变化。

牵引范围包括牵引入范围和牵引出范围，前者是指从钟参考频率和规定的标称频率间的最大频率偏差范围，在此范围内，从钟将达到锁定状态。后者是指从钟参考频率和规定的标称频率间的频率偏差范围，在此范围内，从钟工作在锁定状态，在此范围外，从钟不能工作在锁定状态，而无论参考频率如何变化。

7. 简述数字通信系统中的主从同步方式的特点。

答：主从同步方式：它使用一系列分级的时钟，每级时钟都与其上一级时钟同步，在网中的最高一级时钟称为基准主时钟，它是一个高精度和高稳定度的时钟，该时钟经同步分配网分配给下面的各级时钟。

其优点是网络稳定性好，组网灵活，适用于树形结构和星形结构，对从钟频率精度要求较低，控制简单。其缺点是基准时钟和同步分配链路故障敏感，一旦基准主钟故障会造成全网的问题。

8. 简述滑动对话音业务和数据业务的影响。

答：滑动对不同业务有不同的影响：

（1）滑动对话音通信的影响不大，一个滑动产生一个咯啦声。当滑动率很高时，通话者才会注意到它的影响。

（2）当在数据链路上发生滑动时，数据将被重新发送。对于分组数据业务，一个滑动导致一个分组包的丢失，该分组包会进行重传，这样滑动降低了数据传输的效率。对于有些编码数据，滑动影响较大，会导致整个编码的重传，降低可靠性和传输效率。对于数据图像业务，滑动将导致画面冻结。对于通过调制解调器连接的模拟电路传送数据业务，滑动影响较大，大多数调制解调器利用调相信号承载数据，对于一个 1kHz 的载波来说，一个滑动相当于一个 45°的偏移。

9. 基于 SDH 的同步网规划及组网原则着重应考虑哪些情况？

答：基于 SDH 的同步网规划及组网原则着重应考虑以下三点：①避免定时环的出现；②防止低级时钟同步高级时钟情况的出现；③减少时钟重组对定时的影响并缩小其影响的范围。

为了避免上述三种情况的发生，需要对定时基准传输链路进行认真、细致的规划和设计。

五、综合分析题

1. 通信专业所说的通信网同步与保护、自动化专业所说的同步一样吗？

答：通信网中所说的同步是指频率同步，指信号的频率跟踪在基准频率上，使其长期稳定性与基准保持一致，但不要求起始时刻保持一致，基准不一定跟踪 UTC（协调世界时，Universal Time Coordinated），可以使用独立运行的铯钟组作为同步时钟。而保护、自动化专业所说同步指时间同步，不仅要求信号的频率锁定在基准频率上，使其长期稳定性与基准保持一致，而且要求信号的起始时刻与 UTC 保持一致。即要求时间同步必须跟踪到 UTC 上。一般应用在继电保护和自动化故障定位和定时。

两者虽然都是利用 GPS 卫星定位系统，但卫星接收机有所不同。

2. 一条包含三个网元的 SDH 线性链路在正常情况下的定时流向如图 12-1 所示，请说明在网元 1 与 2 之间发生线路故障的情况下，如果设备提供 S1 字节功能，网元 2 和 3 之间为什么能避免形成定时环。

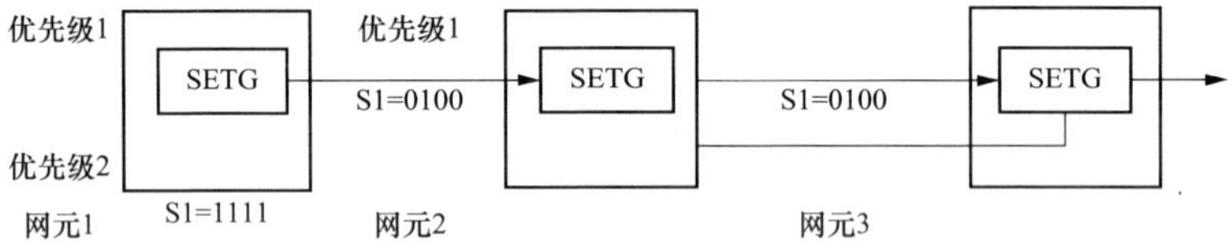

图 12-1

答：当网元 1 与 2 之间线路中断时，网元 2 工作于优先级 1 的时钟中断，工作时钟倒向优先级 2，但由于优先级 2 时钟的同步质量等级 S1＝1111 要低于网元 2 的内部自由振荡时钟质量等级 S＝1011，因此网元 2 经过判决后采用内部时钟作为往下继续传送的时钟源，那么网元 2 和 3 之间就不会出现时钟自发自收的现象。

3. 为什么利用 SDH 网络传送定时信号会有距离限制？

答：时钟本身、传输媒质等都会产生漂移，同步时钟设备和 SDH 设备时钟对于抖动具有良好的过滤功能，但是难以滤除漂移。SDH 定时链路上的 SDH 网元时钟将会增加漂移总量，随着定时信号的传递，漂移将不断积累，因此定时链路会有距离限制。

4. 数字通信系统为什么要求网络同步？

答：网同步是数字网所特有的问题，它的目标是使网中所有交换节点的时钟和相位都控制在容差范围内，以使网内各交换节点的全部数字流实现正确有效的交换。否则会在数字交换机的缓存器内产生信息比特的溢出和取空，导致数字流的滑动损伤，造成数据出错。

5. 如图 12-2 所示的 SDH 传输网中，BITS 时钟信号通过网元 1 和网元 4 的外时钟接入口接入，互为主备，满足 G. 812 本地时钟基准源质量要求。正常工作的时候，整个传输网的时钟同步于网元 1 的外接 BITS 时钟基准源。

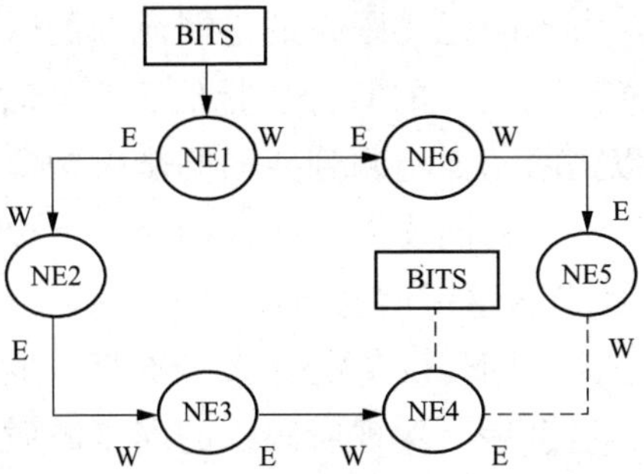

图 12-2

网元	同步源	时钟源级别
NE1		
NE2		
NE3		
NE4		
NE5		
NE6		

正常状态下的时钟跟踪：

（1）填表说明，SDH 网络正常工作时，各网元选取的同步时钟源和时钟源的优先级别设置，此时，网元 1 的 S1（b5－b8）值是多少？

（2）当网元 2 和网元 3 间的光纤发生中断时，画出倒换后的时钟系统图，并依据时钟倒换的基本原则说明时钟倒换的过程。

（3）若网元 1 的外接 BITS 时钟出现了故障，画出倒换后的时钟系统图。

（4）若网元 1 和网元 4 的外接 BITS 时钟都出现了故障。假设所有 BITS 出故障前，网中的各个网元的时钟同步于网元 4 的时钟。画出倒换后的时钟系统图。

答：（1）此时 S1（b5－b8）＝1000

各网元同步源及时钟源级别配置

网元	同步源	时钟源级别
NE1	外部时钟源	外部时钟源、西向时钟源、东向时钟源、内置时钟源
NE2	西向时钟源	西向时钟源、东向时钟源、内置时钟源
NE3	西向时钟源	西向时钟源、东向时钟源、内置时钟源
NE4	西向时钟源	西向时钟源、东向时钟源、外部时钟源、内置时钟源
NE5	东向时钟源	东向时钟源、西向时钟源、内置时钟源
NE6	东向时钟源	东向时钟源、西向时钟源、内置时钟源

（2）正常情况下，由于网元 4 跟踪的是网元 3 的时钟，为避免出现时钟环路，因此网元 4 发送给网元 3 的时钟质量信息为“时钟源不可用”，即 S1（b5－b8）＝1111。所以当网元 3 检测到西向同步时钟源丢失时，网元 3 不能使用东向的时钟源作为本站的同步源。而只能使用本板的内置时钟源作为时钟基准源，并通过 S1 字节将这一信息传递给网元 4，即网元 3 传给网元 4 的 S1(b5－b8)＝1011，表示“同步设备定时源（SETS）时钟信号”。

网元 4 接收到这一信息后，发现所跟踪的同步源质量降低了，重新选取符合质量要求的时钟基准源。首先选取质量高的时钟，此时只有东向时钟源和外接 BITS 时钟源满足质量阈值的要求。其次选取优先级别高的，网元 4 最终选取东向时钟源作为本站的同步源。

网元 4 跟踪的同步源由西向倒换到东向后，网元 3 东向的时钟源变为可用。显然，此时网元 3 可用的时钟源中，东向时钟源的质量满足质量阈值的要求，且级别也是最高的，因此网元 3 将选取东向时钟源作为本站的同步源。最终，整个传输网的时钟跟踪情况将如图 12-3 所示。

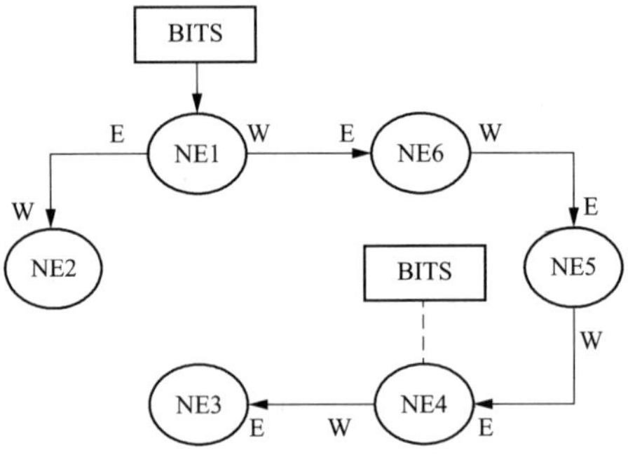

图 12-3

（3）若网元 1 的外接 BITS 时钟出现了故障，则依据倒换协议，按照上述的分析方法可知，传输网最终的时钟跟踪情况将如图 12-4 所示。

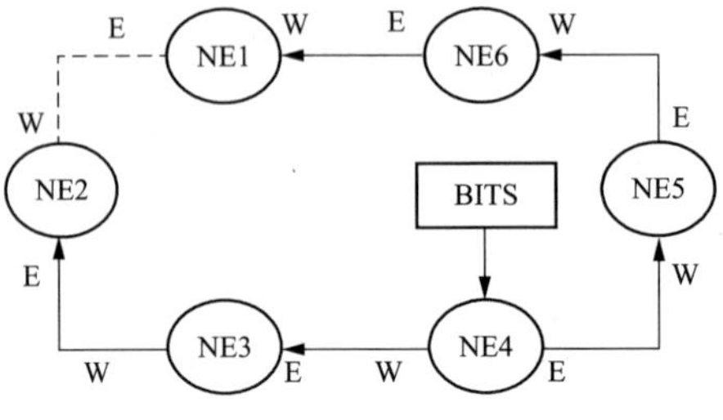

图 12-4

（4）若两个外接 BITS 均失效，传输网最终的时钟跟踪情况将如图 12-5 所示。

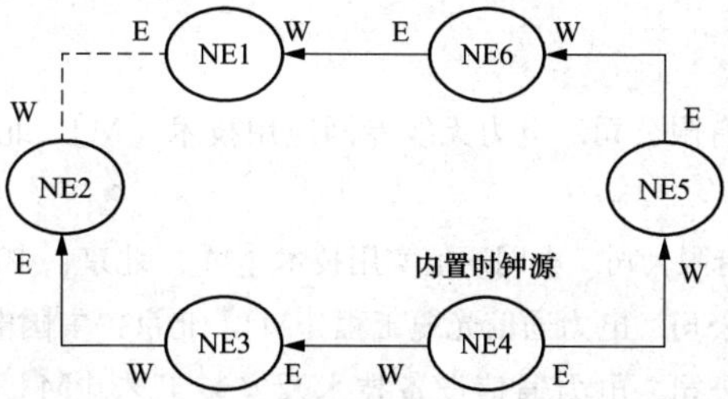

图 12-5

参 考 文 献

［1］ 国网浙江省电力有限公司．电力无线专网应用技术［M］．北京：中国电力出版社，2019．

［2］ 国网浙江省电力有限公司．电网通信实用技术［M］．北京：中国电力出版社，2018．

［3］ 国网浙江省电力公司．电力通信光缆工程［M］．北京：中国电力出版社，2016．

［4］ 国网浙江省电力公司．电力通信设备技术及安装工艺［M］．北京：中国电力出版社，2014．

［5］ 国网浙江省电力公司．电网企业员工安全技术等级培训系列教材　电力通信［M］．北京：中国电力出版社，2016．